高等职业教育土木建筑类专业教材

# 建筑装饰CAD

主　编　武月清　马丽华

副主编　任文静

参　编　何晓宇　张慧杰　何海平

　　　　高　磊

主　审　迟　珂

 北京理工大学出版社

BEIJING INSTITUTE OF TECHNOLOGY PRESS

## 内 容 提 要

　　本书实例大多取材于编者实际设计过的案例，使学生能够举一反三，灵活掌握AutoCAD软件的应用，完成本行业的工程设计作品。全书共分为十个项目，其中项目一介绍了建筑装饰艺术设计相关的基础知识，项目二～七介绍了CAD常用命令与基本操作，项目八～十分别用案例给出室内家装、餐厅设计、服装展厅的设计过程和技巧。

　　本书可作为高等职业院校建筑工程技术等相关专业的教材使用。

## 图书在版编目（CIP）数据

　　建筑装饰CAD/武月清，马丽华主编.—北京：北京理工大学出版社，2023.7重印

　　ISBN 978-7-5682-4835-8

　　Ⅰ.①建…　Ⅱ.①武…　②马…　Ⅲ.①建筑装饰－建筑制图－计算机辅助设计－AutoCAD软件　Ⅳ.①TU238-39

　　中国版本图书馆CIP数据核字（2017）第221089号

出版发行 / 北京理工大学出版社有限责任公司

社　　　址 / 北京市丰台区四合庄路6号院

邮　　　编 / 100070

电　　　话 / （010）68914775（总编室）

　　　　　　（010）82562903（教材售后服务热线）

　　　　　　（010）68944723（其他图书服务热线）

网　　　址 / http://www.bitpress.com.cn

经　　　销 / 全国各地新华书店

印　　　刷 / 北京紫瑞利印刷有限公司

开　　　本 / 787毫米×1092毫米　1/16

印　　　张 / 18.5

字　　　数 / 449千字

版　　　次 / 2023年7月第1版第4次印刷

定　　　价 / 55.00元

责任编辑 / 李玉昌

文案编辑 / 瞿义勇

责任校对 / 周瑞红

责任印制 / 边心超

# 前　言

AutoCAD是美国AutoDesk公司推出的计算机辅助绘图软件包。AutoCAD自1982年推出以来，从初期的1.0版本，经多次版本的更新和性能完善，现已发展到AutoCAD 2017，在建筑、室内装潢、家具、广告会展、园林和市政工程、机械、电子等工程设计领域得到了广泛的应用，目前已成为应用最为广泛的图形软件之一。

一、本书的编写目的和特色

本书包含AutoCAD常用知识点，设计基础知识以及工程中常用案例的讲解，每一项知识点都配备小练习，便于读者快速掌握AutoCAD的基本功能，然后完成不同的全套工程设计案例，强调AutoCAD实际应用能力，使读者通过本书的学习，能够使用计算机辅助设计AutoCAD独立完成建筑装饰艺术设计专业各领域的工程设计作品。

本书突出以设计实例为线索，循序渐进，将整个设计过程贯穿全书。书中详细介绍了计算机辅助的设计流程、所涉及的规范和标准，以及在设计过程中所应用到的命令和技巧。本书配套素材包含书中大部分实例文件，易于读者使用，是培训和教学的宝贵资源。本书通过大量实践达到高效学习的目的，书中引用的室内装修、餐厅、服装展厅等设计案例，都是设计师在工作中的实际施工图，不仅能保证读者学会知识点，而且通过大量典型、实用实例的演练，能够帮助读者找到一条学习AutoCAD的捷径，以便最快地适应将来的工作需要。

本书作者拥有多年的计算机辅助室内设计领域工作和教学经验。本书是教学第一线教师总结多年的设计经验以及教学的心得体会，精心编写而成，力求全面、细致地展现AutoCAD 2017在建筑装饰室内设计各个应用领域的功能和使用方法。针对该课程教学的特殊要求和职业应用能力的培养目标，既注重系统理论知识讲解，又突出实际操作技能与从业训练，力求做到"课上讲练结合、重在流程和方法的掌握"，能够具体应用计算机辅助设计到实际工作之中。这将有助于学生尽快掌握AutoCAD计算机辅助制图的应用技能、熟悉业务操作规程，对于学生毕业后顺利走上社会就业具有重要的意义。

本书采用新颖、统一的项目任务格式化体例设计，使本书既可作为各设计专业教学的首选教材，也适用于IT企业和各类设计公司从业者的职业教育与岗位培训，对于社会自学者也是一部有益的参考读物。

二、本书的配套资源

1. AutoCAD经典练习题：额外精选了不同类型的练习，读者朋友只要认真去练，到一定程度就可以实现从量变到质变的飞跃。

2. AutoCAD常用图块集：在实际工作中，积累大量的图块可以拿来就用，或者改改就可以用，对于提高作图效率极为重要。

3. AutoCAD全套工程图纸案例：大型图纸案例可以让读者看到实际工作中的整个流程。

4. AutoCAD快捷键命令速查手册：汇集了AutoCAD常用快捷命令，熟记快捷键命令可以提高作图效率。

5. AutoCAD房屋建筑室内装修设计图例及符号：给出了房屋建筑室内装修设计图例及符号，熟悉后可以提高作图效率。

三、关于本书的服务

本书虽经多次审校，仍然可能存在错误，欢迎广大读者批评指正，请将留言、问题或建议发到邮箱wyqdana@163.com，我们也将尽快对提出问题和建议的读者给予回复。

本书电子资料包含所用案例教学文件及所需素材文件，并给出了五套设计师实际施工案例教学用图和三个CAD图块的常用模块文件，读者可访问https://pan.baidu.com/s/1mip7ZN6（提取码：2rw8）进行下载。

四、关于作者

本书由内蒙古建筑职业技术学院武月清、马丽华担任主编，由山西运城职业技术学院任文静担任副主编，何晓宇、张慧杰、何海平、高磊参与了本书部分章节的编写工作。具体编写分工为：武月清编写项目二、项目三、项目四、项目十及附录，马丽华编写项目五、项目六、项目七、项目九，任文静编写项目一、项目八，何晓宇、张慧杰编写了部分章节的操作练习，何海平、高磊为本书提供了实际案例。全书由迟珂主审。

在本书编写过程中，编者查阅了大量公开或内部发行的技术资料和书刊，在此向原作者致以衷心的感谢！由于编者时间仓促，编者的经验和水平有限，书中难免有不妥和错误之处，恳请读者和专家批评指正。

编　者

# 目 录 CONTENTS

# 项目一  室内设计基础知识

**知识目标**

1. 掌握平面图、立面图、剖面图及构造详图的绘图内容要求；
2. 熟悉室内设计的内容与特点、分类及目标要求，尺寸数字的标注规则和尺寸的排列与布置的要点；
3. 了解建筑装饰工程制图的要求与规范，以及各种常用的图示标志。

**能力目标**

1. 能对室内设计作品进行分类；
2. 能识别出各种图幅的准确幅面尺寸，并能选择适当的图样比例；
3. 能对尺寸的种类进行准确划分，并识别出尺寸的排列与布置要点；
4. 能识别出常用的建筑装饰装修材料、灯光照明、给水排水图例。

**素质目标**

1. 遵守相关法律法规、标准和管理规定；
2. 具有严谨的工作作风、较强的责任心和科学的工作态度；
3. 具备良好的语言文字表达能力和沟通协调能力；
4. 爱岗敬业，严谨务实，团结协作，具有良好的职业操守。

# 任务一  室内设计相关知识

**知识目标**

1. 掌握室内设计所应该包含的内容及特点；
2. 熟悉室内艺术设计的类型及需要满足的技术与美学要求。

**能力目标**

1. 能识别出室内设计作品的内容与特点；
2. 能对灯具的布置方式进行类型划分；
3. 能对居住建筑室内设计及公共建筑室内设计进行类型划分。

## 一、任务描述

根据室内设计的内容要求与特点，填写表 1-1。

表 1-1　室内设计的具体内容

| 序号 | 室内设计的内容 | 具体内容 | |
|---|---|---|---|
| 1 | 空间设计 | 空间设计 | |
| | | 空间组织 | 不同区域合理连接 |
| | | | 墙面 |
| | | | 隔断 |
| | | | 地面和顶棚 |
| 2 | 装饰材料与色彩设计 | 装饰材料 | 环保、功能和经济 |
| | | 色彩设计 | |
| 3 | 采光与照明 | 自然采光 | |
| | | 人工光源 | 布置方式、光源类型和灯具造型 |
| 4 | 陈设与绿化 | | 固定于墙、地、顶面的建筑构件 |
| | | | 设备外的一切实用或专供观赏的物品 |
| | | | 盆栽、盆景和插花等 |

## 二、任务资讯

### (一)室内设计概述

室内设计是环境艺术设计的重要组成部分，是环境艺术理论在室内空间中的体现。室内设计是设计师根据使用者对室内空间具体的功能需要，合理划分室内有限的空间，并对划分后的空间进行适当的艺术装饰，使空间在满足功能要求的同时，最大可能地满足人们在视觉上的审美要求。例如，神圣家族大教堂室内空间环境，如图 1-1 所示。

室内设计的本质是空间设计。所谓空间，就是指人们交往的场所。随着人类社会的进步和交往的发展，空间也在不断地向更高级、有机化的方向发展，人们对生活环境尤其是自己的居住环境的要求也会越来越高。从环境保护的立场出发，当代的环境设计应该更注重环保的概念。室内设计是环境设计的重要组成部分，因此，当代的室内设计也属于"绿色设计"的范畴。这里的"绿色设计"包含着两层含义：一是在室内设计中使用的装饰材料(如涂料、油漆之类)应该采

图 1-1　神圣家族大教堂室内空间环境

用新技术、新工艺的环保材料，尽量避免其散发有害物质污染环境；二是在室内空间设计中通过绿化手段，运用绿色植物来创造适宜的生态环境。

**（二）室内设计的内容及特点**

**1. 室内设计的内容**

室内设计是根据建筑的使用性质、所处环境和相应标准，运用各种技术手段和建筑美学原理来创造功能合理、舒适优美、能够满足人们物质和精神生活需要的室内环境。室内设计既包括视觉环境和工程技术方面的问题，也包括声、光、热等物理环境以及氛围、意境等心理环境的内容。室内设计的内容有以下几个方面：

（1）空间设计。空间设计是室内设计的起点，也是室内设计最基本的内容。空间设计主要包括对空间的利用和组织、空间界面处理两个部分。空间设计的标准要求是室内环境合理、舒适、科学与使用功能相吻合，并且符合安全要求。

空间组织是根据原建筑设计的意图和主人的具体意见对室内空间和平面布置予以完善、调整和改造。其包括设计会客、餐饮、睡眠等功能空间的逻辑关系，以及对不同区域合理连接和对交通路线的安排，如图1-2所示。

空间界面主要是指墙面、隔断、地面和顶棚，它们的作用是分割空间和确定各功能空间之间的沟通范围。界面设计就是按照空间组织的要求对室内的各种界面进行处理，包括设计界面的形状以及界面和结构的连接构造。

（2）装饰材料与色彩设计。装饰材料的选择，是室内设计中直接关系到实用效果和经济效益的重要环节。在选择装饰材料时，首先要考虑室内环境保护的要求；其次考虑是否符合整体设计思想，是否符合装饰功能的要求，同时还要符合业主的经济条件。除环保、功能和经济等方面外，材料的质地也会给人不同的感觉。粗糙质感会使人感觉稳重、粗犷，细滑的质感使人感觉轻巧、精致。合理的运用材质的变化，可以极大地加强室内设计的艺术表现力，如图1-3所示。

图1-2　空间组织

图1-3　中式材质

色彩是室内设计中最生动、最活跃的因素，它能对人的生理、心理以及室内效果的体现产生很重要的影响。色彩设计的标准要求是色彩与色光的配置应该适合室内空间的需要，各装饰面和各种家具陈设的色彩应该与主色调相协调。

在色彩设计上，要从整体环境出发，要考虑空间的功能特性、气候朝向、地域和民族审美习俗等因素。色彩可分为暖色和冷色两大类。暖色给人以温暖的感觉，容易使人感到兴奋；冷色给人以清凉的感觉，使人感到沉静。室内的色彩设计虽然比较灵活，但是也要遵循一定的规律。例如，同一房间的主色调不要超过三种，天花颜色不能比墙面颜色深等，如图1-4所示。

图1-4　色彩选择

（3）采光与照明。采光与照明设计的标准要求是自然采光与人工光源相辅相成，照明应满足室内设计的照度标准，灯饰应该符合功能要求。在进行室内照明设计时，应该根据室内使用功能、视觉效果以及艺术构思来确定照明的布置方式、光源类型和灯具造型。灯具的布置方式就是确定灯具在室内空间的位置，根据灯具的布置方式可以将照明分为环境照明(图1-5)、重点照明(图1-6)和工作照明三种类型。

图1-5　环境照明

图1-6　重点照明

环境照明是在室内进行均匀的照明，环境照明的光线主要来自壁灯、吊灯等高处的光源；重点照明用于突出艺术装饰或某个需要引人注目的对象，从而达到强调物体的目的，嵌入式射灯、轨道射灯都可以提供重点照明的光线；工作照明是在做用眼较多的工作时所需要的高亮度光线照明，如书房中的台灯、梳妆台两侧的灯具等。

在灯具的样式方面，灯具的尺寸、造型、颜色都要与室内的装饰、色彩、陈设等保持风格上的协调统一，从而体现出整体的设计效果。

（4）陈设与绿化。陈设是指室内除固定于墙、地、顶面的建筑构件和设备外的一切实用或专供观赏的物品。设置陈设的主要目的是装饰室内空间，进而烘托和加强环境气氛，以满足精神需求，同时，许多陈设还应具有实际的使用功能，如图1-7所示。

家具是最重要的陈设。作为现代室内设计的有机构成部分，它既是物质产品又是精神产品，也是满足人们生活需要的功能基础。在选择和设计家具时，既要考虑家具的造型、色泽、质地和工艺等，还要符合使用功能并且与总体设计基调和谐。家具应符合人体工程学，另外，还要特别注意家具的摆放位置和分割空间作用。

室内绿化具有改善室内小气候的功能，更重要的是室内绿化可以使室内环境生机勃勃，令人赏心悦目。绿色陈设的表现形式是多种多样的，最常见的有盆栽、盆景和插花等。室内植物的选择是双向的，对室内来说，是选择什么样的植物较为合适；对于植物来说，应该是什么样的室内环境才适合生长。所以，在设计绿化时不能盲目进行单方面选择，如图 1-8 所示。

图 1-7　室内陈设

图 1-8　室内绿化

**2. 室内设计的特点**

室内设计近年来越发备受关注，这与室内设计的特点是分不开的，室内设计的特点主要体现在室内设计与建筑、生活、美学和发展观之间的关系中。

(1)室内设计和建筑紧密相关。室内设计是从建筑派生出来的一门学科，建筑的发展直接影响着室内设计行业的发展。室内设计是在已有或拟建的建筑物基础上进行的，其结果会促使建筑空间结构向着更合理的方向改变。

(2)室内设计与生活密不可分。人的一生中绝大部分时间是在室内度过的，因此，室内环境直接影响到人们生活和工作的质量。虽然建筑同样影响人们的生活和工作，但由于建筑的影响归根到底是通过装饰结构和装饰界面施加给人们的，所以室内空间的结构、室内界面的装饰效果等，都会给人的心理造成直接的影响。

(3)室内设计的生态环保性。室内环境包括室内的声环境、热环境、光环境和空气环境等。室内环境的设计是影响人们日常生活最本质的因素。随着环境保护的概念在人们心中的深化，室内环境的环保要求也逐渐在提高。创造一个更环保的生活环境逐渐成为室内设计的一个显著的特点。

(4)室内设计的美学特点。室内设计属于艺术设计的范畴，当然也就具备艺术设计的共有的特点。室内设计的实质就是用美学原理去整合科学技术的成果。这些科技成果包括声、光、电等与人们的生活密切相关的领域的科技成果。这些成果虽然也在努力使其成为一种更具美学特性的产品，但最终还必须整合在一套完整的室内设计方案当中。室内设计除满足功能上的需求外，还必须承担起宣传艺术美的责任。

(5)室内设计的发展性。在科技高速发展的今天，人们的生活节奏、生活理念都有着极大的变化，这就要求人们赖以生活的环境也要随着人们生活概念的发展和提高做出相应的回应。这就要求室内设计行业要不断更新设计理念。同时，吸收各种先进的科技成果，并把它们运用到室内设计当中来，以便适应时代的发展要求。

**三、任务实施**

根据室内设计的内容要求与特点，填写表 1-1，填写结果见表 1-2。

室内设计既包括视觉环境和工程技术方面的问题，也包括声、光、热等物理环境以及氛围、意境等心理环境的内容。

表 1-2 室内设计的具体内容

| 序号 | 室内设计的内容 | 具体内容 | |
|---|---|---|---|
| 1 | 空间设计 | 空间设计 | 空间的利用和组织 |
| | | | 空间界面处理 |
| | | 空间组织 | 不同区域合理连接 |
| | | | 交通路线的安排 |
| | | 空间界面 | 墙面 |
| | | | 隔断 |
| | | | 地面和顶棚 |
| 2 | 装饰材料与色彩设计 | 装饰材料 | 环保、功能和经济 |
| | | 色彩设计 | 暖色 |
| | | | 冷色 |
| 3 | 采光与照明 | 自然采光 | |
| | | 人工光源 | 布置方式、光源类型和灯具造型 |
| 4 | 陈设与绿化 | 陈设 | 固定于墙、地、顶面的建筑构件 |
| | | | 设备外的一切实用或专供观赏的物品 |
| | | 绿化 | 盆栽、盆景和插花等 |

# 任务二 室内艺术设计分类与目的

**能力目标**

1. 掌握室内设计所需的功能、精神及区域特点要求；
2. 熟悉室内艺术设计的常见分类。

**知识目标**

1. 能对室内设计作品进行分类；
2. 能对居住建筑室内设计及公共建筑室内设计进行类型划分。

## 一、任务描述

对居住建筑室内设计及公共建筑室内设计进行类型划分，填写表 1-3。

表 1-3  室内设计的类型

| 序号 | 室内设计类型 | 具体类别 |
|------|-------------|---------|
| 1 | 居住建筑室内设计 |  |
|  |  |  |
|  |  |  |
| 2 | 公共建筑室内设计 |  |
|  |  |  |
|  |  |  |
|  |  |  |
|  |  |  |
|  |  |  |

## 二、任务资讯

### (一)室内设计的分类

根据建筑物的使用功能，室内设计可以分为居住建筑室内设计、公共建筑室内设计、工业建筑室内设计和农业建筑室内设计。

**1. 居住建筑室内设计**

居住建筑室内设计主要涉及住宅、公寓和宿舍的室内设计，具体包括前室、起居室、餐厅、书房、工作室、卧室、厨房和浴厕设计，如图 1-9 所示。

**2. 公共建筑室内设计**

(1)文教建筑室内设计。文教建筑室内设计主要涉及幼儿园、学校、图书馆、科研楼的室内设计，具体包括门厅、过厅、中庭、教室、活动室、阅览室、实验室、机房等室内设计。

图 1-9  住宅室内设计

(2)医疗建筑室内设计。医疗建筑室内设计主要涉及医院、社区诊所、疗养院的建筑室内设计，具体包括门诊室、检查室、手术室和病房的室内设计。

(3)办公建筑室内设计。办公建筑室内设计主要涉及行政办公楼和商业办公楼内部的办公室、会议室以及报告厅的室内设计。

(4)商业建筑室内设计。商业建筑室内设计主要涉及商场、便利店、餐饮建筑的室内设计，具体包括营业厅、专卖店、酒吧、茶室、餐厅的室内设计。

(5)展览建筑室内设计。展览建筑室内设计主要涉及各种美术馆、展览馆和博物馆的室内设计，具体包括展厅和展廊的室内设计。

(6)娱乐建筑室内设计。娱乐建筑室内设计主要涉及各种舞厅、歌厅、KTV、游艺厅(图1-10)的建筑室内设计。

(7)体育建筑室内设计。体育建筑室内设计主要涉及各种类型的体育馆、游泳馆的室内设计，具体包括用于不同体育项目的比赛和训练及配套的辅助用房的设计。

(8)交通建筑室内设计。交通建筑室内设计主要涉及公路、铁路、水路、民航的车站、候机楼、码头建筑，具体包括候机厅、候车室、候船厅、售票厅等的室内设计。

图1-10　游艺厅室内设计

### 3. 工业建筑室内设计

工业建筑室内设计主要涉及各类厂房的车间和生活间及辅助用房的室内设计。

### 4. 农业建筑室内设计

农业建筑室内设计主要涉及各类农业生产用房，如种植暖房、饲养房的室内设计。

### (二)室内设计的目的

室内设计是根据建筑物的使用性质、所处环境和相应标准，运用物质技术手段和建筑美学原理，创造功能合理、舒适优美、满足人们物质和精神生活需要的室内环境。这一空间环境既具有使用价值，又满足相应的功能要求，同时，也反映了历史文脉、建筑风格、环境气氛等精神因素。对室内设计含义的理解，以及它与建筑设计的关系，从不同的视角、不同的侧重点来分析，许多学者都有不少具有深刻见解，值得我们仔细思考和借鉴的观点，总而言之，室内设计的目的是给予处在室内环境中的人以各种舒适和安全。

(1)室内装饰设计要满足使用功能要求。室内设计是以创造良好的室内空间环境为宗旨，把满足人们在室内进行生产、生活、工作、休息的要求置于首位，所以，在室内设计时要充分考虑使用功能要求，使室内环境合理化、舒适化、科学化；要考虑人们的活动规律处理好空间关系，空间尺寸，空间比例；合理配置室内软装陈设设计与家具设计，妥善解决室内通风，采光与照明，注意室内色调的总体效果，如图1-11所示。

图1-11　功能性原则

(2)室内装饰设计要满足精神功能要求。室内设计在考虑使用功能要求的同时，还必须考虑精神功能的要求(视觉反映心理感受、艺术感染等)。室内设计的精神就是要影响人们的情感，乃至影响人们的意志和行动，所以要研究人们的认识特征和规律；研究人的情感与意志；研究人和环境的相互作用。设计者要运用各种理论和手段去冲击影响人的情感，使其升华达到预期的装饰设计效果。室内环境如能突出地表明某种构思和意境，那么，它将会产生强烈的艺术感染力，更好地发挥其在精神功能方面的作用。

(3)室内装饰设计要符合地区特点与民族风格要求。由于人们所处的地区、地理气候条件的差异，各民族生活习惯与文化传统的不同，在建筑风格上确实存在着很大的差别。我国是多民族的国家，各个民族的地区特点、民族性格、风俗习惯以及文化素养等因素的差异，使室内装饰设计也有所不同。设计中要有各自不同的风格和特点，如图1-12所示，并要体现民族和地区特点以唤起人们的民族自尊心和自信心。

**图1-12 新中式风格**

（4）室内装饰设计要满足现代技术要求。建筑空间的创新和结构造型的创新有着密切的联系，二者应取得协调统一，充分考虑结构造型中美的形象，将艺术和技术融合在一起。这就要求室内设计者必须具备必要的结构类型知识，熟悉和掌握结构体系的性能、特点。现代室内装饰设计，它置身于现代科学技术的范畴之中，要使室内设计更好地满足精神功能的要求，就必须最大限度地利用现代科学技术的最新成果。

### 三、任务实施

对居住建筑室内设计及公共建筑室内设计进行类型划分，填写表1-3，填写结果见表1-4。

**表1-4 室内设计的类型**

| 序号 | 室内设计类型 | 具体类别 |
|------|--------------|----------|
| 1 | 居住建筑室内设计 | 住宅 |
| | | 公寓 |
| | | 宿舍 |
| 2 | 公共建筑室内室内设计 | 文教建筑 |
| | | 医疗建筑 |
| | | 办公建筑 |
| | | 商业建筑 |
| | | 展览建筑 |
| | | 娱乐建筑 |
| | | 体育建筑 |
| | | 交通建筑 |

根据建筑物的使用功能，室内设计可以分为居住建筑室内设计、公共建筑室内设计、工业建筑室内设计和农业建筑室内设计。居住建筑室内设计与公共建筑室内设计是室内设计最常涉及的两种类型。

# 任务三　建筑装饰工程制图的要求及规范

## 一、任务描述

识别以下常用建筑装饰装修图例，填写表 1-5。

表 1-5　建筑装饰装修图例

| 图例 | 名称 | 图例 | 名称 |
|---|---|---|---|
| | | | |
| | | | |
| | | | |
| | | | |
| RH | | 平面　　系统 | |
| | | | |
| | | | |
| | | | |

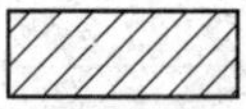

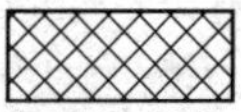

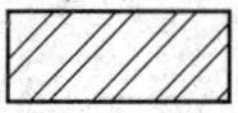

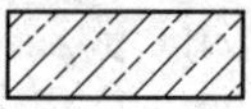

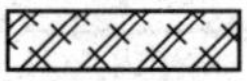

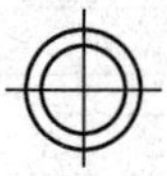

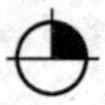

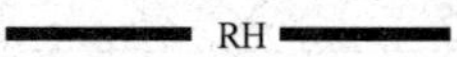

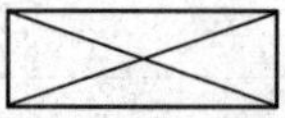

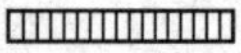

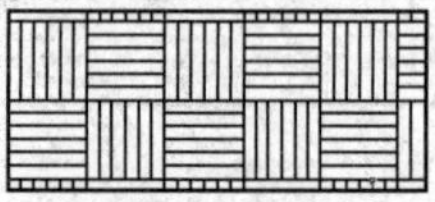

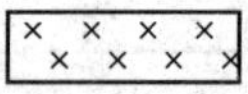

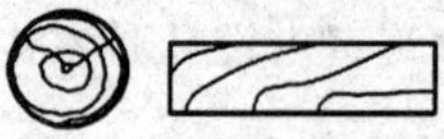

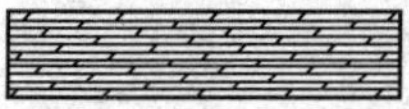

## 二、任务资讯

### (一)建筑装饰制图概述

建筑装饰制图主要是指使用 AutoCAD 绘制的施工图。关于施工图的绘制，国家制定了一些制图标准来对施工图进行规范化管理，以保证制图质量，提高制图效率，做到图面清晰、简明，图示明确，符合设计、施工、审查、存档的要求，适应工程建设的需要。

建筑装饰制图是表达建筑装饰工程设计的重要技术资料，也是进行施工的依据。为了统一制图技术，方便技术交流，并满足设计、施工管理等方面的要求，国家发布并实施了建筑工程各专业的制图标准。

2010 年国家新颁布了制图标准，包括《房屋建筑制图统一标准》(GB/T 50001—2010)、《总图制图标准》(GB/T 50103—2010)、《建筑制图标准》(GB/T 50104—2010)等几部制图标准。2011 年 7 月 4 日，又针对室内装饰装修制图颁布了《房屋建筑室内装饰装修制图标准》(JGJ/T 24—2011)。

建筑装饰制图标准设计图纸幅面与图纸编排顺序，以及图线、字体等绘图所包含的各方面的使用标准。本任务为初学者抽取一些制图标准中常用的知识来讲解。

### (二)图幅、图标及会签栏

#### 1. 图幅

图幅即图面的大小。根据国家规范的规定，按图面的长和宽的大小确定图幅的等级。室内设计常用的图幅有 A0(也称 0 号图幅，其余以此类推)、A1、A2、A3 及 A4，每种图幅的长宽尺寸见表 1-6；表中的尺寸代号意义如图 1-13 所示。

表 1-6　幅面及图框尺寸 mm

| 幅面代号<br>尺寸代号 | A0 | A1 | A2 | A3 | A4 |
|---|---|---|---|---|---|
| $b×1$ | 841×1 189 | 594×841 | 420×594 | 297×420 | 210×297 |
| $c$ | 10 | | | 5 | |
| $a$ | 25 | | | | |

#### 2. 图标

图标即图纸的标题栏，它包括设计单位名称、工程名称、签字区、图名区及图号区等内容。一般图标格式如图 1-14 所示；如今不少设计单位采用自己个性化的图标格式，但是仍必须包括这几项内容。

#### 3. 会签栏

会签栏是用于各工种负责人审核后签名的表格，它包括专业、姓名、日期等内容，具体内容根据需要设置。图 1-15 所示作为其中一种格式。对于不需要会签的图样，可以不设此栏。

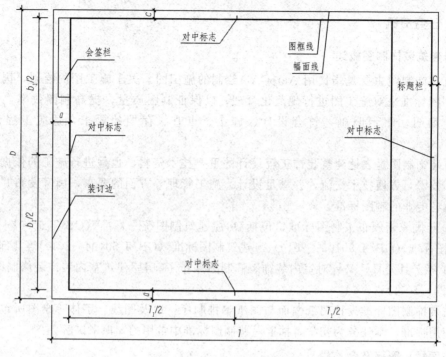

**图 1-13  横式幅面**

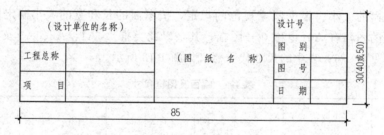

**图 1-14  图标格式**

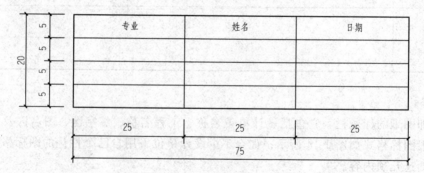

**图 1-15  会签栏格式**

### (三)尺寸标注

绘制完成的图形仅能表达物体的形状，必须标注完整的尺寸数据并配以相关的文字说明，才能作为施工等工作的依据。

本节主要介绍尺寸标注的知识，包括尺寸界限、尺寸线和尺寸起止符号的绘制，以及尺寸数字的标注规则和尺寸的排列与布置的要点。

**1. 尺寸界限、尺寸线及尺寸起止符号**

标注在图样上的尺寸，包括尺寸界限、尺寸线、尺寸起止符号和尺寸数字，标注的结果如图1-16所示。

在具体对室内设计图进行标注时，还要注意下面一些标注原则：

(1)尺寸界限应用细实线绘制，一般应与被标注长度垂直，其一端应离开图样轮廓线不小于2 mm，另一端宜超过尺寸线2~3 mm。

(2)尺寸线应用细实线绘制，应与被标注长度平行。图样本身的任何图线均不得用作尺寸线。有些时候，尺寸界限比较密，为使图线和尺寸清晰可辨，可以按图1-17所示的方法标注尺寸。

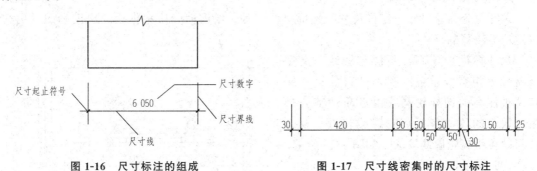

图1-16 尺寸标注的组成 　　　　　图1-17 尺寸线密集时的尺寸标注

(3)尺寸起止符号可用中粗短斜线来绘制，其倾斜方向应与尺寸界限成顺时针45°角。长度宜为2~3 mm；可用黑色圆点绘制，其直径为1 mm。半径、直径、角度与弧长的尺寸起止符号，宜用箭头表示，如图1-18所示。

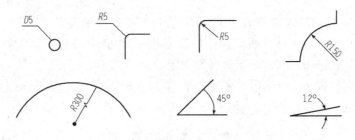

图1-18 圆弧及角长的表示法

**2. 尺寸数字**

图样上的尺寸，应以尺寸数字为准，不得从图上直接截取。

图样上的尺寸单位，除标高及总平面图以米(m)为单位外，其他必须以毫米(mm)为单位。

如图1-19所示，尺寸数字的注写方向和阅读方向规定为：当尺寸线为竖直时，尺寸数字标注在尺寸线的左侧，字头朝左；其他任何方向，尺寸数字字头应保持向上，且注写在尺寸线的上方。

曲线图形的尺寸线，可用尺寸网格表示，如图1-20所示。

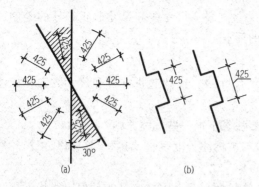

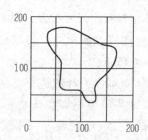

图 1-19　尺寸数字的标注方向　　　　图 1-20　尺寸网格表示法

### 3. 尺寸的排列与布置

尺寸可分为总尺寸、定位尺寸、细部尺寸三种。绘图时，应根据设计深度和图纸用途确定所需注写的尺寸。

尺寸标注应清晰，不应与图线、文字及符号等相交或重叠。互相平行的尺寸线应从被注写的图样轮廓线由近向远整齐排列，较小的尺寸应距离轮廓线较近，较大的尺寸应距离轮廓线较远，如图 1-21 所示。

### (四)字体设置

在绘制施工图时，要正确地注写文字、数字和符号，以清晰地表达图纸内容。

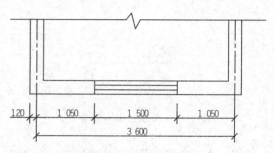

图 1-21　尺寸的排列

图纸上所需书写的文字、数字或符号等，均应笔画清晰、字体端正、排列整齐；标点符号应清楚正确。

手工绘制的图纸，字体的选择及注写方法应符合《房屋建筑制图统一标准》（GB/T 50001—2010）的规定。对于计算机绘图，均可采用自行 确定的常用字体等，《房屋建筑制图统一标准》（GB/T 50001—2010）未做强制规定。

文字的字高应从表 1-7 中选用。字高大于 10 mm 的文字宜采用 True Type 字体，如需书写更大的字，其高度应按 $\sqrt{2}$ 倍数递增。

表 1-7　文字的字高　　　　　　　　　　　　　　　　　mm

| 字体种类 | 中文矢量字体 | True Type 字体及非中文矢量字体 |
| --- | --- | --- |
| 字高 | 3.5、5、7、10、14、20 | 3、4、6、8、10、14、20 |

拉丁字母、阿拉伯数字与罗马数字，假如为斜体字，则其斜度应是从字的底线逆时针向上倾斜 75°。斜体字的高度和宽度应是与相应的直体字相等。

拉丁字母、阿拉伯数字与罗马数字的字高应不小于 2.5 mm。

拉丁字母、阿拉伯数字与罗马数字及汉字并列书写时，其字高可比汉字小 1～2 号，如图 1-22 所示。

平面图 1:100

图 1-22　字高的表示

分数、百分数和比例数的注写，要采用阿拉伯数字和数学符号，例如，五分之一、百分之四十五和三比十则应分别书写成 1/5、45％、3∶10。

在注写的数字小于 1 时，须写出各位的"0"，小数点应采用圆点，并齐基准线注写，比如 0.05。

长仿宋汉字、拉丁字母、阿拉伯数字与罗马数字的示例应符合现行国家标准《技术制图字体》(GB/T 14691)的规定。

汉字的字高不应小于 3.5 mm，手写汉字的字高则一般不小于 5 mm。

**(五)常用图示标志**

**1. 定位轴线**

定位轴线是用来确定主要承重结构和构件(柱、梁、承重墙、屋架、基础等)的位置，以便施工时定位放线和查阅图纸，如图 1-23 所示。

**图 1-23　定位轴线编号**

国标规定定位轴线线型采用细单点长画线，轴线编号的圆用细实线绘制，直径为 8 mm。编号以平面图为例，水平方向从左向右依次用阿拉伯数字编写。竖直方向，从下向上依次用大写拉丁字母编写(不能用 I、O、Z，以免与数字 1、0、2 混淆)。

**2. 标高符号**

标高符号和标高尺寸的注写，国家标准已有明确规定[见《房屋建筑制图统一标准》(GB/T 50001—2010)]。在室内设计工程图中一般用于平面图和立面图上。

标高符号以等腰三角形表示。标高符号用于平面图，即用来表示楼地面的标高，标高符号的尖角下不画短画线，如图 1-24(a)所示。

标高符号用于剖、立面图，即用来表示门、窗、梁板的标高，则应在标高符号的尖角下画一短画线，这一短画线应与标高所指的位置相平齐，如图 1-24(b)所示。

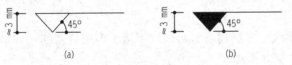

(a)　　　　　　　　　(b)

**图 1-24　标高符号**

**3. 详图索引符号及详图符号**

室内平、立、剖面图中，在需要另设详图表示的部位，标注一个索引符号，以表明该详图的位置，这个索引符号就是详图索引符号。详图索引符号采用细实线绘制，圆圈直径为 10 mm，如图 1-25 所示。

**图 1-25　详图索引符号**

详图符号即详图的编号，用粗实线绘制，圆圈直径为 14 mm，如图 1-26 所示。

**4. 引出线**

引出线是用来标注文字说明的。这些文字，用以说明引出线所指部位的名称、尺寸、材料和做法等。

详图与被索引的图样在同一张图纸上　　　　详图与被索引的图样不在同一张图纸上

**图 1-26　详图符号**

引出线有三种，即局部引出线、共同引出线和多层构造引出线。

(1)局部引出线。局部引出线单指某个局部附加的文字，只用来说明这个局部的名称、尺寸、材料和做法。

局部引出线用细实线绘制。一般采用水平或水平方向成 30°、45°、60°、90°的直线，或经上述角度再折为水平线的折线。附加文字宜注写在横线的上方，也可注写在横线的端部，如图 1-27 所示。

(2)共同引出线。共同引出线用来指引名称、尺寸、材料和做法相同的部位。引出线宜互相平行，也可画成集于一点的放射线，如图 1-28 所示。

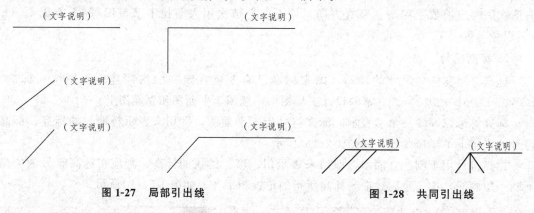

**图 1-27　局部引出线**　　　　　　　**图 1-28　共同引出线**

(3)多层构造引出线。多层构造引出线用于指引多层构造物，如由若干构造层次形成的墙面、地面等，如图 1-29 所示。

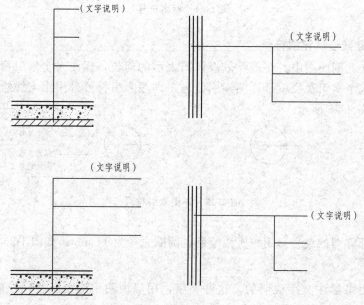

**图 1-29　多层构造引出线**

当构造层次为水平方向时，文字说明的顺序应由上至下地标注，即与构造层次的顺序相一致。当构造层次为垂直方向时，文字说明的顺序也应由上至下地标注，其顺序应与构造层次由左至右的顺序相一致。

**5. 指北针**

指北针(图 1-30)用细实线绘制，圆的直径宜为 24 mm。指针尖为北向，指针尾部宽度宜为 3 mm。需用较大直径绘指北针时，指针尾部宽度宜为直径的 1/8。

图 1-30　指北针

**(六)常用图例**

(1)常用建筑装饰装修材料图例见表 1-8。

表 1-8　建筑装饰材料图例

| 图例 | 名称 | 图例 | 名称 |
|---|---|---|---|
|  | 自然土壤 |  | 夯实土壤 |
|  | 砂、灰土及粉刷 |  | 空心砖 |
|  | 砖砌体 |  | 多孔材料 |
|  | 金属材料 |  | 石材 |
|  | 防水材料 |  | 塑料 |
|  | 石砖、瓷砖 |  | 夹板 |
|  | 钢筋混凝土 | 12厚玻璃系数5.345<br>10厚玻璃系数4.45<br>3厚玻璃系数1.33<br>5厚玻璃系数2.227 | 镜面、玻璃 |
|  | 混凝土 |  | 软质吸音层 |
|  | 砖 |  | 硬质吸音层 |
|  | 钢、金属 |  | 硬隔层 |
|  | 基层龙骨 |  | 陶质类 |
|  | 细木工板、夹芯板 |  | 石膏板 |
|  | 实木 |  | 层积塑材 |

（2）常用灯光照明图例见表1-9。

表1-9　常用灯光照明图例

| 序号 | 名称 | 图例 | 序号 | 名称 | 图例 |
|------|------|------|------|------|------|
| 1 | 艺术吊灯 | | 8 | 格栅射灯 | |
| 2 | 吸顶灯 | | 9 | 300×1 200 日光灯盘 日光灯管以虚线表示 | |
| 3 | 射墙灯 | | 10 | 600×600 日光灯盘 日光灯管以虚线表示 | |
| 4 | 冷光筒灯 | | 11 | 暗灯槽 | |
| 5 | 暖光筒灯 | | 12 | 壁灯 | |
| 6 | 射灯 | | 13 | 水下灯 | |
| 7 | 轨道射灯 | | 14 | 踏步灯 | |

（3）常用给水排水图例见表1-10。

表1-10　常用给水排水图例

| 序号 | 名称 | 图例 | 序号 | 名称 | 图例 |
|------|------|------|------|------|------|
| 1 | 生活 给水管 | J | 7 | 方形地漏 | 平面　系统 |
| 2 | 热水 给水管 | RJ | 8 | 带洗衣机插口地漏 | |
| 3 | 热水 回水管 | RH | 9 | 毛发聚集器 | 平面　系统 |
| 4 | 中水给水管 | ZJ | 10 | 存水弯 | |
| 5 | 排水明沟 | 坡向 → | 11 | 闸阀 | |
| 6 | 排水暗沟 | 坡向 → | 12 | 角阀 | |

## (七)常用绘图比例

比例可以表示图样尺寸和物体尺寸的比值。在建筑室内装饰装修制图中，所注写的比例能够在图纸上反映物体的实际尺寸。

比例应注写在图名的右侧，字的基准线应取平；比例的字高应比图名的字高小一号或者二号，如图1-31所示。

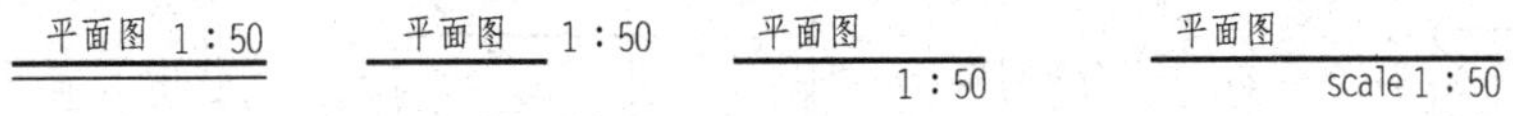

平面图 1:50　　平面图 1:50　　平面图 1:50　　平面图 scale 1:50

**图1-31　比例的注写**

图样比例的选取是根据图样的用途及所绘对象的复杂程度来定的。在绘制房屋建筑装饰装修图纸的时候，经常从表1-11中选取。

**表1-11　常用及可用的图纸比例**

| 常用比例 | 1:1、1:2、1:5、1:10、1:20、1:25、1:50、1:75、1:100、1:150、1:200、1:250 |
|---|---|
| 可用比例 | 1:3、1:4、1:6、1:8、1:15、1:30、1:35、1:40、1:60、1:70、1:80、1:120、1:300、1:400、1:500 |

根据建筑室内装饰装修设计的不同部位、不同阶段的图纸内容和要求，绘制的比例宜在表1-12中选用。

**表1-12　各部位常用图纸比例表**

| 比例 | 部位 | 图纸内容 |
|---|---|---|
| 1:200～1:100 | 总平面、总顶面 | 总平面布置图、总顶棚平面布置图 |
| 1:100～1:50 | 局部平面、局部顶棚平面 | 局部平面布置图、局部顶棚平面布置图 |
| 1:100～1:50 | 不复杂立面 | 立面图、剖面图 |
| 1:50～1:30 | 较复杂立面 | 立面图、剖面图 |
| 1:30～1:10 | 复杂立面 | 立面放样图、剖面图 |
| 1:10～1:1 | 平面及立面中需要详细表示的部位 | 详图 |
| 1:10～1:1 | 重点部位的构造 | 节点图 |

在通常情况下，一个图样应只选用一个比例。但是根据图样所表达的目的不同，在同一图纸中的图样也可选用不同的比例。因为房屋建筑室内装饰装修设计制图中需要绘制的细部内容比较多，所以经常使用较大的比例，但是在较大型的房屋建筑室内装饰装修设计制图中，可根据要求采用较小的比例。

## 三、任务实施

根据常用建筑装饰装修图例，填写表1-5，填写结果见表1-13。

室内设计图中经常应用各种图例来表示材料、灯光照明与给水排水，在无法用图例表示的地方，应采用文字说明。

表 1-13　建筑装饰装修图例

| 图例 | 名称 | 图例 | 名称 |
|---|---|---|---|
| 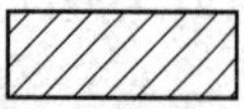 | 砖砌体 | 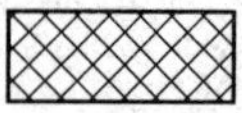 | 多孔材料 |
| 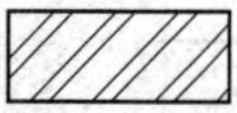 | 金属材料 |  | 石材 |
| 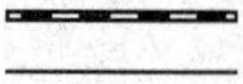 | 防水材料 |  | 塑料 |
|  | 吸顶灯 |  | 壁灯 |
| 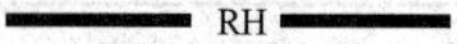 ── RH ── | 热水回水管 | 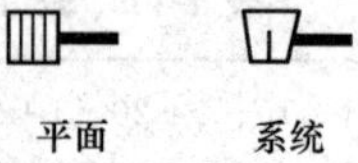 平面　　系统 | 方形地漏 |
| 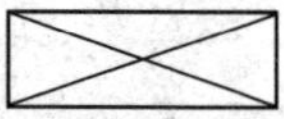 | 基层龙骨 |  | 陶质类 |
| 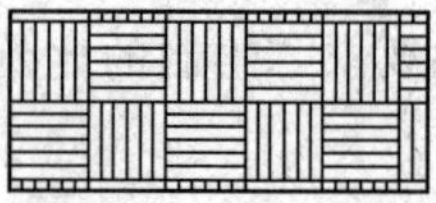 | 细木工板、夹芯板 | 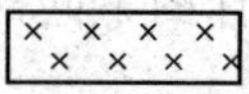 | 石膏板 |
| 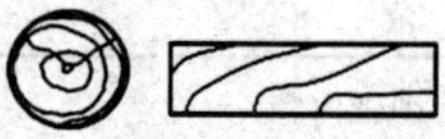 | 实木 | 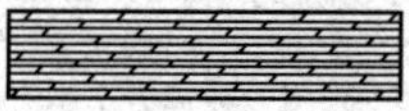 | 层积塑材 |

# 任务四　建筑装饰制图标准

**知识目标**

1. 掌握室内设计工程图的常见类别与基本内容要求；
2. 熟悉平面图、立面图、剖面图及构造详图的常用比例。

**能力目标**

1. 能识别出室内平面布置图的基本内容与常用比例；
2. 能识别出顶棚图的基本内容与常用比例；
3. 能识别出剖面图与构造详图的基本内容与常用比例。

## 一、任务描述

识别室内设计工程图的常见类别与基本内容，填写表 1-14。

表 1-14　室内设计工程图的常见类别与基本内容

| 序号 | 室内设计工程图 | 基本内容 | 常用比例 |
|---|---|---|---|
| 1 | 平面布置图 | | |
| 2 | 顶棚平面图 | | |
| 3 | 立面图 | | |
| 4 | 剖面图 | | |
| 5 | 构造详图 | | |

## 二、任务资讯

室内设计工程图是按照装饰设计方案确定的空间尺度、构造做法、材料选用、施工工艺等，并且遵照建筑及装饰设计规范所规定的要求编制的用于指导装饰施工生产的技术性文件，同时，也是进行造价管理、工程监理等工作的重要技术性文件。

### (一)平面布置图

平面布置图是室内设计工程图的主要图样，是根据装饰设计原理、人体工程学及业主的需求画出的用于反映建筑平面布局、装饰空间及功能区域的划分、家具设备的布置、绿化及陈设的布局等内容的图样，是确定装饰空间平面尺度及装饰形体定位的主要依据。

平面布置图是假想用一个水平剖切平面，沿着每层的门窗洞口位置进行水平剖切，移去剖切平面以上的部分，对以下部分所做的水平正投影图。平面布置图其实是一种水平剖面图，其常用的比例为 1：50、1：100、1：150。

绘制平面布置图，首先要确定平面图的基本内容。

(1)墙体、隔断及门窗；各空间大小及布局；家具陈设；人流交通路线、室内绿化等。若不单独绘制地面材料平面图，则应在平面图中表示地面材料。

（2）标注各房间尺寸、家具陈设尺寸及布局尺寸，对于复杂的公共建筑，则应标注轴线编号。

（3）注明地面材料名称及规格。

（4）注明房间名称、家具名称。

（5）注明室内地坪标高。

（6）注明详图索引符号、图例及立面内视符号。

（7）注明图名和比例。

（8）若需要辅助文字说明的平面图，还要注明文字说明、统计表格等。

如图 1-32 所示为绘制完成的平面布置图。

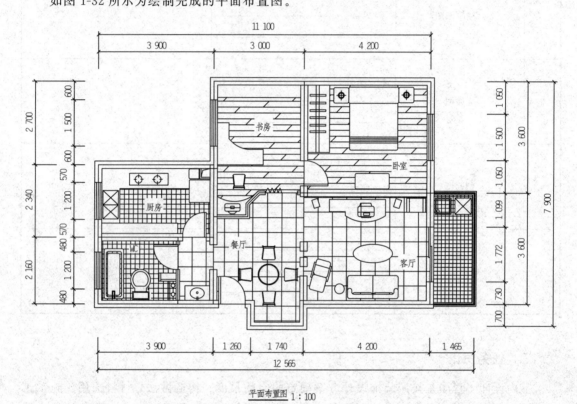

平面布置图 1：100

**图 1-32　平面布置图**

### (二)顶棚平面图

顶棚平面图是以镜像投影法画出反映顶棚平面形状、灯具位置、材料选用、尺寸标高及构造做法等内容的水平镜像投影图，是装饰施工图的主要图样之一。它是假想以一个水平剖切平面沿顶棚下方门窗洞口的位置进行剖切，移去下面部分后对上面的墙体、顶棚所做的镜像投影图。

顶棚平面图常用的比例为 1：50、1：100、1：150。在顶棚平面图中剖切到的墙柱用粗实线，未剖切到但能看到的顶棚、灯具、风口等用细实线来表示。

顶棚图中应表达的内容如下：

（1）在平面图的门洞绘制门洞边线，不需要绘制门扇及开启线。

（2）顶棚的造型、尺寸、做法和材料说明，有时可以画出顶棚的重合断面图并标注标高。

（3）顶棚灯具符号及具体位置，而灯具的规格、型号、安装方法则在电气施工图中反映。

（4）各顶棚的完成面标高，按每一层楼地面为±0.000标注顶棚装饰面标高，这是实际施工中常用的方法。

（5）与顶棚相接的家具、设备的位置和尺寸。

（6）窗帘及窗帘盒、窗帘帷幕板等。

（7）空调送风口位置、消防自动报警系统及与吊顶有关的音频设备的平面位置和安装位置。

（8）索引符号、图名、比例及必要的文字说明。

如图1-33所示为绘制完成的三居室顶棚布置图。

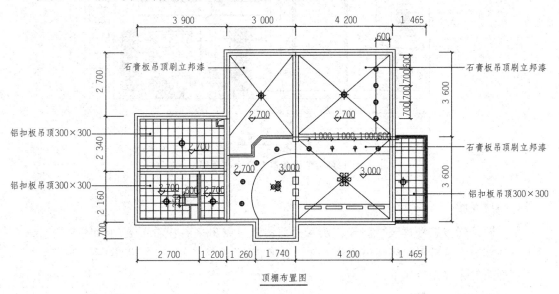

顶棚布置图

**图1-33　顶棚布置图**

## （三）立面图

立面图是将房屋的室内墙面按内视投影符号的指向，向直立投影面所做的正投影图。其用于反映室内空间垂直方向的装饰设计形式、尺寸与做法、材料与色彩的选用等内容，是装饰施工图中的主要图样之一，是确定墙面做法的依据。房屋室内立面图的名称，应根据平面布置图内视投影符号的编号或字母确定，如②立面图、B立面图。

立面图应包括投影方向可见的室内轮廓线和装饰构造、门窗、构配件、墙面做法、固定家具、灯具等内容及必要的尺寸和标高，并需表达非固定家具、装饰构件等情况。立面图常用的比例为1:50，可用比例为1:30、1:40。

立面图的主要内容如下：

（1）立面轮廓线，顶棚有吊顶时要绘制吊顶、叠级、灯槽等剖切轮廓线，使用粗实线表示，墙面与吊顶的收口形式、可见灯具投影图等也需要绘制。

（2）墙面造型装饰及陈设，如壁挂、工艺品等；门窗造型及分格、墙面灯具、暖气罩等装饰内容。

（3）装饰选材、立面的尺寸标高及做法说明。

（4）附墙的固定家具及造型。

(5)索引符号、图名、比例及必要的文字说明等。

如图 1-34 所示为绘制完成的电视背景墙立面布置图。

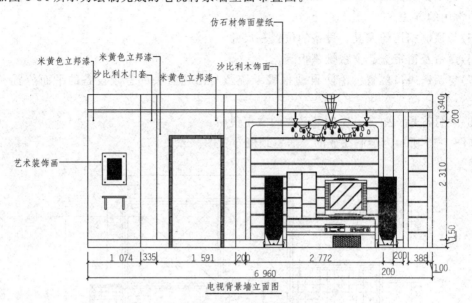

图 1-34　电视背景墙立面布置图

## (四)剖面图

剖面图是指假想将建筑物剖开，使其内部构造显露出来，让看不见的形体部分变成了看得见的部分，然后用实线画出这些内部构造的投影。

剖面图的主要内容如下：

(1)选定比例、图幅。

(2)地面、顶面、墙面的轮廓线。

(3)被剖切物体的构造层次。

(4)标注尺寸。

(5)索引符号、图名及必要的文字说明。

## (五)构造详图

详图的图示内容主要包括：装饰形体的建筑做法、造型样式、材料选用、尺寸标高；所依附的建筑结构材料、连接做法，如钢筋混凝土与木龙骨、轻钢及型钢龙骨等内部龙骨架的连接图示(剖面图或者断面图)，选用标准图时应加索引；装饰体基层板材的图示(剖面图或者断面图)，如石膏板、木工板、多层夹板、密度板、水泥压力板等用于找平的构造层次；装饰面层、胶缝及线角的图示(剖面图或者断面图)，复杂线角及造型等还应绘制大样图；色彩及做法说明、工艺要求等；索引符号、图名、比例等。

装饰详图的主要内容如下：

(1)选定比例、图幅。

(2)以剖面图的绘制方法绘制出各材料断面、构配件断面及墙(柱)的结构轮廓。

(3)门套、门扇等装饰形体轮廓。

(4)各部位的构造层次及材料图例。

(5)标注尺寸。

(6)索引符号、图名及必要的文字说明。

如图 1-35 所示为绘制完成的吊顶构造详图。

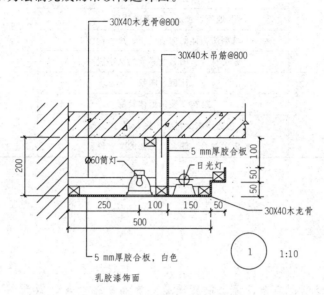

**图 1-35　吊顶构造详图**

## 三、任务实施

根据室内设计工程图的常见类别与基本内容，填写表 1-14，填写结果见表 1-15。

一套完整的室内设计工程图一般包括平面布置图、顶棚平面图、立面图、剖面图和构造详图。掌握室内设计工程图的常见类别与基本内容，可为后续的施工图绘制打下一定的基础。

**表 1-15　室内设计工程图的常见类别与基本内容**

| 序号 | 室内设计工程图 | 基本内容 | 常用比例 |
|---|---|---|---|
| 1 | 平面布置图 | 墙体、隔断及门窗 | 1：50、1：100、1：150 |
| | | 空间布局 | |
| | | 标注尺寸与文字说明 | |
| | | 地面材料名称及规格 | |
| | | 注明符号、图名和比例 | |
| 2 | 顶棚平面图 | 顶棚的造型、尺寸、做法和材料说明 | 1：50、1：100、1：150 |
| | | 灯具符号及具体位置 | |
| | | 顶棚相接的家具、设备的位置和尺寸 | |
| | | 索引符号、图名、比例及必要的文字说明 | |
| 3 | 立面图 | 剖切轮廓线 | 1：50、1：30、1：40 |
| | | 墙面造型装饰及陈设 | |
| | | 装饰选材、立面的尺寸标高及做法说明 | |
| | | 索引符号、图名、比例及必要的文字说明 | |

| 序号 | 室内设计工程图 | 基本内容 | 常用比例 |
|---|---|---|---|
| 4 | 剖面图 | 比例、图幅 | 1：50、1：30、1：40 |
| | | 地面、顶面、墙面的轮廓线 | |
| | | 被剖切物体的构造层次、尺寸标注 | |
| | | 索引符号、图名及必要的文字说明 | |
| 5 | 构造详图 | 比例、图幅 | 1：20、1：10、1：5 |
| | | 结构及装饰形体轮廓 | |
| | | 构造层次及材料图例、尺寸标注 | |
| | | 索引符号、图名及必要的文字说明 | |

## 小结

本项目介绍了室内设计的内容及特点、分类，并说明室内装饰装修材料，为了统一房屋建筑室内装饰装修制图规范，保证制图质量，提高制图效率，做到图面清晰、简明，图示准确，符合设计、施工、审查、存档的要求，适应工程建设需要，给出室内制图标准供学生参考。

## 思考题

1. 室内设计的内容涉及哪些方面，有何特点？
2. 根据建筑物的使用功能，室内设计可以分为哪些类别？
3. 举例说明常用的室内装饰装修材料类型。
4. 一套完整的室内设计工程图包含哪些内容？
5. 简述室内设计平面布置图的制图规范要求。

# 项目二　AutoCAD 入门及基本操作

1. 掌握 AutoCAD 2017 的启动及退出；
2. 熟悉 AutoCAD 2017 的安装；
3. 掌握 AutoCAD 2017 工作界面；
4. 掌握常用辅助工具；
5. 掌握坐标系设置方法；
6. 掌握坐标系概念及点、直线的绘制；
7. 掌握图形文件管理的方法；
8. 掌握设置绘图环境的方法；
9. 掌握图形的显示控制方式；
10. 掌握基本输入操作。

1. 能够独立安装 AutoCAD 2017；
2. 能够启动并退出 AutoCAD 2017；
3. 能够进行绘图环境设置，熟练操作工作界面；
4. 能够进行 CAD 基本文件管理；
5. 能够理解坐标系。

1. 遵守相关法律法规、标准和管理规定；
2. 具有严谨的工作作风、较强的责任心和科学的工作态度；
3. 具备良好的语言文字表达能力和沟通协调能力；
4. 爱岗敬业，严谨务实，团结协作，具有良好的职业操守；
5. 提高学生实际处理问题的能力；
6. 培养学生严谨、认真的作风。

# 任务一　AutoCAD 基本知识

### 知识目标

1. 掌握 AutoCAD 2017 的启动及退出；
2. 熟悉 AutoCAD 2017 的安装；
3. 掌握 AutoCAD 2017 工作界面；
4. 掌握常用辅助工具；
5. 掌握坐标系设置方法；
6. 掌握设置绘图环境的方法；
7. 掌握坐标系概念及点、直线的绘制。

### 能力目标

1. 能够独立安装 AutoCAD 2017；
2. 能够启动并退出 AutoCAD 2017；
3. 能够进行绘图环境设置，熟练操作工作界面。

## 一、任务描述

根据本章所学内容要求与特点，填写表 2-1。

表 2-1　AutoCAD 2017 基本内容

| 序号 | AutoCAD 2017 基本知识 | 具体内容 | |
|---|---|---|---|
| 1 | 设置绘图界限 | | 420 cm，297 cm |
| | | A2 图纸 | |
| 2 | 设置坐标系统 | 世界坐标体系 | WCS |
| | | | 笛卡尔(直角)坐标 |
| 3 | 坐标表示方法 | 极坐标表示方法 | |
| | | | $@x, y$ |
| 4 | 命令执行方式 | 命令行 | |
| | | | |

## 二、任务资讯

### (一)AutoCAD 2017 的安装

首先购买正版 AutoCAD 2017 简体中文版软件进行安装，也可以在官网里下载试用版，安装许可协议进行安装。AutoCAD 2017 中文版安装界面如图 2-1 所示。

检查 Autodesk 软件许可及服务协议(图 2-2)。要完成安装，必须接受该协议。如接受，则选中"我接受"单选按钮，然后单击"下一步"按钮。

图 2-1　中文简体 AutoCAD 2017 安装界面

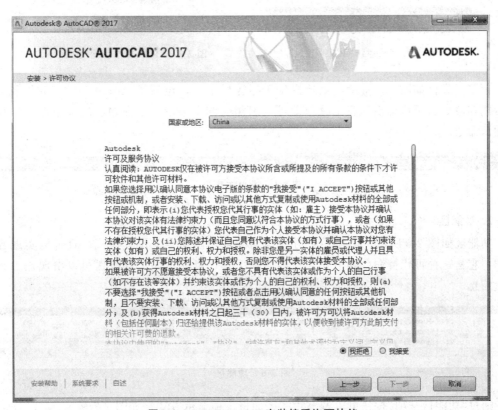

图 2-2　AutoCAD 2017 安装接受许可协议

在"产品信息"面板中，输入 AutoCAD 2017 包装盒上的序列号和产品密匙，单击"下一步"按钮。

在"配置安装"面板中，对安装的 Autodesk 产品的安装路径进行设置后单击"安装"按钮进行安装。用户可以根据自己的要求设置软件的安装路径，系统默认是安装在 C 盘。

安装完成后，将显示"安装完成"对话框。当单击"完成"按钮后，"自述"文件将被打开。成功安装 AutoCAD 2017 后，便可以注册产品，然后开始使用。要注册 AutoCAD 2017，可在桌面上双击"AutoCAD 2017"图标，并按照说明激活产品。

### (二)AutoCAD 2017 的用户界面

#### 1. 菜单栏

快捷菜单工具栏位于界面最上方，包含了常用的 CAD 命令，可根据需要增加命令。AutoCAD 2017 不再提供"AutoCAD 经典"工作空间，用户可以根据实际的设计需要切换工作空间，打开"快速访问"工具栏，如图 2-3 所示，选择"工作空间"进行切换；也可在状态工具栏"切换工作空间"按钮进行切换，如图 2-4 所示。常用的是"草图与注释"空间。

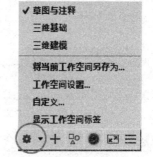

| 图 2-3 "快速访问"工具栏 | 图 2-4 "切换工作空间"按钮 |
| --- | --- |

菜单工具栏如图 2-5 所示。菜单栏位于标题栏下方，包括了 AutoCAD 2017 几乎全部的功能和命令。用户单击任意主菜单即可弹出相应的子菜单，选择相应的选项即可执行或启动该命令。

图 2-5 菜单工具栏

#### 2. 功能区

功能区如图 2-6 所示，可使用户方便地访问常用的命令、设置模式，直观地实现各种操作，它是一种可代替命令和下拉菜单的简便工具，鼠标停在工具按钮可以出现该工具的提示信息。

图 2-6 功能区

通过"功能区选项"按钮可以调整功能区面板选项显示方式，如图 2-7 所示。

### 3. 绘图区

绘图区也称为图形窗口，在状态栏最右侧单击"全屏显示"按钮，如图 2-8 所示，或按 Ctrl+0 可切换全屏显示，可以最大化图形窗口来查看图形。

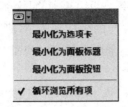

图 2-7　功能区选项最小化方案

图 2-8　"全屏显示"按钮

### 4. 命令区与命令窗口

命令窗口如图 2-9 所示，是用户和 AutoCAD 进行对话的窗口，对于初学者来说，应特别注意这个窗口。在命令窗口用户可使用各种方式输入命令，然后会出现相应的提示，按 Ctrl+9 可显示和关闭命令窗口。按 Ctrl+F2 可打开独立的命令行窗口，查询和编辑历史操作记录。

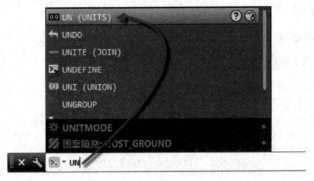

图 2-9　"命令"窗口

当开始键入命令时，系统会自动提供了多个可能的命令，用户可以通过单击或使用上下箭头键并按 Enter 键或空格键来进行选择。

### 5. 状态栏

状态栏如图 2-10 所示，位于工作界面的底部，用于显示和设置 AutoCAD 的当前状态。

**注意**：默认情况下，状态栏不会显示所有工具，用户可以通过状态栏上最右侧的"自定义"按钮，在弹出的"自定义"菜单中选择需要显示的工具。状态栏上显示的工具可能会发生变化，具体取决于当前的工作空间以及当前显示的是"模型"选项卡还是"布局"选项卡。

图 2-10　"状态栏"托盘

### (三)坐标系统

AutoCAD 图形中各点的位置都是由坐标系来确定的。在 AutoCAD 中，有两种坐标系：一种称为世界坐标系(WCS)的固定坐标系，一种称为用户坐标系(UCS)的可移动坐标系。在 WCS 中，$X$ 轴是水平的，$Y$ 轴是垂直的，$Z$ 轴垂直于 $XY$ 平面，符合右手法则，该坐标系存在于任何一个图形中且不可更改。

用户坐标系(UCS)图标表示输入的任何坐标的正 $X$ 和 $Y$ 轴的方向，并且它还定义图形中的水平方向和垂直方向。在某些二维图形中，它可以方便地单击、拖动和旋转 UCS 以更改原点、水平方向和垂直方向。

（1）笛卡儿坐标系。笛卡儿坐标系又称为直角坐标系，由一个原点[坐标为(0，0)]和两个通过原点的、相互垂直的坐标轴构成。其中，水平方向的坐标轴为 $X$ 轴，以向右为其正方向；垂直方向的坐标轴为 $Y$ 轴，以向上为其正方向。平面上任何一点都可以由 $X$ 轴和 $Y$ 轴的坐标所定义，即用一对坐标值($x$，$y$)来定义一个点。

（2）极坐标系。极坐标系是由一个极点和一个极轴构成，极轴的方向为水平向右。平面上任何一点都可以由该点到极点的连线长度 $L$(>0)和连线与极轴的交角 $\alpha$(极角，逆时针方向为正)所定义，即用一对坐标值($L$<$a$)即(距离<角度)来定义一个点。

（3）相对坐标。在某些情况下，需要直接通过点与点之间的相对位移来绘制图形，而不是指定每个点的绝对坐标。为此，AutoCAD 提供了使用相对坐标的办法。所谓相对坐标，就是某点与相对点的相对位移值，在 AutoCAD 中相对坐标用"@"标识。使用相对坐标时可以使用笛卡儿坐标，也可以使用极坐标，可根据具体情况而定。

**(四)配置绘图系统**

**1. 设置系统绘图环境**

单击"应用程序"按钮 **A**，在下拉菜单中选择"选项"命令，系统弹出"选项"对话框，如图 2-11 所示。在"选项"对话框中，选择各选项卡并根据需要设置选项。要保存设置并继续在对话框中工作，请单击"应用"按钮，要保存设置并关闭对话框，请单击"确定"按钮。

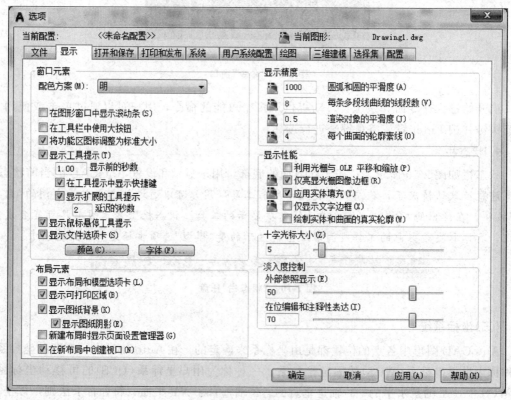

图 2-11 "选项"对话框

**2. 设置绘图单位**

UNITS 命令用于设置绘图单位。默认情况下 AutoCAD 使用十进制单位进行数据显示或数据输入，可以根据具体情况设置绘图的单位类型和数据精度。

命令行：UNITS。

菜单栏："格式"→"单位"。

单击"应用程序"按钮▲，选择"图形实用工具"→"单位"命令，系统弹出"图形单位"对话框，如图 2-12 所示。对于装饰图形，通常设置长度类型为"小数"，精度为"0"，其他为默认。

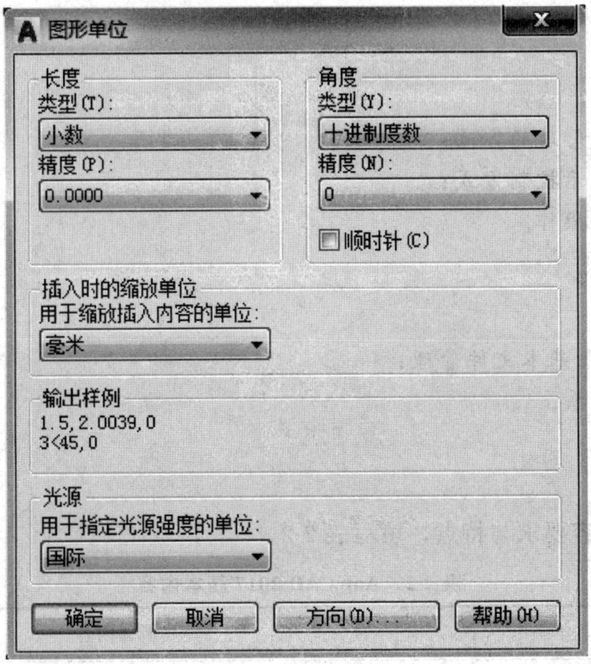

图 2-12 "图形单位"设置对话框

**3. 设置绘图边界**

(1)执行方式。

命令行：LIMITS。

菜单栏："格式"→"图形界限"。

(2)选项说明。绘图边界即是设置图形绘制完成后输出的图纸大小。常用图纸规格有 A0～A4，一般称为 0～4 号图纸。绘图边界的设置应与选定图纸的大小相对应。利用 LIMITS 命令可以定义绘图边界，相当于手工绘图时确定图纸的大小。绘图边界是代表绘图极限范围的两个二维点的 WCS 坐标，这两个二维点分别是绘图范围的左下角和右上角。

在绘图区域中设置不可见的矩形边界，该边界可以限制栅格显示并限制单击或输入点位置。

**三、任务实施**

命令：LIMITS↙

重新设置模型空间界限：

指定左下角点或［开 (ON)/关 (OFF)］<0.0000, 0.0000>：✓　　　（按 Enter 键接受默认值）

指定右上角点<420.0000, 297.0000>：✓　　　　（按 Enter 键接受默认值）

设置图形界限为 A3 图纸。

**注意**：在设定图形界限时必须选择 ON 命令，取消设定图形界限时必须选择 OFF 命令。

# 任务二　AutoCAD 基本操作

**知识目标**

1. 掌握图形文件管理的方法；
2. 掌握图形的显示控制方式；
3. 掌握基本输入操作。

**能力目标**

1. 能够进行 CAD 基本文件管理；
2. 能够理解坐标系。

## 一、任务描述

根据本章所学内容要求与特点，填写表 2-2。

表 2-2　AutoCAD 2017 基本内容

| 序号 | AutoCAD 2017 基本操作 | 具体内容 | |
|---|---|---|---|
| 1 | 无法继续缩放或平移时 | 在"命令"窗口中键入什么命令然后按 Enter 键 | |
| | | 或执行"编辑"菜单下什么命令 | |
| 2 | | (LINE) | L |
| | | (CIRCLE) | |
| 3 | 常见命令的缩写，坐标表示方法 | (ARE) | |
| | | (RECTANG) | |
| | | | ML |
| | | | PL |
| | | (ERASE) | |
| | | (ZOOM) | |
| | | (PAN) | |
| 4 | 文件操作的快捷方式 | 新建文件 | |
| | | 打开文件 | |
| | | | Ctrl＋S |

## 二、任务资讯

### (一)AutoCAD 图形操作

**1. 查看图形文件**

在图形中平移和缩放，并控制重叠对象的顺序，最简单的方式是通过使用鼠标上的滚轮更改视图，如图 2-13 所示。

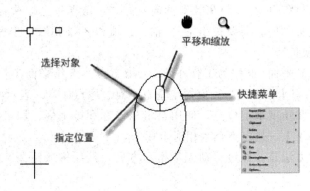

**图 2-13　利用鼠标放大、缩小、平移对象**

通过滚动鼠标滚轮可以缩小或放大视图；通过按住滚轮并移动鼠标，可以任意方向平移视图；通过单击滚轮两次，可以缩放至模型的范围。

**提示**：当放大或缩小视图时，鼠标的位置很重要，可将鼠标当作放大镜使用。

**注意**：如果无法继续缩放或平移，请在"命令"窗口中键入 REGEN 命令，然后按 Enter 键。或执行"编辑"菜单下"重生成"命令，此命令将重新生成图形显示并重置可以用于平移和缩放的范围。

**提示**：当需要查找某个选项时，可尝试单击鼠标右键，根据定位光标的位置，不同的菜单将显示相关的命令和选项。

**2. 命令的执行方式**

(1)命令行窗口输入方式。在命令行窗口输入命令时不分大小写，如输入 CIRCLE 命令后按 Enter 键，系统执行该命令后，命令行出现该命令提示选项，如图 2-14 所示。

**图 2-14　命令行提示选项**

命令提示选项中不带括号的提示为默认选项，如果要选择其他选项操作，应输入该选项对应的标识字符，如想"三点"画圆，即输入 3P，然后按系统提示输入数据或其他操作即可。命令行选项后面有时还带有尖括号，尖括号内的数值为默认数值。

(2)在命令行窗口也可以输入命令缩写。常用的命令缩写有 L(LINE)，C(CIRCLE)，A(ARE)，REC(RECTANG)，ML(MLINE)，PL(PLINE)，Z(ZOOM)，M(MOVE)，CO(COPY)，E(ERASE)等。

(3)单击工具按钮。单击功能区面板或相关工具栏中的工具按钮进行绘图或编辑修改是较为直观的一种执行方式。

（4）执行菜单命令。可以通过选择菜单栏或右键快捷菜单中的菜单命令来激活命令，然后根据命令行提示进行有关操作。要在当前工作界面显示菜单栏，则单击"快速访问"工具栏的"自定义快速访问工具栏"按钮，从打开的下拉菜单中选择"显示菜单栏"命令。

**3. 数据的输入方式**

在 AutoCAD 2017 中，当命令提示用户输入点时，用户可以利用鼠标指定点，也可以输入点的绝对坐标和相对坐标。

（1）笛卡尔坐标（也称直角坐标）和极坐标输入方式。笛卡尔坐标系有三个轴，即 $X$ 轴、$Y$ 轴和 $Z$ 轴。输入坐标值时，需要指出沿 $X$ 轴、$Y$ 轴和 $Z$ 轴相对于坐标系原点（0，0，0）的距离及其方向（正或负）。

在二维中，在 $XY$ 平面（也称为工作平面）上指定点。工作平面类似于平铺的网格纸。笛卡尔坐标的 $X$ 值指定水平距离，$Y$ 值指定垂直距离。原点（0，0）表示两轴相交的位置。

极坐标使用距离和角度来定位点。使用笛卡尔坐标和极坐标，均可以基于原点（0，0）输入绝对坐标，或基于上一指定点输入相对坐标。

指定点的另一种方法是：通过移动光标指示方向，然后输入距离。此方法称为直接距离输入。

要使用极坐标指定一点，应输入以角括号（<）分隔的距离和角度，如图 2-15 所示。

绝对极坐标：默认情况下，角度按逆时针方向增大，按顺时针方向减小。要指定顺时针方向，则为角度输入负值。例如，输入 1<315 和 1<−45 都代表相同的点。用户可以使用 UNITS 命令改变当前图形的角度约定。绝对极坐标从 UCS 原点（0，0）开始测量，此原点是 $X$ 轴和 $Y$ 轴的交点。当知道点的准确距离和角度坐标时，应使用绝对极坐标。

使用动态输入时，可以使用♯前缀指定绝对坐标。如果在命令行而不是工具提示中输入坐标，则可以不使用♯前缀。例如，输入♯3<45 指定一点，此点距离原点有 3 个单位，并且与 $X$ 轴成 45°角。

相对极坐标：相对坐标是基于上一输入点的。如果知道某点与前一点的位置关系，可以使用相对坐标。

要指定相对坐标，应在坐标前面添加@符号。例如，输入@1<45 指定一点，此点距离上一指定点 1 个单位，并且与 $X$ 轴成 45°角。

（2）使用动态输入。"动态输入"开关如图 2-16 所示，当打开动态输入方式后，在绘图区域中的光标附近将出现提供坐标输入的界面。

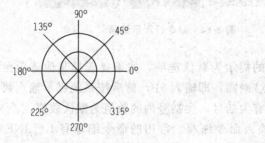

图 2-15　极坐标输入法中角度表示　　图 2-16　"动态输入"开关

动态工具提示提供另外一种方法来输入命令。当动态输入处于启用状态时，工具提示将在光标附近动态显示更新信息。当命令正在运行时，可以在工具提示文本框中指定选项和值。

完成命令或使用夹点所需的动作与命令提示中的动作类似。如果"自动完成"和"自动更正"功能处于启用状态，程序会自动完成命令并提供更正拼写建议，就像其在命令行中所做的一样。区别是用户的注意力可以保持在光标附近。

1)动态输入和命令窗口：动态输入不会取代命令窗口。动态输入可以隐藏命令窗口以增加更多绘图区域，但在有些操作中还是需要显示命令窗口。按 F2 键可根据需要隐藏和显示命令提示和错误消息。另外，也可以浮动命令窗口，并使用"自动隐藏"功能来展开或卷起该窗口。

2)控制动态输入设置：单击状态栏上的"动态输入"按钮 以打开和关闭动态输入。动态输入有三个组件：光标(指针)输入、标注输入和动态提示。在"动态输入"按钮上单击鼠标右键，然后单击"设置"，以控制启用"动态输入"时每个组件所显示的内容。

**注意**：按下 F12 键可以临时关闭动态输入。

指针输入：如果指针(光标)输入处于启用状态且命令正在运行，十字光标的坐标位置将显示在光标附近的工具提示输入框中。可以在工具提示中输入坐标，而不用在命令行上输入值。

应注意的是，第二个点和后续点的默认设置为相对极坐标(对于 RECTANG 命令，为相对笛卡尔坐标)，不需要输入 @ 符号。如果需要使用绝对坐标，应使用 ♯ 符号前缀。例如，要将对象移到原点，则应在提示输入第二个点时，输入 ♯0,0。

动态提示：启用动态提示时，提示会显示在光标附近的工具提示中。用户可以在工具提示(而不是在命令行)中输入命令，按下箭头键可以查看和选择选项，按上箭头键可以显示最近的输入。

**注意**：要在动态提示工具提示中使用粘贴文字，应键入字母，然后在粘贴输入之前用退格键将其删除。否则，输入的文字将粘贴到图形中。

**(二)文件操作**

**1. 创建新图形文件**

(1)执行方式。

菜单栏："文件"→"新建"。

命令行：NEW。

工具栏："快速访问"工具栏→"新建"按钮 。

快捷键：Ctrl＋N。

单击"应用程序"按钮 ，选择"新建"→"图形"命令。

执行新建图形文件命令后，系统弹出"选择样板"对话框，用户可以选择一个样板作为模板建立新的图形文件：

1)对于英制图形，假设单位是英寸，应使用 acad.dwt 或 acadlt.dwt。

2)对于公制单位，假设单位是毫米，应使用 acadiso.dwt 或 acadltiso.dwt。

(2)创建用户自己的图形样板文件。

用户可以将任何图形(.dwg)文件另存为图形样板(.dwt)文件，如图 2-17 所示。也可以打开现有图形样板文件，进行修改，然后重新将其保存(如果需要，应使用不同的文件名)。

如果具独立工作，可以开发图形样板文件以满足用户的工作偏好，在以后熟悉其他功能时，可以为它们添加设置。

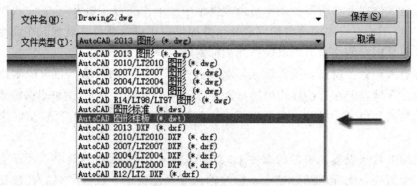

图 2-17　保存为"图形样板"文件

要修改现有图形样板文件，应单击"打开"按钮，如图 2-18 所示，在"选择文件"对话框中指定"图形样板（*.dwt)"，并选择相应的样板文件。

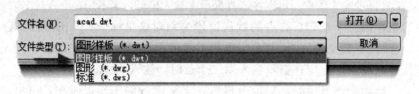

图 2-18　打开"图形样板"文件

## 2. 打开文件

菜单栏："文件"→"打开"。

命令行：OPEN。

工具栏："快速访问"工具栏→"打开"按钮 ➢ 。

快捷键：Ctrl＋O。

单击"应用程序"按钮 A，选择"新建"→"打开"命令。

执行打开图形文件命令后，系统弹出"选择文件"对话框，从中选择要打开的文件，按 Ctrl 键可选择多个文件同时打开。

## 3. 保存文件

（1）快速保存。

菜单栏："文件"→"保存"。

命令行：QSAVE。

工具栏："快速访问"工具栏→"保存"按钮 🖫 。

快捷键：Ctrl＋S。

单击"应用程序"按钮 A，选择"保存"命令。

（2）换名保存。

菜单栏："文件"→"另存为"。

命令行：SAVEAS。

快捷键：Ctrl＋Shift＋S。

单击"应用程序"按钮 A，选择"另存为"命令。

## (三)图形显示工具

### 1. 图形缩放

使用 ZOOM 命令可以增大或减小当前视口中视图的比例。应注意的是，使用 ZOOM 命令不会更改图形中对象的绝对大小，仅更改视图的比例。

（1）执行方式。

菜单栏："视图"→"缩放"。

命令行：ZOOM（缩写 Z）。

（2）选项说明。

按上述方式执行 ZOOM 命令时，命令行的提示的图 2-19 所示。

1）指定窗口的角点：指定一个要放大的区域的角点。

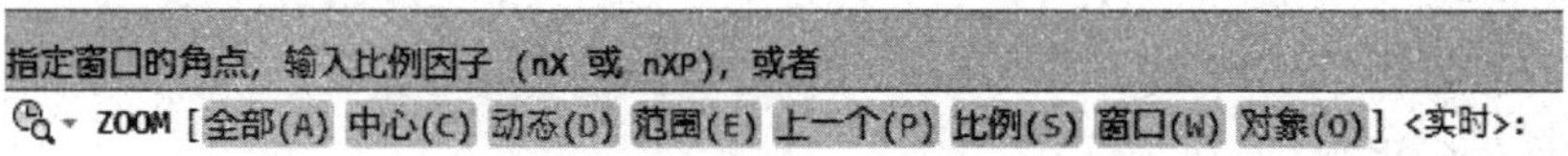

指定窗口的角点，输入比例因子（nX 或 nXP），或者
ZOOM [全部(A) 中心(C) 动态(D) 范围(E) 上一个(P) 比例(S) 窗口(W) 对象(O)] <实时>：

**图 2-19 "缩放"命令行选项**

2）全部：缩放以显示所有可见对象和视觉辅助工具。

调整绘图区域的放大，以适应图形中所有可见对象的范围，或适应视觉辅助工具[如栅格界限（LIMITS 命令）]的范围，取两者中较大者。

3）中心：缩放以显示由中心点和比例值/高度所定义的视图。高度值较小时增加放大比例，高度值较大时减小放大比例。此选项在透视投影中不可用。

4）动态：使用矩形视图框进行平移和缩放。视图框表示视图，可以更改其大小，或在图形中移动。移动视图框或调整其大小，将其中的视图平移或缩放，以充满整个视口。此选项在透视投影中不可用。

若要更改视图框的大小，可单击后调整其大小，然后再次单击以接受视图框的新大小。

若要使用视图框进行平移，则将其拖动到所需的位置，然后按 Enter 键。

5）范围：缩放以显示所有对象的最大范围。计算模型中每个对象的范围，并使用这些范围来确定模型应填充窗口的方式。

6）上一个：缩放显示上一个视图。最多可恢复此前的 10 个视图。

7）比例/比例因子：使用比例因子缩放视图以更改其比例。

若输入的值后面跟着 x，表示根据当前视图指定比例。

若输入值并后跟 xp，表示指定相对于图纸空间单位的比例。

例如，输入 .5x，表示使屏幕上的每个对象显示为原大小的 1/2。

输入 .5xp，表示以图纸空间单位的 1/2 显示模型空间。创建每个视口以不同的比例显示对象的布局。

输入值，表示指定相对于图形栅格界限的比例（此选项很少用）。如，如果缩放到图形界限，则输入 2，表示将以对象原来尺寸的两倍显示对象。

8）窗口：缩放显示矩形窗口指定的区域。使用光标，可以定义模型区域以填充整个窗口。

9）对象：缩放以便尽可能大地显示一个或多个选定的对象，并使其位于视图的中心，可以在启动 ZOOM 命令前后选择对象。

10)实时：交互缩放以更改视图的比例。

选择"实时"选项，光标将变为带有加号（＋）和减号（－）的放大镜。关于实时缩放时可用选项的说明，请参见缩放快捷菜单。

在窗口的中点按住拾取键并垂直移动到窗口顶部则放大100％。反之，在窗口的中点按住拾取键并垂直向下移动到窗口底部则缩小100％。

达到放大极限时，光标上的加号将消失，表示将无法继续放大；达到缩小极限时，光标上的减号将消失，表示将无法继续缩小。

松开拾取键时缩放终止，可以在松开拾取键后将光标移动到图形的另一个位置，然后再按住拾取键便可从该位置继续缩放显示。

若要退出缩放命令，则按Enter键或Esc键。

**2. 图形平移**

（1）执行方式

菜单栏："视图"→"平移"。

命令行：PAN(缩写P)。

（2）选项说明

图形平移改变视图而不更改查看方向或比例。将光标放在起始位置，然后按下鼠标左键，将光标拖动到新的位置；还可以按下鼠标滚轮或鼠标中键，然后拖动光标进行平移。

**（四）视图重画、重生成和全部重生成**

REDRAWALL(命令)对应"视图"菜单下的"重画"命令，可以刷新所有视口中的显示，删除由VSLIDE命令和所有视口中的某些操作遗留的临时图形。

REGEN(命令)对应"视图"菜单下的"重生成"命令，在当前视口内重新生成图形。REGEN命令使用以下效果重新生成图形：

（1）重新计算当前视口中所有对象的位置和可见性。

（2）重新生成图形数据库的索引，以获得最优的显示和对象选择性能。

（3）重置当前视口中可用于实时平移和缩放的总面积。

REGENALL(命令)对应"视图"菜单下的"全部重生成"命令，重生成整个图形并刷新所有视口。REGENALL命令将使用下列效果为所有视口中的所有对象生成整个图形：

（4）重新计算所有对象的位置和可见性。

（5）重新生成图形数据库的索引，以获得最优的显示和对象选择性能。

（6）重置所有视口中可用于实时平移和缩放的总面积。

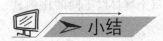 小结

AutoCAD(Auto Computer Aided Design)是由美国欧特克（Autodesk）公司开发的一款通用计算机辅助设计软件，被应用在装饰装潢、城市规划、室内设计、广告会展设计、工程制图等诸多行业，是各类工程技术人员进行产品的开发、设计、修改、模拟和输出的一门综合性应用技术。本项目主要介绍AutoCAD的入门概述、安装、工作界面、文件管理、调用绘图命令、使用坐标系等操作。本书偏重于AutoCAD 2017在建筑装饰与室内设计、

会展设计领域的应用，利用 AutoCAD 能够绘制出尺寸精确的建筑装饰设计与施工图，为工程施工提供参照依据。

## 思考题

1. AutoCAD 2017 的安装与基本使用。

(1)根据前面所学安装 AutoCAD 2017。

(2)单击"应用程序"下拉菜单中的"新建"→"图形"命令，在弹出的"选择样板"对话框中选择 acadiso，单击"打开"按钮进入绘图界面。

(3)选择"格式"→"图形界限"命令，设置界限为(0，0)，(420，297)的 A3 图幅大小的绘图界限。

(4)选择"格式"→"单位"命令，设置长度的"类型"为"小数"，"精度"为 0；角度的"类型"为"十进制度数"，"精度"为 0；其他保持默认。

2. AutoCAD 2017 的界面与基本操作。

(1)显示与隐藏菜单栏。

(2)通过鼠标放大、缩小、平移视图。

(3)熟悉功能区的使用。

(4)尝试利用命令行、菜单、功能区命令绘制一条直线。

(5)新建并保存自己的文件。

# 项目三　二维图形绘制

1. 掌握绘制直线、平面类图形的方法；
2. 掌握绘制圆类、圆弧类图形的方法；
3. 掌握绘制椭圆、椭圆弧类图形的方法；
4. 掌握绘制点、多线等其他类图形的方法；
5. 掌握对绘制好的二维图形进行图案填充的方法。

1. 能够绘制直线、平面类图形；
2. 能够绘制圆类、圆弧类图形；
3. 能够绘制椭圆、椭圆弧类图形；
4. 能够绘制点、多线等其他类图形；
5. 能够对绘制好的二维图形进行图案填充。

1. 遵守相关法律法规、标准和管理规定；
2. 具有严谨的工作作风、较强的责任心和科学的工作态度；
3. 具备良好的语言文字表达能力和沟通协调能力；
4. 爱岗敬业，严谨务实，团结协作，具有良好的职业操守；
5. 提高学生实际处理问题的能力；
6. 培养学生严谨、认真的作风。

## 任务一　绘制直线

掌握绘制直线的方法。

能够绘制直线。

## 一、任务描述

AutoCAD 在二维绘图方面有很大的优势，用户可以绘制直线、构造线、矩形、多边形等对象，本任务结合实例介绍绘制直线方法和技巧，并逐渐熟练快捷键的使用。

## 二、任务资讯

直线是 AutoCAD 图形中最基本和最常用的对象。

(1)执行方式。

功能区：在"默认"选项卡"绘图"面板中单击"直线"按钮╱，如图 3-1 所示。

命令行：LINE(缩写 L)。

菜单栏："绘图"→"直线"。

(2)选项说明。LINE 命令主要用于在两点之间绘制直线段。用户可以通过鼠标或输入点坐标值来决定线段的起点和端点。使用 LINE 命令，可以创建一系列连续的线段。当用 LINE 命令绘制线段时，AutoCAD 允许以该线段的端点为起点，绘制另一条线段，如此循环直到按 Enter 键或 Esc 键终止命令。继续要指定精确定义每条直线端点的位置，用户可以：

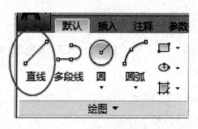

图 3-1 "直线"绘制按钮

1)使用绝对坐标或相对坐标输入端点的坐标值。

2)指定相对于现有对象的对象捕捉。如，可以将圆心指定为直线的端点。

3)打开栅格捕捉并捕捉到一个位置，从最近绘制的直线的端点延长它。

## 三、任务实施

### 1. 利用直线绘制图形

命令：L↙

LINE

指定第一个点：100, 100↙　　　　　　　　　(利用绝对坐标定位直线起点 A)

指定下一点或 [放弃(U)]：@200, 200↙

　　　　　　　　[打开动态输入时，直接输入(200, 200)，相对于 A 点定位 B 点]

指定下一点或 [放弃(U)]：100↙　　　　(光标指向 0°，输入 100，定位 C 点)

指定下一点或 [闭合(C)/放弃(U)]：200 ↙　　(光标指向-90°，输入 200，定位 D 点)

指定下一点或 [闭合(C)/放弃(U)]：C↙

　(输入 C，系统会自动连接起始点和最后一个端点，绘制封闭图形。如果输入 U 会放弃
　　删除直线序列中最近绘制的线段，多次输入 U 按绘制次序的逆序逐个删除线段)

完成的图形如图 3-2 所示。

**2. 绘制标高符号**

命令：L↙
LINE
指定第一个点：                                          (在图形区任意指点一点 A)
指定下一点或 [放弃 (U)]：@ 40< -135↙          (利用相对极坐标定位 B 点)
指定下一点或 [放弃 (U)]：@ 40< 135↙            (利用相对极坐标定位 C 点)
指定下一点或 [闭合 (C)/放弃 (U)]：180↙     (光标指向 0°，输入长度 180，定位 D 点)

绘制好的标高符号如图 3-3 所示。

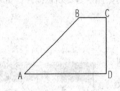              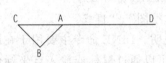

图 3-2  利用"直线"绘制图形          图 3-3  绘制标高符号

# 任务二  绘制构造线

**知识目标**

掌握进行构造线绘制的方法；掌握利用构造线创建辅助线。

**能力目标**

能够进行构造线的绘制。

## 一、任务描述

XLINE 命令用于绘制无限长直线，可以使用构造线来创建构造和参考线，并且其可用于修剪边界。本任务介绍绘制构造线方法和技巧，并逐渐熟练快捷键的使用。

## 二、任务资讯

构造线通常在绘图过程中作为辅助线使用。

(1)执行方式。

功能区：在"默认"选项卡"绘图"面板中单击"构造线"按钮 。

命令行：XLINE(缩写 XL)。

菜单栏："绘图"→"构造线"。

(2)选项说明。

1)点：用无限长直线所通过的两点定义构造线的位置，如图 3-4 所示。

✐ᵧ XLINE 指定点或 [水平(H) 垂直(V) 角度(A) 二等分(B) 偏移(O)]:

**图 3-4 "构造线"命令行选项**

指定通过点：

　　　　(指定构造线通过的点，或按 Enter 键结束命令将创建通过指定点的构造线)

2)水平：创建一条通过指定点的水平参照线。

指定通过点：

　　　　(指定构造线通过的点，或按 Enter 键结束命令，将创建平行于 X 轴的构造线)

3)垂直：创建一条通过指定点的垂直参照线。

指定通过点：

　　　　(指定构造线通过的点，或按 Enter 键结束命令，将创建平行于 Y 轴的构造线)

4)角度：以指定的角度创建一条参照线。

输入构造线的角度(0)或[参照(R)]：(指定角度或输入 R)

①构造线角度：指定放置直线的角度。

指定通过点：　　　　(指定构造线通过的点，将使用指定角度创建通过指定点的构造线)

②参照：指定与选定参照线之间的夹角。此角度从参照线开始按逆时针方向测量。

选择直线对象：　　　　　　　　　　　　　　(选择直线、多段线、射线或构造线)
输入构造线的角度<0>：
指定通过点：

(指定构造线通过的点，或按 Enter 键结束命令，将使用指定角度创建通过指定点的构造线)

5)二等分：创建一条参照线，它经过选定的角顶点，并且将选定的两条线之间的夹角平分。

指定角的顶点：　　　　　　　　　　　　　　　　　　　　(指定点)
指定角的起点：　　　　　　　　　　　　　　　　　　　　(指定点)
指定角的端点：　　　　　　　　　　　　(指定点或按 Enter 键结束命令)

此构造线位于由三个点确定的平面中。

6)偏移：创建平行于另一个对象的参照线。

指定偏移距离或[通过(T)]<当前>：　　　　(指定偏移距离，输入 T，或按 Enter 键)

①偏移距离：指定构造线偏离选定对象的距离。

选择直线对象：　　　　(选择直线、多段线、射线或构造线，或按 Enter 键结束命令)
指定向哪侧偏移：　　　　　　　　　　(指定一点或按 Enter 键退出命令)

②通过：创建从一条直线偏移并通过指定点的构造线。

选择直线对象：　　　　(选择直线、多段线、射线或构造线，或按 Enter 键结束命令)

指定通过点：　　　　　　　　　　　　　（指定构造线通过的点，然后按 Enter 键退出命令）

执行选项中其他绘制构造线方式与上述命令行操作方法类似，读者可自行练习。

### 三、任务实施

命令：xl↙
指定点或[水平(H)/垂直(V)/角度(A)/二等分(B)/偏移(O)]：h↙　　（绘制水平构造线）
指定通过点：　　　　　　　　　　（在图形区任意指定一点，绘制出最上面第一条构造线）
指定通过点：300↙　　　　　　　　（光标指向第一条构造线下方，输入 300 得到第二条
　　　　　　　　　　　　　　　　　　构造线，与第一条构造线距离是 300，以下同）
指定通过点：200↙
指定通过点：500↙
指定通过点：↙
命令：XLINE　　　　　　　　　　（直接按空格键或按 Enter 键调用刚才使用过的命令）
指定点或[水平(H)/垂直(V)/角度(A)/二等分(B)/偏移(O)]：v↙
　　　　　　　　　　　　　　　　　　　　　（绘制最左端第一条垂直构造线）
指定通过点：
指定通过点：400↙　　　　　　　　（光标指向第一条垂直构造线右方，输入 400 得到第
　　　　　　　　　　　　　　　　　　二条构造线，与第一条构造线距离是 400，以下同）
指定通过点：300↙
指定通过点：500↙

完成的结果如图 3-5 所示。

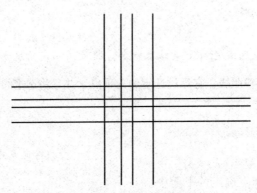

**图 3-5　利用构造线绘制辅助线**

# 任务三　绘制矩形

掌握绘制矩形的方法。

**能力目标**

能够绘制矩形。

## 一、任务描述

RECTANG 命令用于绘制矩形。本任务介绍绘制矩形的方法和技巧,并逐渐熟练快捷键的使用。

## 二、任务资讯

RECTANG 命令以指定两个对角点的方式绘制矩形,当两角点形成的边相同时则生成正方形。

(1)执行方式。

功能区:在"默认"选项卡"绘图"面板中单击"矩形"按钮▭。

命令行:RECTANG(缩写 REC)。

菜单栏:"绘图"→"矩形"。

(2)选项说明。

按上述方式执行 RECTANG 命令时,命令行的提示如图 3-6 所示。

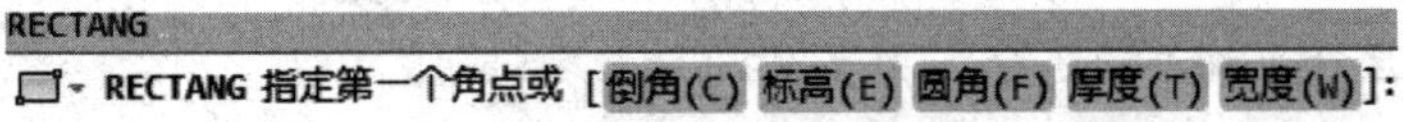

**RECTANG**

▭▾ **RECTANG** 指定第一个角点或 [倒角(C) 标高(E) 圆角(F) 厚度(T) 宽度(W)]:

**图 3-6 "矩形"命令行选项**

1)指定第一个角点:指定点或输入选项第一个角点,指定矩形的一个角点。

①一个角点:使用指定的点作为对角点创建矩形。

②面积:使用面积与长度或宽度创建矩形。如果"倒角"或"圆角"选项被激活,则区域将包括倒角或圆角在矩形角点上产生的效果。

③尺寸:使用长和宽创建矩形。

④旋转:按指定的旋转角度创建矩形。

2)倒角:设定矩形的倒角距离。

3)标高:指定矩形的标高。

4)圆角:指定矩形的圆角半径。

5)厚度:指定矩形的厚度。

6)宽度:为要绘制的矩形指定多段线的宽度。

**注意**:标高和厚度是两个不同的概念。设定标高是指在距基面一定高度的面内绘制矩形,而设定厚度则表示可以绘制出具有一定厚度(给定值)的矩形。

## 三、任务实施

根据给出的条件不同,绘制一个长是 200,宽是 100 的矩形有如下几种命令方式:

(1)方式一。

命令：_ REC↙

RECTANG

指定第一个角点或［倒角(C)/标高(E)/圆角(F)/厚度(T)/宽度(W)］：（任意定位一点）

指定另一个角点或［面积(A)/尺寸(D)/旋转(R)］：@ 200, 100↙

(2)方式二。

命令：REC↙

RECTANG

指定第一个角点或［倒角(C)/标高(E)/圆角(F)/厚度(T)/宽度(W)］：

指定另一个角点或［面积(A)/尺寸(D)/旋转(R)］：d↙

指定矩形的长度 <200.0000> : 200↙

指定矩形的宽度 <100.0000> : 100↙

(3)方式三。

命令：REC↙

RECTANG

指定第一个角点或［倒角(C)/标高(E)/圆角(F)/厚度(T)/宽度(W)］：（任意定位一点）

指定另一个角点或［面积(A)/尺寸(D)/旋转(R)］：a↙

输入以当前单位计算的矩形面积 <2000.0000> : 20000↙

计算矩形标注时依据［长度(L)/宽度(W)］<长度> : ↙

输入矩形长度 <200.0000> : 200↙

完成结果如图 3-7 所示。

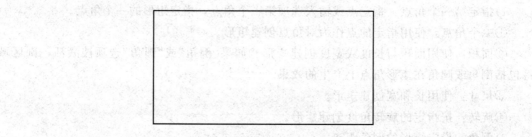

**图 3-7 利用不同方法绘制的矩形**

(4)方式四。

命令：REC↙

RECTANG

指定第一个角点或［倒角(C)/标高(E)/圆角(F)/厚度(T)/宽度(W)］：c↙

指定矩形的第一个倒角距离 <0.0000> : 20↙

指定矩形的第二个倒角距离 <20.0000> : ↙

指定第一个角点或［倒角(C)/标高(E)/圆角(F)/厚度(T)/宽度(W)］：（任意定位一点）

指定另一个角点或［面积(A)/尺寸(D)/旋转(R)］：@200, 100↙［图 3-8(a)］

(5)方式五。

命令：REC↙

RECTANG

指定第一个角点或［倒角(C)/标高(E)/圆角(F)/厚度(T)/宽度(W)］：f↙

指定矩形的圆角半径 <20.0000>：20↙

指定第一个角点或［倒角(C)/标高(E)/圆角(F)/厚度(T)/宽度(W)］：(任意定位一点)

指定另一个角点或［面积(A)/尺寸(D)/旋转(R)］：@200, 100↙［图 3-8(b)］

(6)方式六。

命令：REC↙

RECTANG

当前矩形模式：圆角= 20.0000

指定第一个角点或［倒角(C)/标高(E)/圆角(F)/厚度(T)/宽度(W)］：f↙

指定矩形的圆角半径 <20.0000>：0↙(把圆角矩形恢复成直角矩形)

指定第一个角点或［倒角(C)/标高(E)/圆角(F)/厚度(T)/宽度(W)］：w↙

指定矩形的线宽 <0.0000>：5↙

指定第一个角点或［倒角(C)/标高(E)/圆角(F)/厚度(T)/宽度(W)］：(任意定位一点)

指定另一个角点或［面积(A)/尺寸(D)/旋转(R)］：@ 200, −100↙［图 3-8(c)］

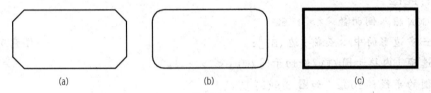

(a)　　　　　　　　　(b)　　　　　　　　　(c)

**图 3-8　绘制的矩形**

# 任务四　绘制正多边形

**知识目标**

掌握绘制正多边形的方法。

**能力目标**

能够绘制正多边形。

## 一、任务描述

POLYGON 命令用于绘制正多边形。本任务介绍绘制正多边形的方法和技巧，并逐渐熟练掌握快捷键的使用。

## 二、任务资讯

POLYGON(命令)用来创建等边闭合多段线。

(1)执行方式

功能区：在"默认"选项卡"绘图"面板中单击"多边形"按钮 ⬠ 。

命令行：POLYGON(缩写 POL)。

菜单栏："绘图"→"多边形"。

(2)选项说明

• 多边形的中心点：指定多边形的中心点的位置，以及新对象是内接还是外切。
• 边数：指定多边形的边数(3~1024)。
• 内接于圆：指定外接圆的半径，正多边形的所有顶点都在此圆周上。
• 外切于圆：指定从正多边形圆心到各边中点的距离。
• 边：通过指定第一条边的端点来定义正多边形。

## 三、任务实施

(1)方式一。

命令：POL↙

POLYGON 输入侧面数 <4>：6↙

指定正多边形的中心点或 [边(E)]：                    (任意定位一点)

输入选项 [内接于圆(I)/外切于圆(C)] <I>：I↙

指定圆的半径：200↙[如图3-9(a)]

(2)方式二。

命令：POL↙

POLYGON 输入侧面数 <4>：6↙

指定正多边形的中心点或 [边(E)]：                    (任意定位一点)

输入选项 [内接于圆(I)/外切于圆(C)] <C>：C↙

指定圆的半径：200↙[如图3-9(b)]

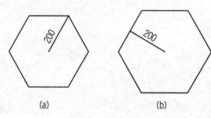

(a)                    (b)

图3-9   绘制多边形

# 任务五 绘制圆类图形

掌握绘制各种类型圆、圆弧、圆环的方法，会利用各种类型圆、圆弧、圆环与其他图形创建简单家具等造型。

能够绘制各种类型圆、圆弧、圆环。

## 一、任务描述

CIRCLE 命令创建圆，可以指定圆心、半径、直径、圆周上的点和其他对象上的点的不同组合。ARC 命令可用来创建圆弧，DONUT 命令可用来创建圆环。本任务介绍绘制各种类型圆、圆弧、圆环方法和技巧，并逐渐熟练快捷键的使用。

## 二、任务资讯

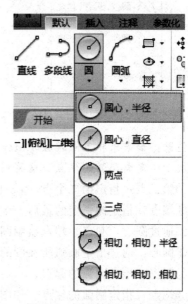

**图 3-10 多种绘制圆的方法**

### 1. 绘制圆

（1）执行方式。

功能区：在"默认"选项卡"绘图"面板中单击"圆"按钮⊙，如图 3-10 所示。

命令行：CIRCLE（缩写 C）。

菜单栏："绘图"→"圆"。

（2）选项说明。

可以使用多种方法创建圆，默认方法是指定圆心和半径。绘制圆命令选项如图 3-11 所示。

1）圆心：基于圆心和半径或直径值创建圆。

2）半径：输入值，或指定点。

3）三点（3P）：基于圆周上的三点创建圆。

4）两点（2P）：基于直径上的两个端点创建圆。

**CIRCLE**

⊙ ▾ **CIRCLE** 指定圆的圆心或 [三点(3P) 两点(2P) 切点、切点、半径(T)]：

**图 3-11 "圆"命令行选项**

5）切点、切点、半径：基于指定半径和两个相切对象创建圆。

有时会有多个圆符合指定的条件，程序将绘制具有指定半径的圆，其切点与选定点的距离最近。

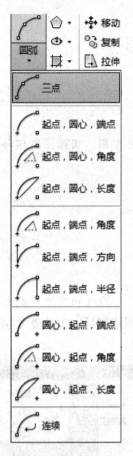

**图 3-12　多种绘制圆弧的方法**

6) 相切、相切、相切：创建相切于三个对象的圆。要绘制三点相切的圆，应将运行对象捕捉设定为"切点"，并使用三点方法绘制该圆。

**2. 绘制圆弧**

用 AutoCAD 绘制圆弧的方法很多，共有 11 种，所有方法都是由起点、圆心、端点、方向、中点、包角、端点、弦长等参数来确定绘制的。默认情况下，以逆时针方向绘制圆弧；按住 Ctrl 键的同时拖动，以顺时针方向绘制圆弧。

(1) 执行方式。

功能区：在"默认"选项卡"绘图"面板中单击"圆弧"按钮 ⌒，如图 3-12 所示。

命令行：ARC(缩写 A)

菜单栏："绘图"→"圆弧"。

(2) 选项说明。

1) 通过三个指定点可以顺时针或逆时针指定圆弧，其命令行选项如图 3-13 所示。

①起点：使用圆弧周线上的三个指定点绘制圆弧。以第一个点为起点，如图 3-14 中的点 1。

**图 3-13　三点绘制圆弧的命令行选项**

**注意：** 如果未指定点就按 Enter 键，最后绘制的直线或圆弧的端点将会作为起点，并立即提示指定新圆弧的端点。这将创建一条与最后绘制的直线、圆弧或多段线相切的圆弧。

②第二点：指定第二个点(图 3-14 中的点 2)，它是圆弧周线上的一个点。

③端点：指定圆弧上的最后一个点，如图 3-14 中的点 3。

2) 通过圆心，起点、端点绘制圆弧。

①圆心：通过指定圆弧所在圆的圆心开始。

②起点：指定圆弧的起点。

③端点：指定圆弧的端点。如图 3-15 所示，使用圆心(点 2)，从起点(点 1)向端点逆时针绘制圆弧。端点将落在从第三点(点 3)到圆心的一条假想射线上。

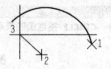

**图 3-14　通过三个指定点绘制圆弧**　　　　**图 3-15　通过三个指定点绘制圆弧**

④角度：如图 3-16 所示，使用圆心(点 2)，从起点(点 1)按指定包含角逆时针绘制圆弧；如果角度为负，将顺时针绘制圆弧。

⑤弦长：基于起点和端点之间的直线距离绘制劣弧或优弧。如果弦长为正值，将从起点逆时针绘制劣弧；如果弦长为负值，将逆时针绘制优弧，如图 3-17 所示。

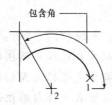

图 3-16　通过指定圆心、角度绘制圆弧

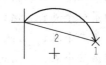

图 3-17　通过指定弦长绘制圆弧

3）以下绘制弧可按上述类似方法操作：

①通过指定起点、端点、角度绘制圆弧。

②通过指定起点、端点、方向绘制圆弧。

③通过指定起点、端点、半径绘制圆弧。

**3. 绘制圆环**

圆环是填充环或实体填充圆，即带有宽度的实际闭合多段线。要创建圆环，应指定圆环的内外直径和圆心。通过指定不同的中心点，可以继续创建具有相同直径的多个副本。要创建实体填充圆，应将内径值指定为 0。

（1）执行方式。

功能区：在"默认"选项卡"绘图"面板中单击"圆环"按钮◎。

命令行：DONUT（缩写 DO）。

菜单栏："绘图"→"圆环"。

（2）选项说明。

要创建实体填充圆，应将内径值指定为 0。用 FILL 命令可以控制圆环是否填充。

命令：FILL↙

输入模式［开（ON）/关（OFF）］<开>：　　　　　　　　（选择 ON 表示填充，选择 OFF 表示不填充）

## 三、任务实施

**1. 绘制的同心圆与三条边相切**

（1）方式一。

命令：C↙

指定圆的圆心或［三点（3P）/两点（2P）/切点、切点、半径（T）］：

指定圆的半径或［直径（D）］：200↙

（2）方式二。

命令：C↙

指定圆的圆心或［三点（3P）/两点（2P）/切点、切点、半径（T）］：

　　　　　　　　　　　　　　　　　　　　　　　　　　（利用捕捉方式选择圆心）

指定圆的半径或［直径（D）］<200.0000>：220↙

(3)方式三。

命令：↙                                    (输入空格，可调用刚刚执行过的命令)

_circle

指定圆的圆心或[三点(3P)/两点(2P)/切点、切点、半径(T)]：_3p↙

指定圆上的第一个点：_tan 到          (利用捕捉方式选择与圆相切的第一条直线)

指定圆上的第二个点：_tan 到          (利用捕捉方式选择与圆相切的第一条直线)

指定圆上的第三个点：_tan 到          (利用捕捉方式选择与圆相切的第一条直线)

完成的结果如图 3-18 所示。

## 2. 通过三个指定点绘制圆弧

(1)方式一。

命令：_rec↙

指定第一个角点或[倒角(C)/标高(E)/圆角(F)/厚度(T)/宽度(W)]：

指定另一个角点或[面积(A)/尺寸(D)/旋转(R)]：@40，-1000

(绘制一个 40，1000 的矩形)

(2)方式二。

命令：_a↙

指定圆弧的起点或[圆心(C)]：                          (单击 A 点作为起点)

指定圆弧的第二个点或[圆心(C)/端点(E)]：c↙

指定圆弧的圆心：                                   (单击 B 点作为起点)

指定圆弧的端点(按住 Ctrl 键以切换方向)或[角度(A)/弦长(L)]：

(按 Ctrl 键可切换方向，指向与 B 点同一水平线上的 C 点，如图 3-19 所示)

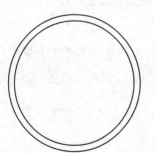 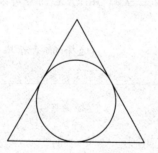

图 3-18　绘制的同心圆，与三条边相切

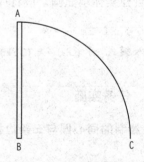

图 3-19　通过三个指定点绘制圆弧

## 3. 绘制椅子

(1)第一步。

命令：l↙

指定第一个点：

指定下一点或[放弃(U)]：509↙

指定下一点或[放弃(U)]：605↙

指定下一点或[闭合(C)/放弃(U)]：509↙

指定下一点或［闭合(C)/放弃(U)］: ↙

(2)第二步。

命令：A↙

指定圆弧的起点或［圆心(C)］:                                      (指定A点)

指定圆弧的第二个点或［圆心(C)/端点(E)］:                          (指定C点)

指定圆弧的端点:                                                 (指定B点)

(3)第三步。

命令：rec↙

指定第一个角点或［倒角(C)/标高(E)/圆角(F)/厚度(T)/宽度(W)］: f↙

指定矩形的圆角半径 <0.0000> : 12↙                   (指定扶手的圆角半径是12)

指定第一个角点或［倒角(C)/标高(E)/圆角(F)/厚度(T)/宽度(W)］:          (指定A点)

指定另一个角点或［面积(A)/尺寸(D)/旋转(R)］: @60,550↙

(4)第四步。

命令：rec↙

当前矩形模式：圆角= 12.0000

指定第一个角点或［倒角(C)/标高(E)/圆角(F)/厚度(T)/宽度(W)］:          (指定B点)

指定另一个角点或［面积(A)/尺寸(D)/旋转(R)］: @-60,550↙

(5)第五步。

命令：rec↙                                                    (指定B点)

当前矩形模式：圆角= 12.0000

指定第一个角点或［倒角(C)/标高(E)/圆角(F)/厚度(T)/宽度(W)］: f↙

指定矩形的圆角半径 <12.0000> : 0↙

指定第一个角点或［倒角(C)/标高(E)/圆角(F)/厚度(T)/宽度(W)］:          (指定D点)

指定另一个角点或［面积(A)/尺寸(D)/旋转(R)］: @605,50↙

利用直线命令绘制扶手两边的直线，如图3-20所示。

### 4. 绘制圆环

在"默认"选项卡"绘图"面板中单击
"圆环"按钮 ◉。

(1)指定内直径(1)。

(2)指定外直径(2)。

(3)指定圆环的圆心(3)。

(4)指定另一个圆环的中心点，或者
按 Enter 键结束命令。

完成结果如图3-21所示。

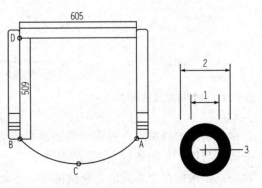

图 3-20  绘制椅子          图 3-21  绘制圆环

# 任务六  绘制椭圆及椭圆弧

**知识目标**

掌握进行椭圆及椭圆弧绘制的方法。

**能力目标**

能够进行椭圆及椭圆弧的绘制；会利用椭圆、椭圆弧与其他图形创建简单家具等造型。

## 一、任务描述

椭圆由定义其长度和宽度的两条轴决定。本任务介绍绘制椭圆、椭圆弧方法和技巧，并逐渐熟练快捷键的使用。

## 二、任务资讯

(1)执行方式。

功能区：在"默认"选项卡"绘图"面板中单击"椭圆"按钮⊙，如图 3-22 所示。

命令行：ELLIPSE(缩写 EL)。

菜单栏："绘图"→"椭圆"。

(2)选项说明。

当绘制椭圆时，其由定义其长度和宽度的两个轴决定：主(长)轴和次(短)轴，如图 3-23 所示。

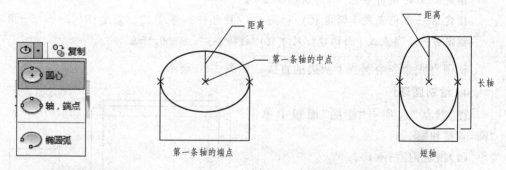

**图 3-22  绘制椭圆及椭圆弧**　　　　　　　**图 3-23  椭圆的长轴和短轴**

1)指定椭圆的轴端点：椭圆上的前两个点确定第一条轴的位置和长度，第三个点确定椭圆的圆心与第二条轴的端点之间的距离。

轴端点：根据两个端点定义椭圆的第一条轴。第一条轴的角度确定了整个椭圆的角度。第一条轴既可定义椭圆的长轴也可定义短轴。

旋转：通过绕第一条轴旋转圆来创建椭圆。

2)圆弧：创建一段椭圆弧。

椭圆弧上的前两个点确定第一条轴的位置和长度，第三个点确定椭圆弧的圆心与第二条轴的端点之间的距离，第四个点和第五个点确定起始和终止角度。

第一条轴的角度确定了椭圆弧的角度。第一条轴可以根据其大小定义长轴或短轴。

3）中心：用指定的中心点创建椭圆或椭圆弧，如图 3-24 所示。

指定椭圆的轴端点或 [圆弧(A)/中心点(C)]: _c
⊕ ELLIPSE 指定椭圆的中心点:

图 3-24　指定"椭圆"圆心的命令行选项

4）旋转：通过绕第一条轴旋转定义椭圆的长轴和短轴的比例。该值（从 0 到 89.4°）越大，短轴对长轴的比例就越大。89.4°到 90.6°之间的值无效，因为，此时椭圆将显示为一条直线。这些角度值的倍数每隔 90°产生一次镜像效果。

输入 0、180 或 180 的倍数将在圆中创建一个椭圆。

5）角度：定义椭圆弧的终止角度。使用"角度"选项可以从参数模式切换到角度模式。模式用于控制计算椭圆的方法。

6）参数：需要同样的输入作为"起始角度"，但通过以下矢量参数方程式创建椭圆弧：

$$p(u)=c+a*\cos(u)+b*\sin(u)$$

式中　$c$——椭圆的圆心；

$a$、$b$——椭圆的长轴和短轴；

$u$——光标与椭圆中心点连线的夹角。

## 三、任务实施

### 1. 使用中心法绘制椭圆

命令：_ellipse↙

指定椭圆的轴端点或 [圆弧 (A)/中心点 (C)]: _c↙

指定椭圆的中心点：

指定轴的端点：300↙

指定另一条半轴长度或 [旋转 (R)]: 150↙

（绘制出一个指定中心点，半长轴为 300，半短轴长度为 150 的椭圆）

### 2. 使用旋转法绘制椭圆弧：

命令：_ellipse↙

指定椭圆的轴端点或 [圆弧 (A)/中心点 (C)]: _a↙　　　　　　　（绘制椭圆弧）

指定椭圆弧的轴端点或 [中心点 (C)]:

指定轴的另一个端点：600↙

指定另一条半轴长度或 [旋转 (R)]: r↙

指定绕长轴旋转的角度：30↙　　（绘制出一个长轴为 600，旋转角度为 30 的椭圆弧）

指定起点角度或 [参数 (P)]:

指定端点角度或 [参数 (P)/夹角 (I)]:

### 3. 绘制洗手池

（1）第一步。

命令：_ellipse↙

指定椭圆的轴端点或［圆弧(A)/中心点(C)］：　　　　　　　　（用鼠标指定椭圆的轴端点）

指定轴的另一个端点：　　　　　　　　　　　　　　　　（用鼠标指定另一端点）

指定另一条半轴长度或［旋转(R)］：

（用鼠标在屏幕上拉出另一条半轴长度，绘制洗手池外沿）

（2）第二步。

命令：_ellipse↙

指定椭圆的轴端点或［圆弧(A)/中心点(C)］：_c↙

指定椭圆的中心点：　　　　　　　　　　　　（用鼠标指定上一椭圆的中心点）

指定轴的端点：　　　　　　　　　　　　　　　（用鼠标指定另一端点）

指定另一条半轴长度或［旋转(R)］：　　　（用鼠标在屏幕上拉出另一条半轴长度）

（3）第三步。

命令：_ellipse↙

指定椭圆的轴端点或［圆弧(A)/中心点(C)］：_c↙

指定椭圆的中心点：　　　　　　　　（用鼠标指定上一椭圆的中心点靠上的位置）

指定轴的端点：

指定另一条半轴长度或［旋转(R)］：

（4）利用圆、直线等命令完成洗手池其他部分的绘制，如图 3-25 所示。

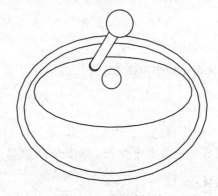

图 3-25　绘制洗手池

# 任务七　绘制其他图形

**知识目标**

掌握绘制多段线、点、云线的方法。

**能力目标**

能够绘制多段线、点、云线，会利用多段线、点、云线与其他图形创建简单造型。

## 一、任务描述

本任务介绍绘制多段线、点、云线方法和技巧，并逐渐熟练掌握快捷键的使用。

## 二、任务资讯

### 1. 绘制多段线

创建二维多段线，其是由直线段和圆弧段组成的单个对象，可创建不同线宽的多线，弥补了直线和圆弧的不足。

(1)执行方式。

功能区：在"默认"选项卡"绘图"画板中单击"多段线"按钮 ⤳ 。

命令行：PLINE(缩写 PL)。

菜单栏："绘图"→"多段线"。

(2)选项说明。

执行多段线命令后，指定起点后命令行提示信息，如图 3-26 所示。

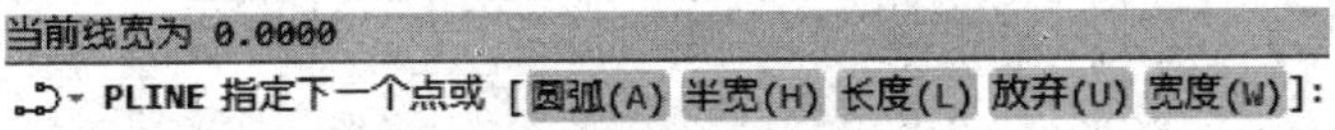

当前线宽为 0.0000

⤳ ▾ PLINE 指定下一个点或 [圆弧(A) 半宽(H) 长度(L) 放弃(U) 宽度(W)]:

**图 3-26 "多段线"命令行选项**

如果选择圆弧命令，命令提示行信息如图 3-27 所示。

指定圆弧的端点(按住 Ctrl 键以切换方向)或

⤳ ▾ PLINE [角度(A) 圆心(CE) 闭合(CL) 方向(D) 半宽(H) 直线(L) 半径(R) 第二个点(S) 放弃(U) 宽度(W)]:

**图 3-27 选择"圆弧"命令行选项**

起点宽度将成为默认的端点宽度。端点宽度在再次修改宽度之前将作为所有后续线段的统一宽度。宽线线段的起点和端点位于宽线的中心。

典型情况下，相邻多段线线段的交点将倒角，但在圆弧段互不相切，有非常尖锐的角或者使用点画线线型的情况下将不倒角。

1)闭合：从指定的最后一点到起点绘制直线段，从而创建闭合的多段线。必须至少指定两个点才能使用该选项。

2)半宽：指定从宽多段线线段的中心到其一边的宽度。

起点半宽将成为默认的端点半宽。端点半宽在再次修改半宽之前将作为所有后续线段的统一半宽。

3)长度：在与上一线段相同的角度方向上绘制指定长度的直线段。如果上一线段是圆弧，程序将绘制与该圆弧段相切的新直线段。

指定直线的长度：指定距离。

4)放弃：删除最近一次添加到多段线上的直线段。

5)宽度：指定下一条直线段的宽度。

### 2. 绘制点

点作为组成图形实体部分之一，具有各种实体属性，且可以被编辑。

(1)设置点样式。指定点对象的显示样式及大小。

1)执行方式。

功能区：在"默认"选项卡"实用工具"面板中单击"点样式"按钮，如图 3-28(a)所示。

命令行：DDPTYPE(缩写 PTYPE)。

菜单栏："格式"→"点样式"。

2)选项说明。

按上述方式执行"点样式"命令后，系统弹出"点样式"对话框，如图 3-28(b)所示。在"点大小"文本框中输入控制点的大小。

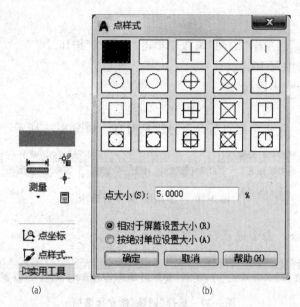

(a)　　　　　　　　　　(b)

图 3-28　点样式

①"相对于屏幕设置大小"单选项用于按屏幕尺寸的百分比设置点的显示大小。当进行缩放时，点的显示大小并不改变。

②"按绝对单位设置大小"单选项用于按"点大小"下指定的实际单位设置点显示的大小。当进行缩放时，AutoCAD 显示的点的大小随之改变。

(2)绘制点。

1)执行方式。

功能区：在"默认"选项卡"绘图"面板中单击"点"按钮

，如图 3-29 所示。

命令行：POINT(缩写 PO)。

菜单栏："绘图"→"点"。

(3)绘制等分点。

1)执行方式。

功能区：在"默认"选项卡"绘图"面板中单击"定数等分"按钮。

命令行：DIVIDE(缩写 DIV)。

图 3-29　绘制点三种方式

2)选项说明。

DIVIDE 命令是在某一图形上以等分长度设置点或块。被等分的对象可以是直线、圆、圆弧、多段线等，等分数目由用户指定。

(4)绘制定距点。

1)执行方式。

功能区：在"默认"选项卡"绘图"面板中单击"定距等分"按钮 ⊀。

命令行：MEASURE(缩写 ME)。

2)选项说明。

MEASURE 命令用于在所选择对象上用给定的距离设置点，实际是提供了一个测量图形长度，并按指定距离标上标记的命令，或者说它是一个等距绘图命令，与 DIVIDE 命令相比，后者是以给定数目等分所选实体，而 MEASURE 命令则是以指定的距离在所选实体上插入点或块，直到余下部分不足一个间距为止。

**注意**：进行定距等分时，注意在选择等分对象时鼠标左键应单击被等分对象的位置。单击位置不同，结果可能不同。

### 3. 绘制样条曲线

样条曲线是经过或接近影响曲线形状的一系列点的平滑曲线。默认情况下，样条曲线是一系列 3 阶(也称为"三次")多项式的过渡曲线段。这些曲线在技术上称为非均匀有理 B 样条(NURBS)，但为简便起见，称为样条曲线。

(1)执行方式。

功能区：在"默认"选项卡"绘图"面板中单击"样条曲线拟合"按钮 ∿ 或"样条曲线控制点"按钮 ∿。

命令行：SPLINE(缩写 SPL)。

菜单栏："绘图"→"样条曲线"。

(2)选项说明。

按上述方式执行"样条曲线"命令后，命令行提示信息如图 3-30 所示。

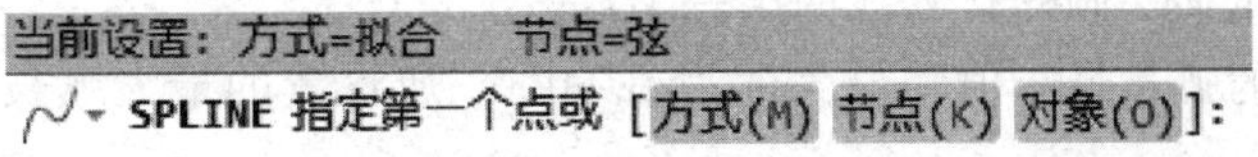

当前设置：方式=拟合　节点=弦
∿ ▾ SPLINE 指定第一个点或 [方式(M) 节点(K) 对象(O)]:

**图 3-30　"样条曲线"命令行选项**

1)方式：控制是使用拟合点还用使用控制点来创建样条曲线。

2)节点：指定节点参数化，它是一种计算方法，用来确定样条曲线中连续拟合点之间的零部件曲线如何过渡。

3)对象：将二维或三维的二次或三次样条曲线拟合多段线转换成等效的样条曲线。

起点方向：指定在样条曲线起点的相切条件。

端点相切：指定在样条曲线终点的相切条件。

公差：指定样条曲线可以偏离指定拟合点的距离。公差值为 0 时则生成的样条曲线直接通过拟合点，公差值适用于所有拟合点(拟合点的起点和终点除外)。

闭合：通过定义与第一个点重合的最后一个点，闭合样式曲线。选择该选项后，系统会提示：

指定切向：用户可以指定一定来定义切向矢量，或通过使用"切点"和"垂足"对象来捕捉使样条曲线与现有对象相切或垂直。

阶数：该选项指定绘制样条曲线的阶数，是一种计算方法。

### 4. 修订云线

修订云线是由连续圆弧组成的多段线。用于提醒用户注意图形的某些部分。修订云线是由连续圆弧组成的多段线，用来构成云线形状的对象。在查看或用红线圈阅图形时，可以使用修订云线功能亮显标记以提高工作效率。

图 3-31　修订云线的三种方法

（1）执行方式。

功能区：在"默认"选项卡"绘图"面板中单击"修订云线"按钮，如图 3-31 所示。

命令行：REVCLOUD（缩写 REVC）。

菜单栏："绘图"→"修订云线"。

（2）选项说明。

按上述方式执行"修订云线"命令后，命令行提示信息如图 3-32 所示。

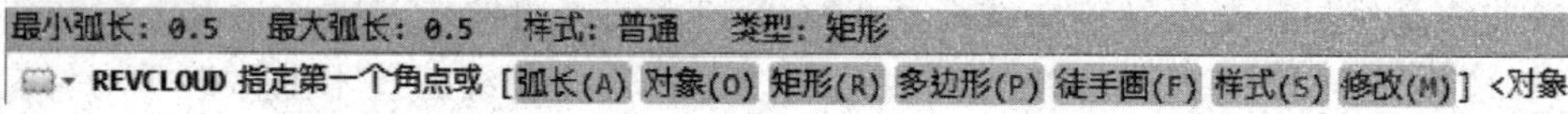

最小弧长: 0.5　最大弧长: 0.5　样式: 普通　类型: 矩形

REVCLOUD 指定第一个角点或 [弧长(A) 对象(O) 矩形(R) 多边形(P) 徒手画(F) 样式(S) 修改(M)] <对象>:

图 3-32　"修订云线"的命令行选项

1）第一个角点：指定矩形修订云线的一个角点。

①对角点：指定矩形修订云线的对角点。

②反转方向：反转修订云线上连续圆弧的方向。

2）起点：设置多边形修订云线的起点。

①下一点：指定下一点以定义多边形形状的修订云线。

②反转方向：反转修订云线上连续圆弧的方向。

3）第一点：指定徒手画修订云线的第一个点。

4）弧长：默认的弧长最小值和最大值为 0.5000。所设置的最大弧长不能超过最小弧长的三倍。

5）对象：指定要转换为云线的对象。

6）矩形：使用指定的点作为对角点创建矩形修订云线。

7）多边形：创建非矩形修订云线（由作为修订云线的顶点的三个点或更多点定义）。

8）徒手画：绘制徒手画修订云线，沿着云线路径移动十字光标。要更改圆弧的大小，可以沿着路径单击拾取点，可以随时按 Enter 键停止绘制修订云线。

9）样式：指定修订云线的样式。

①普通：使用默认字体创建修订云线。

②手绘：像使用画笔绘图一样创建修订云线。

10）修改：从现有修订云线添加或删除侧边。

①选择多段线：指定要修改的修订云线。

②反转方向：反转修订云线上连续圆弧的方向。

（3）操作步骤。

1)创建矩形修订云线。

①单击"默认"选项卡→"绘图"面板→"修订云线"→"矩形"按钮❀。

②指定修订云线第一个角点。

③指定修订云线的另一个角点。

2)创建多边形修订云线。

①单击"默认"选项卡→"绘图"面板→"修订云线"→"多边形"按钮❀。

②指定修订云线的起点。

③单击以指定修订云线的其他顶点。

3)创建徒手画修订云线。

①单击"默认"选项卡→"绘图"面板→"修订云线"→"徒手画"按钮❀。

②沿着云线路径移动十字光标。要更改圆弧的大小，可以沿着路径单击拾取点。可以随时按 Enter 键停止绘制修订云线。

③要闭合修订云线，应返回到其起点。

④要反转圆弧的方向，应在命令提示下输入 Y，然后按 Enter 键。

4)使用画笔样式创建修订云线。

①单击"默认"选项卡→"绘图"面板→"修订云线"→"徒手画"按钮❀。

②在绘图区域中单击鼠标右键，然后在快捷菜单中选择"样式"。

③选择"手绘"选项。

④按 Enter 键以保存手绘设置并继续该命令，或者按 ESC 键结束命令。

5)将对象转换为修订云线。

①单击"默认"选项卡→"绘图"面板→"修订云线"→"徒手画"按钮❀。

②在绘图区域中单击鼠标右键，然后在快捷菜单中选择"对象"。

③选择要转换为修订云线的圆、椭圆、多段线或样条曲线。

④按 Enter 键使圆弧保持当前方向。否则，应输入 Y 反转圆弧的方向。

⑤按 Enter 键保存设置。

## 三、任务实施

### 1. 绘制箭头

命令：PL↙

指定起点：                                          (任意指定一点)

当前线宽为 0.0000

指定下一个点或 [圆弧(A)/半宽(H)/长度(L)/放弃(U)/宽度(W)]：w↙

指定起点宽度 <0.0000>：↙

指定端点宽度 <0.0000>：10↙

指定下一个点或 [圆弧(A)/半宽(H)/长度(L)/放弃(U)/宽度(W)]：@12.5<0↙

指定下一点或 [圆弧(A)/闭合(C)/半宽(H)/长度(L)/放弃(U)/宽度(W)]：w↙

指定起点宽度 <10.0000>：6↙

指定端点宽度 <6.0000>：↙

指定下一点或 [圆弧(A)/闭合(C)/半宽(H)/长度(L)/放弃(U)/宽度(W)]：@25<0↙

指定下一点或 [圆弧 (A) /闭合 (C) /半宽 (H) /长度 (L) /放弃 (U) /宽度 (W)]: w↙

指定起点宽度 <6.0000>: ↙

指定端点宽度 <6.0000>: 0↙

指定下一点或 [圆弧 (A) /闭合 (C) /半宽 (H) /长度 (L) /放弃 (U) /宽度 (W)]: a↙

指定圆弧的端点 (按住 Ctrl 键以切换方向) 或

[角度 (A) /圆心 (CE) /闭合 (CL) /方向 (D) /半宽 (H) /直线 (L) /半径 (R) /第二个点 (S) /放弃 (U) /宽度 (W)]: @36< 120↙

指定圆弧的端点 (按住 Ctrl 键以切换方向) 或 [角度 (A) /圆心 (CE) /闭合 (CL) /方向 (D) /半宽 (H) /直线 (L) /半径 (R) /第二个点 (S) /放弃 (U) /宽度 (W)]: ↙。

完成如果如图 3-33 所示。

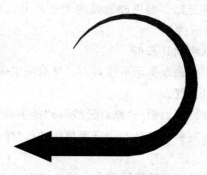

图 3-33　绘制箭头

### 2. 绘制拟合样条曲线

命令: _SPLINE
当前设置: 方式=控制点　阶数=5
指定第一个点或 [方式 (M) /阶数 (D) /对象 (O)]: _M↙
输入样条曲线创建方式 [拟合 (F) /控制点 (CV)] <控制点>: _FIT↙
当前设置: 方式=拟合　节点=弦
指定第一个点或 [方式 (M) /节点 (K) /对象 (O)]: [如图 3-34 (a) 所示]
输入下一个点或 [起点切向 (T) /公差 (L)]:
输入下一个点或 [端点相切 (T) /公差 (L) /放弃 (U)]:
输入下一个点或 [端点相切 (T) /公差 (L) /放弃 (U) /闭合 (C)]:
输入下一个点或 [端点相切 (T) /公差 (L) /放弃 (U) /闭合 (C)]:
输入下一个点或 [端点相切 (CL) /公差 (L) /放弃 (U) /闭合 (C)]:
输入下一个点或 [端点相切 (T) /公差 (L) /放弃 (U) /闭合 (C)]:
输入下一个点或 [端点相切 (T) /公差 (L) /放弃 (U) /闭合 (C)]:

### 3. 绘制控制点样条曲线

命令: _SPLINE
当前设置: 方式=拟合　节点=弦
指定第一个点或 [方式 (M) /节点 (K) /对象 (O)]: _M↙

输入样条曲线创建方式［拟合(F)/控制点(CV)］＜拟合＞：_CV↙

当前设置：方式=控制点　阶数=5

指定第一个点或［方式(M)/阶数(D)/对象(O)］：［如图 3-34(b)所示］

输入下一个点：

输入下一个点或［放弃(U)］：

输入下一个点或［闭合(C)/放弃(U)］：

输入下一个点或［闭合(C)/放弃(U)］：

输入下一个点或［闭合(C)/放弃(U)］：

输入下一个点或［闭合(C)/放弃(U)］：

输入下一个点或［闭合(C)/放弃(U)］：

输入下一个点或［闭合(C)/放弃(U)］：

输入下一个点或［闭合(C)/放弃(U)］：

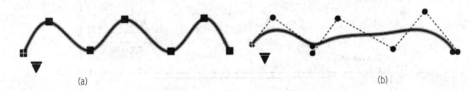

(a)　　　　　　　　　　　　　(b)

图 3-34　"拟合点"样条曲线和"控制点"样条曲线

# 任务八　绘制多线

### 知识目标

掌握绘制多线的方法。

### 能力目标

能够绘制多线，会利用多线创建墙体、玻璃等。

## 一、任务描述

多线由多条平行线组成，这些平行线称为元素。本任务介绍绘制多线的方法和技巧，并逐渐熟练快捷键的使用。

## 二、任务资讯

### 1. 设置多线样式

(1)执行方式。

菜单栏："格式"→"多线样式"。

命令行：MLSTYLE(缩写 MLST)。

（2）选项说明。

按上述方式执行"多线样式"命令后，系统弹出"多线样式"对话框，如图 3-35 所示。在"多线样式"对话框中单击"新建"按钮，系统弹出"创建新的多线样式"对话框。

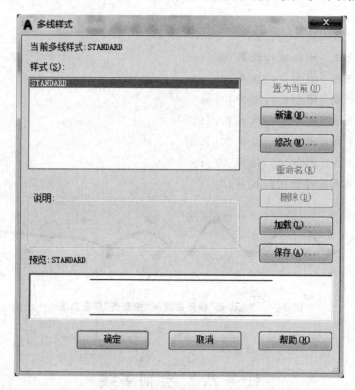

**图 3-35　设置"多线样式"对话框**

在"创建新的多线样式"对话框中，输入多线样式的名称，并选择开始绘制的多线样式，单击"继续"按钮，系统弹出"新建多线样式"对话框。

在"新建多线样式"对话框中，选择多线样式的参数并单击"确定"按钮，系统返回"多线样式"对话框。

在"多线样式"对话框中，单击"保存"按钮将多线样式保存到文件（默认文件为"acad. mln"）。可以将多个多线样式保存到同一个文件中。单击"置为当前"按钮，可把刚创建的样式作为当前绘制多线的样式。

如果要创建多个多线样式，应在创建新样式之前保存当前样式，否则，将丢失对当前样式所做的更改。

**2. 绘制多线**

（1）执行方式。

功能区：在"默认"选项卡"绘图"面板中单击"多线"按钮（如面板中没有多线命令，可以根据前面所讲的自定义用户界面中的自定义工具栏，把"多线"命令放置到"绘图"选项卡中）。

命令行：MLINE（缩写 ML）。

菜单栏："绘图"→"多线"。

（2）选项说明。

1）对正：该选项用于给定绘制多线的对正方式，分为上、中、下三种，"上"代表以多线上侧的线为基准，建筑装饰图通常选用"中"，与墙体中心线居中对齐。

2）比例：用来设置平行线的间距。输入值为 0 时，平行线重合。

3）样式：该选项用来设置当前使用的多线样式。

（3）操作步骤。

命令：ML↙

当前设置：对正=上，比例=20.00，样式=STANDARD

指定起点或［对正（J）/比例（S）/样式（ST）］：st↙       （选择样式）

输入多线样式名或［?］:? ↙       （查找样式名）

已加载的多线样式：（图 3-36）

输入多线样式名或［?］:qtx↙       （把 QTX 作为当前多线的样式）

当前设置：对正=上，比例=20.00，样式=QTX

指定起点或［对正（J）/比例（S）/样式（ST）］：s↙       （设置多线的比例）

输入多线比例<20.00>：100↙       （设置多线的比例为 100）

当前设置：对正=上，比例=100.00，样式=QTX

指定起点或［对正（J）/比例（S）/样式（ST）］：j↙

输入对正类型［上（T）/无（Z）/下（B）］<上>：z↙       （设置多线的对正方式为 Z）

当前设置：对正=无，比例=100.00，样式=QTX

指定起点或［对正（J）/比例（S）/样式（ST）］：      （指定起点）

指定下一点：      （继续指定下一点）

指定下一点或［放弃（U）］：

指定下一点或［闭合（C）/放弃（U）］：

指定下一点或［闭合（C）/放弃（U）］：c↙       （闭合线段，结束命令）

**3. 编辑多线**

（1）执行方式。

命令行：MLEDIT（缩写 MLED）。

菜单栏："修改"→"对象"→"多线"。

（2）选项说明。

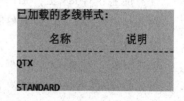

**图 3-36　查找多线样式
名的文本窗口**

按上述方式执行完"多线"命令后，系统将出如图 3-37
所示"多线编辑工具"对话框。该对话框将显示多线编辑工
具，并以四列显示样例图像。第一列控制交叉的多线；第二列控制 T 形相交的多线；第三
列控制角点结合和顶点；第四列控制多线中的打断。

## 三、任务实施

**1. 绘制墙体**

（1）在"默认"选项卡"绘图"面板中单击"构造线"按钮▨，绘制一条水平构造线和一条竖
直构造线。

（2）利用"构造线"命令中的偏移选项，将水平构造线依次向上偏移 3000、600、1000、
2200，重复该命令，将竖直构造线依次向右偏移 3800、1000、1800、2400、3600。

（3）操作步骤。

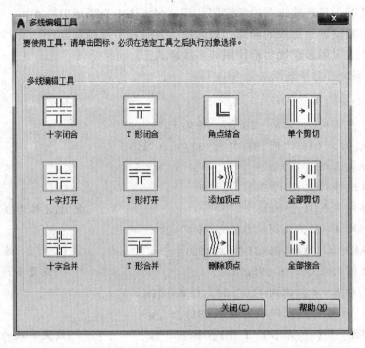

**图 3-37 "多线编辑"对话框**

命令：ML↙

当前设置：对正=上，比例=20.00，样式=QTX

指定起点或[对正(J)/比例(S)/样式(ST)]：s↙

输入多线比例<20.00>：100↙

当前设置：对正=上，比例=100.00，样式=QTX

指定起点或[对正(J)/比例(S)/样式(ST)]：j↙

输入对正类型[上(T)/无(Z)/下(B)]<上>：z↙

当前设置：对正=无，比例=100.00，样式=QTX

指定起点或[对正(J)/比例(S)/样式(ST)]：

指定下一点：

指定下一点或[放弃(U)]：

指定下一点或[闭合(C)/放弃(U)]：

根据辅助线网格，用相同方法绘制其他多线，如图 3-38 所示。

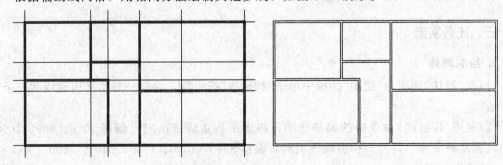

**图 3-38 绘制墙体**

(4)编辑多线。

命令：MLEDIT↙　(出现"多线编辑工具"对话框，选择"T形打开"或"T形结合"等命令)

选择第一条多线：　　　　　　　　　　　　　　　　　(选择要进行编辑的多线)

选择第二条多线：　　　　　　　　　　　　　　　　(依次选择要进行编辑的多线)

# 任务九　图案填充

**知识目标**

掌握对绘制好的二维图形进行图案填充的方法。

**能力目标**

1. 能够对绘制好的二维图形进行图案填充；

2. 结合项目一，熟悉各常用图案填充代表的含义。

## 一、任务描述

AutoCAD 对于绘制好二维图形，可以进行图案填充，在实际工作中，不同的填充图案代表不同的材料。通过本任务的学习，应会确定图案的边界，理解孤岛方式填充的含义。

## 二、任务资讯

在 AutoCAD 2017 中，可以使用选定的填充图案或渐变色来填充现有对象或封闭区域。

### 1. 图案填充

(1)执行方式。

功能区：在"默认"选项卡"绘图"面板中单击"图案填充"按钮 ▦ ，在功能区中打开如图 3-39 所示的"图案填充创建"上下文选项卡及其包含的面板。

命令行：HATCH(缩写 H)。

菜单栏："绘图"→"图案填充"。

图 3-39　"图案填充"及其选项卡

（2）选项说明。

1）填充方式：

①预定义的填充图案。从提供的 70 多种符合 ANSI、ISO 和其他行业标准的填充图案中进行选择，或添加由其他公司提供的填充图案库。

②用户定义的填充图案。基于当前的线型以及使用指定的间距、角度、颜色和其他特性来定义填充图案。

③自定义填充图案。填充图案在 acad. pat 和 acadiso. pat（对于 AutoCAD LT，则为 acadlt. pat 和 acadltiso. pat）文件中定义。可以将自定义填充图案定义添加到这些文件。

④实体填充。使用纯色填充区域。

⑤渐变填充。以一种渐变色填充封闭区域。渐变填充可显示为明（一种与白色混合的颜色）、暗（一种与黑色混合的颜色）或两种颜色之间的平滑过渡。

2）面板说明。

①"边界"面板。"拾取点"工具用于通过选择由一个或多个对象形成的封闭区域内的点来确定图案填充边界；"选择"工具用于指定基于选定对象的图案填充边界，使用此选择选项时，不会自动检测内容对象，为了在文字周围创建不填充的空间，会将文字包括的选择集中；"删除"工具用于从边界定义中删除之前添加的任何对象；"重新创建"工具则用于围绕选定的图案填充或填充对象创建多段一或面域，并使其与图案填充对象相关联（可选）。

②"图案"面板。显示所有预定义和自定义图案的预览图像，用户从中选择所需的图案。当选择"SOLID"实体填充图案时，可以实现实体填充。

③"特性"面板：在该面板中可查看并设置图案填充类型、图案填充颜色或渐变色、背景色或渐变色、图案填充透明度、图案填充角度、填充图案缩放、图案填充间距和图层名等。

④"原点"面板：该面板用于控制填充图案生成的起始位置。某些图案填充（例如砖块图案）需要与图案填充边界上的一点对齐，默认情况下，所有图案填充原点都对应于当前的 UCS 原点。

⑤"选项"面板：控制几个常用的图案填充或填充选项，如关联、注释性、特性匹配、允许的间隙和孤岛检测选项等。如选中"关联"，则指定图案填充或填充为关联图案填充，关联的图案填充或填充在用户修改其边界时将会更新。孤岛检测方式如图 3-40 所示。单击"选项"面板右下角 按钮，可打开"图案填充和渐变色"对话框（图 3-40），在对话框中的所有操作和功能区选项卡上的进行图案填充的操作是一致的。

⑥"关闭"面板：在该面板中单击"关闭图案填充创建"按钮，则退出 HATCH 命令并关闭"图案填充创建"上下文选项卡。

### 三、任务实施

（1）在"默认"选项卡"绘图"面板中单击"图案填充"按钮，系统打开"图案填充创建"上下文件项卡。

（2）在"特性"面板 "图案填充类型"列表中，选择要使用的图案填充类型。

（3）在"图案"面板上，单击选择一种填充图案。

（4）在"边界"面板上，指定如何选择图案边界：

1）拾取点：插入图案填充或布满以一个或多个对象为边界的封闭区域。使用此方法，

孤岛检测的三种方式

**图 3-40　图案填充和渐变色对话框**

可在边界内单击以指定区域。

　　2)选择边界对象：在闭合对象（如圆、闭合的多段线，或者一组具有接触和封闭某一区域的端点的对象）内插入图案填充或填充。

　　(5)单击要进行图案填充的区域或对象。

　　(6)在功能区"图案填充创建"上下文选项卡中，可以根据需要进行任何调整：

　　1)在"特性"面板中，可以更改图案填充类型和颜色，或者修改图案填充的透明度级别、角度或比例。

　　2)在展开的"选项"面板中，可以更改绘图顺序以指定图案填充及其边界是显示在其他对象的前面还是后面。

　　(7)按 Enter 键应用图案填充并退出命令。

## 小结

　　AutoCAD 在二维绘图方面有很大的优势，用户可以绘制直线、构造线、圆、圆弧、矩形、多边形、椭圆、椭圆弧、点、圆环、多段线、样条曲线、修订云线、多线等对象，可以对其进行图案填充，本项目结合实例介绍这些基本二维图形的绘制方法和技巧。

## 操作与练习

　　通过本项目的学习，掌握了 CAD 中基本绘图的命令，通过图 3-41～图 3-46 的绘制练习本项目学习要点。

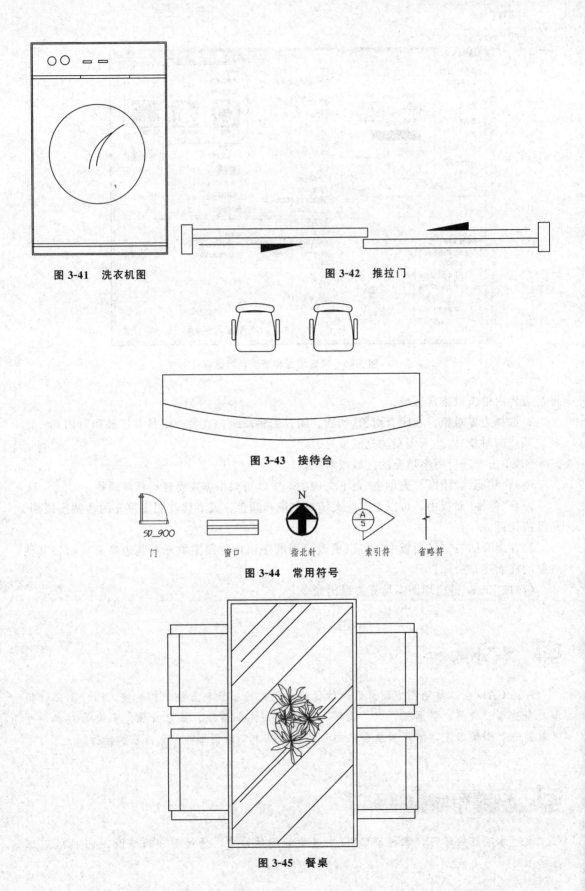

图 3-41　洗衣机图

图 3-42　推拉门

图 3-43　接待台

门　　　　窗口　　　　指北针　　　索引符　　　省略符

图 3-44　常用符号

图 3-45　餐桌

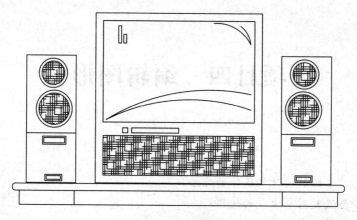

图 3-46 家庭影院

# 项目四　编辑图形

## 知识目标

1. 掌握进行对象编辑、对象选择的方法；
2. 掌握删除与恢复对象命令的使用；
3. 掌握移动和复制命令的使用；
4. 掌握对二维图形对象进行镜像、偏移、旋转、阵列、缩放操作的方法；
5. 掌握应用多线命令、修剪命令绘制墙体的方法；
6. 熟练掌握应用延伸与分解命令；
7. 掌握进行拉伸与拉长对象的命令；
8. 掌握进行倒角、倒圆角的命令；
9. 掌握进行直线打断、合并的命令；
10. 掌握进行关键点的编辑的命令；
11. 熟练掌握应用各编辑命令进行复杂图形的绘制的方法。

## 能力目标

1. 能够进行对象编辑、对象选择；
2. 能够熟练删除与恢复对象；
3. 能够熟练应用移动和复制命令；
4. 能够对二维图形对象进行镜像、偏移、旋转、阵列、缩放操作；
5. 能够应用多线命令、修剪命令绘制墙体；
6. 能够熟练应用延伸与分解命令；
7. 能够进行拉伸与拉长对象；
8. 能够进行倒角、倒圆角；
9. 能够进行直线打断、合并；
10. 能够进行关键点的编辑；
11. 能够熟练应用各编辑命令进行复杂图形的绘制。

## 素质目标

1. 遵守相关法律法规、标准和管理规定；
2. 具有严谨的工作作风、较强的责任心和科学的工作态度；
3. 具备良好的语言文字表达能力和沟通协调能力；
4. 爱岗敬业，严谨务实，团结协作，具有良好的职业操守；
5. 提高学生实际处理问题的能力；
6. 培养学生严谨、认真的作风。

# 任务一　二维图形的基本编辑操作

1. 掌握进行对象编辑、对象选择的方法；
2. 掌握删除与恢复对象命令的使用。

1. 能够进行对象编辑、对象选择；
2. 能够熟练删除与恢复对象。

## 一、任务描述

通过本任务的学习，应会利用各种方法完成选择图形对象的任务，可以进行删除与恢复操作，掌握这些方法和技巧。

## 二、任务资讯

### (一)选择对象

AutoCAD 2017 提供了两种编辑图形的方法：一是先执行编辑命令，然后选择要编辑的对象；二是先选择要编辑的对象，然后执行编辑命令。

**1. 利用鼠标选择对象的方法**

(1)通过单击单个对象来进行选择，选择多个对象时，只需用鼠标逐个单击这些对象，即可完成选择。

(2)也可通过使用窗口或窗交方法来选择对象。

要指定矩形选择区域，请单击并释放鼠标按钮，然后移动光标并再次单击鼠标。

要创建套索选择，请单击、拖动并释放鼠标按钮，如图 4-1 所示。

从左到右拖动光标以选择完全封闭在选择矩形或套索(窗口选择)中的所有对象。

从右到左拖动光标以选择由选择矩形或套索(窗交选择)相交的所有对象。

按 Enter 键结束对象选择。

通过按住 Shift 键并单击单个对象，或跨多个对象拖动，来取消选择对象。按 Esc 键以取消选

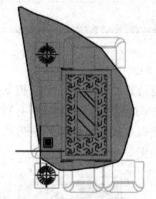

**图 4-1　按住鼠标拖动时可作为套索工具选择对象**

择所有对象。

　　**注：** 使用套索选择时，可以按空格键在"窗口""窗交"和"栏选"对象选择模式之间切换。

　　**2. 窗口选择与交叉选择**

　　在 AutoCAD 2017 中，系统默认启用"按住并拖动套索选择对象"模式，用户也可关闭该模式，启用传统的窗口选择与交叉选择模式，方法是单击"应用程序"按钮 **A**，在下拉菜单中单击"选项"按钮，在弹出的"选项"对话框中选择"选择集"选项卡，在"选择集模式"选项区域中取消勾选"允许按住并拖动套索"复选框，如图 4-2 所示。单击"应用"按钮，便可使用窗口选择与交叉选择的方式来选择图形对象。

**图 4-2　取消勾选"允许按住并拖动套索"复选框**

　　窗口选择是指从左到右拖动光标指定一个以实线显示的蓝色矩形选择框，以选择完全封闭在该矩形选择框中的所有对象。交叉选择也称交叉窗口选择，是从右向左拖动光标指定一个以虚线显示的绿色矩形选择框，与该矩形选择框相交或被完全包含的对象都将被选中，如图 4-3 所示。

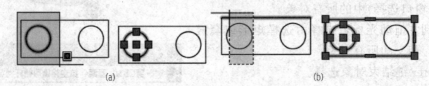

(a)　　　　　　　　　　　　　　　　　(b)

**图 4-3　窗口选择与交叉选择**

(a)窗口选择；(b)交叉选择

**3. SELECT 命令的自动调用**

SELECT 命令用于将选定对象置于"上一个"选择集中，其既可以单独使用，也可以在执行其他编辑命令时被自动调用。

（1）执行方式。

命令行：SELECT（缩写 SEL）。

（2）选项说明。

执行 SELECT 命令后，命令提示行提示如下：

SELECT：选择对象：

输入"?"可查看这些选择方式，各选项说明如下：

1）点：直接通过点取的方式选择对象，可通过单击或从左向右或从右向左拖动选择框，选中的对象高亮显示，与直接单击或拖动鼠标选择对象不同的是没有夹点。

2）窗口：此时，无论从左向右，还是从右向左拖出都是蓝色实线的矩形选择框，只有全部包含在内的对象才能被选中。

3）上一个：系统会自动选择最后绘出的一个对象。

4）窗交：此时，无论从左向右，还是从右向左拖出都是绿色虚线的矩形选择框，只要选择框相交的对象都会被选中。

5）BOX：从左向右拖动是"窗口"模式，从右向左拖动是"窗交"模式。

6）全部：选取图中的所有对象。

7）栏选：用户临时绘制一些直线，不闭是封闭的图形，凡是与这些直线相交的对象均被选中，绘制结果如图 4-4 所示。

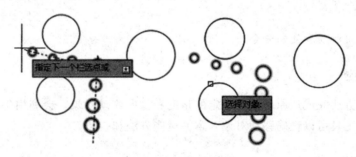

图 4-4 "栏选"对象

8）圈围：利用不规则的多边形选择对象，最后按 Enter 键结束，系统将自动连接第一个顶点到最后一个顶点形成封闭图形，被多边形全部包围住对象会被选中。

9）圈交：与圈围模式类似，利用不规则的多边形选择对象，最后按 Enter 键结束，系统将自动连接第一个顶点到最后一个顶点形成封闭图形，与多边形边界相交的对象会被选中。

**（二）删除与恢复对象**

**1. 删除对象**

功能区：在"默认"选项卡"修改"面板中单击"删除"按钮。

命令行：ERASE（缩写 E）。

菜单栏："修改"→"删除"。

快捷菜单：选择要删除的对象，右击鼠标，在弹出的快捷菜单中选择"删除"命令。

**注意：**选中对象后右击鼠标弹出的快捷菜单，包含了大多数常用编辑命令。

### 2. 恢复命令

若进行了错误的操作，可使用"恢复"命令恢复。

命令行：OOPS 或 U。

快速工具栏："放弃" ↶。

快捷键：Ctrl＋Z。

可以使用重做命令 ↷ 恢复用以上命令放弃的效果。

### 3. 清除命令

菜单栏："编辑"→"清除"。

快捷键：Del。

# 任务二　移动与复制对象

### 知识目标

掌握移动和复制命令的使用。

### 能力目标

能够熟练应用移动和复制命令。

## 一、任务描述

会利用各种方法完成从原对象以指定的角度和方向移动对象，会利用坐标、栅格捕捉、对象捕捉和其他工具可以精确移动对象，掌握这些方法和技巧。

## 二、任务资讯

### (一)移动对象

(1)执行方式。

功能区：在"默认"选项卡"修改"面板中单击"移动"按钮 ✥。

命令行：MOVE(缩写 M)。

菜单栏：修改→"移动"。

(2)操作步骤。

命令：M↵

选择对象：　　　　　　　　　　　　　　　　　　　　(选择要移动的对象)

指定基点或［位移 (D)］＜位移＞：　　　　　　　　　　(指定基点或位移)

指定第二个点或＜使用第一个点作为位移＞：

(二)复制对象

**1. 复制对象**

(1)执行方式。

功能区：在"默认"选项卡"修改"面板中单击"复制"按钮 💮。

命令行：COPY(缩写 C)。

菜单栏："修改"→"复制"。

(2)选项说明。

1)位移：使用坐标指定相对距离和方向。

指定的两点定义一个矢量，指示复制对象的放置离原位置有多远以及以哪个方向放置。

如果在"指定第二个点"提示下按 Enter 键，则第一个点将被认为是相对 X、Y、Z 位移。例如，如果指定基点为(2，3)，并在下一个提示下按 Enter 键，对象将被复制到距其当前位置在 X 方向上 2 个单位、在 Y 方向上 3 个单位的位置。

2)模式：控制命令是否自动重复(COPYMODE 系统变量)。

①单一：创建选定对象的单个副本，并结束命令。

②多个：替代"单个"模式设置。在命令执行期间，将 COPY 命令设定为自动重复。

3)阵列：指定在线性阵列中排列的副本数量。

要进行阵列的项目数：指定阵列中的项目数，包括原始选择集。

(3)操作步骤。

命令：COPY

选择对象：                        (使用对象选择方法并在完成选择后按 Enter 键)

指定基点或 [位移(D)/模式(O)/多个(M)] <位移>：        (指定基点或输入选项)

指定第二个点或 [阵列(A)] <使用第一个点作为位移>：    (指定第二个点或输入选项)

**2."编辑"菜单下剪切、复制对象**

(1)"剪切"命令。

菜单栏："编辑"→"剪切"。

快捷键：Ctrl+X。

快捷菜单：在绘图区域右击鼠标，从弹出的快捷菜单中选择"剪切"命令。

执行上述命令后，所选择的实体从当前图形上剪切到剪贴板上，同时从原图形中消失。

(2)"复制"命令。

菜单栏："编辑"→"复制"。

快捷键：Ctrl+C。

快捷菜单：在绘图区域右击鼠标，从弹出的快捷菜单中选择"复制"命令。

执行上述命令后，所选择的对象从当前图形上复制到剪贴板上，原图形不变。

**注意**：使用"剪切"和"复制"功能复制对象时，已复制到目的文件的对象与源对象毫无关系，源对象的改变不会影响复制得到的对象。

(3)"带基点复制"命令。

菜单栏："编辑"→"带基点复制"。

快捷键：Ctrl+Shift+C。

快捷菜单：在绘图区域右击鼠标，从弹出的快捷菜单中选择"带基点复制"命令。

（4）复制链接对象。

菜单栏："编辑"→"复制链接"。

对象链接和嵌入的操作过程与用剪贴板粘贴的操作类似，但其内部运行机制却有很大的差异。链接对象与其创建应用程序始终保持联系。例如，Word 文档中包含一个 Auto-CAD 图形对象，在 Word 中双击该对象，Windows 自动将其装入 AutoCAD 中，以供用户进行编辑。如果对原始 AutoCAD 图形作了修改，则 Word 文档中的图形也随之发生相应的变化。如果是用剪贴板粘贴上的图形，则它只是 AutoCAD 图形的一个拷贝，粘贴之后，就不再与 AutoCAD 图形保持任何联系，原始图形的变化不会对它产生任何作用。

（5）"粘贴"命令。

菜单栏："编辑"→"粘贴"。

快捷键：Ctrl＋V。

快捷菜单：在绘图区域右击鼠标，从弹出的快捷菜单中选择"粘贴"命令。

执行上述命令后，保存在剪贴板上的对象被粘贴到当前图形中。

（6）选择性粘贴对象。

菜单栏："编辑"→"选择性粘贴"。

系统弹出"选择性粘贴"对话框，在该对话框中进行相关参数设置。

（7）粘贴为块。

菜单栏："编辑"→"粘贴为块"。

快捷键：Ctrl＋Shift＋V。

快捷菜单：终止所有活动命令，在绘图区域单击鼠标右键，然后选择"粘贴为块"命令。

将复制到剪贴板的对象作为块粘贴到图形中指定的插入点。


## 三、任务实施

### 1. 移动电视

绘制电视及电视柜，并把电视移到电视柜中央。

在"默认"选项卡"修改"面板中单击"移动"按钮▩或在命令行输入 M 后按 Enter 健，选择电视，以电视后边中心为基点，移到电视柜水平和垂直位置的中点，如图 4-5 所示。

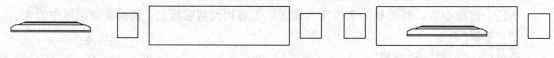

**图 4-5 "移动"电视**

### 2. 绘制接待台

本实例利用前面所学绘制工具绘制接待台及座椅，利用复制命令将座椅复制三个，如图 4-6 所示。

（1）单击"绘图"工具栏中的"直线""矩形""圆弧"等按钮绘制一个接待台及座椅。

（2）单击"修改"工具栏中的"复制"按钮，复制另外两个座椅，命令揭示行与操作如下：

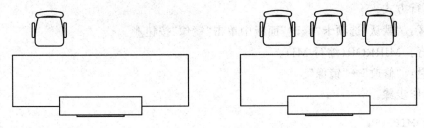

**图 4-6　绘制接待台**

命令：c↙

选择对象：指定对角点：找到 28 个，1 个编组　　　　　　　　　　　　　　（选择座椅）

选择对象：↙

当前设置：　复制模式=多个

指定基点或[位移 (D) /模式 (O)]<位移>：　　　　　　　　　　　　　　　（指定一点为基点）

指定第二个点或[阵列 (A)]<使用第一个点作为位移>：　　　　　　　　　　（指定适当位置）

指定第二个点或[阵列 (A) /退出 (E) /放弃 (U)]<退出>：　　　　　　　　（指定适当位置）

指定第二个点或[阵列 (A) /退出 (E) /放弃 (U)]<退出>：↙

# 任务三　镜像、偏移与旋转对象

**知识目标**

掌握对二维图形对象进行镜像、偏移、旋转操作的方法。

**能力目标**

能够对二维图形对象进行镜像、偏移、旋转操作。

## 一、任务描述

利用坐标、栅格捕捉、对象捕捉和其他工具对图形对象进行镜像、偏移、旋转操作，并掌握这些方法和技巧。

## 二、任务资讯

### (一)镜像对象

利用"镜像"命令可以绕指定轴翻转对象，创建对称的镜像图像。绕轴（镜像线）翻转对象创建镜像图像，要指定临时镜像线，应输入两点。镜像图像时可以选择删除原对象还是保留原对象。默认情况下，镜像文字、图案填充、属性和属性定义时，它们在镜像图像中不会反转或倒置。文字的对齐和对正方式在镜像对象前后相同。如果确实要反转文字，应将 MIRRTEXT 系统变量设置为 1。

（1）执行方式。

功能区："默认"选项卡"修改"面板中单击"镜像"按钮▲。

命令行：MIRROR（缩写 MI）。

菜单栏："修改"→"镜像"。

（2）操作步骤。

命令：MIRROR↙

选择对象：　　　　　　　　　　（用一种对象选择方法来选择要镜像的对象，按 Enter 键完成）

指定镜像线的第一个点：

指定镜像线的第二点：

　　　　　　　　　　（指定的两个点将成为直线的两个端点，选定对象相对于这条直线被镜像）

要删除源对象吗？［是 (Y) 否 (N)］<否>：

　　　　　　　　　　　　　　　（确定在镜像原始对象后，是删除还是保留它们）

## （二）偏移对象

利用偏移对象可创建同心圆、平行线和平行曲线，可以在指定距离或通过一个点偏移对象。偏移对象后，可以使用修剪和延伸这种有效的方式来创建包含多条平行线和曲线的图形。

（1）执行方式。

功能区：在"默认"选项卡"修改"面板中单击"偏移"按钮▱。

命令行：OFFSET（缩写 O）。

菜单栏："修改"→"偏移"。

（2）选项说明。

1）偏移距离：在距现有对象指定的距离处创建对象，即指定要偏移的距离值。

2）通过：创建通过指定点的对象。

3）退出：退出 OFFSET 命令。

4）多个：输入"多个"偏移模式，这将使用当前偏移距离重复进行偏移操作。

5）放弃：恢复前一个偏移。

（3）操作步骤。

命令：OFFSET↙

当前设置：删除源= 否　图层= 源　OFFSETGAPTYPE= 0

指定偏移距离或［通过 (T) /删除 (E) /图层 (L)］<通过>：

　　　　　　　　　　　（可以输入值或使用定点设备，以通过两点确定距离。或

　　　　　　　　　输入 t，选择要偏移的对象，指定偏移对象将要通过的点）

选择要偏移的对象，或 ［退出 (E) /放弃 (U)］<退出>：

指定要偏移的那一侧上的点，或 ［退出 (E) /多个 (M) /放弃 (U)］<退出>：

　　　　　　　　　（指定某个点以指示在原始对象的内部还是外部偏移对象）

选择要偏移的对象，或 ［退出 (E) /放弃 (U)］<退出>：↙

## （三）旋转对象

利用"旋转"命令可以绕指定基点旋转图形中的对象。

（1）执行方式。

功能区：在"默认"选项卡"修改"面板中单击"旋转"按钮⟳。

命令行：ROTATE（缩写 RO）。

菜单栏："修改"→"旋转"。

（2）选项说明。

1）旋转角度：决定对象绕基点旋转的角度。旋转轴通过指定的基点，并且平行于当前 UCS 坐标的 $Z$ 轴。

2）复制：创建要旋转的选定对象的副本。

3）参照：将对象从指定的角度旋转到新的绝对角度。旋转视口对象时，视口的边框仍然保持与绘图区域的边界平行。

### 三、任务实施

**1. 绘制会议桌**

本实例先绘制会议桌和一把椅子，先通过镜像复制得到另一把椅子，再选中一侧的两把椅子，镜像到会议桌的另一侧，如图 4-7 所示。

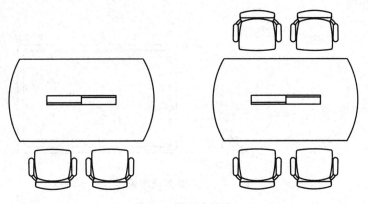

图 4-7　绘制会议桌

（1）利用"绘图"工具栏中的"直线""矩形""圆弧"等命令绘制会议桌和一把椅子。

（2）选中绘制好的椅子，选择"修改"→"镜像"命令，以会议桌直边的中点到另一直边的中点为镜像轴镜像得到另一把椅子。命令提示行如下：

命令：_mirror 找到 34 个

指定镜像线的第一点：　　　　　　　　　　　　　　　　　（选中会议桌直边的中点）

指定镜像线的第二点：　　　　　　　　　　　　　　　　（选中会议桌另一直边的中点）

要删除源对象吗？［是（Y）/否（N）］＜否＞：↙

（3）选中一侧的两把椅子，选择"修改"→"镜像"命令，以会议桌弯边左右两侧的中点连线为镜像轴镜像得到另一侧的两把椅子。命令提示行如下：

命令：_mirror↙

选择对象：指定对角点：找到 68 个，2 个编组

选择对象：指定镜像线的第一点：　　　　　　　　　　　（选中会议桌弯边的中点）

指定镜像线的第二点：                          (选中会议桌另一弯边的中点)
要删除源对象吗？[是(Y)/否(N)]<否>：✓

**2. 绘制圆餐桌**

命令：_circle✓
指定圆的圆心或[三点(3P)/两点(2P)/切点、切点、半径(T)]：
指定圆的半径或[直径(D)]<100.0000>：500✓          (绘制半径是 500 的圆)
命令：O✓

OFFSET
当前设置：删除源=否　图层=源　OFFSETGAPTYPE= 0
指定偏移距离或[通过(T)/删除(E)/图层(L)]<通过>：30✓      (指定偏移距离是 30)
选择要偏移的对象，或[退出(E)/放弃(U)]<退出>：          (选择绘制好的圆)
指定要偏移的那一侧上的点，或[退出(E)/多个(M)/放弃(U)]<退出>：

                                        (向圆内侧任意位置点一下)

选择要偏移的对象，或[退出(E)/放弃(U)]<退出>：✓

完成结果如图 4-8 所示。

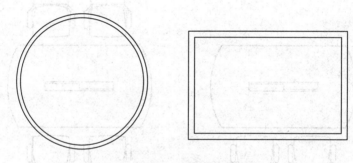

**图 4-8　绘制圆餐桌和茶几**

**3. 绘制茶几**

命令：REC✓
RECTANG
指定第一个角点或[倒角(C)/标高(E)/圆角(F)/厚度(T)/宽度(W)]：
指定另一个角点或[面积(A)/尺寸(D)/旋转(R)]：@1200,800✓

                              (绘制长是 1200，宽是 800 的矩形)

命令：O✓
OFFSET
当前设置：删除源=否　图层=源　OFFSETGAPTYPE= 0
指定偏移距离或[通过(T)/删除(E)/图层(L)]<30.0000>：45✓

                                        (指定偏移距离是 45)

选择要偏移的对象，或[退出(E)/放弃(U)]<退出>：
指定要偏移的那一侧上的点，或[退出(E)/多个(M)/放弃(U)]<退出>：

                                        (向矩形内侧任意位置点一下)

**4. 旋转单扇门**

命令：_rotate↙

UCS 当前的正角方向：ANGDIR= 逆时针　ANGBASE= 0

选择对象：指定对角点：找到 2 个

选择对象： (选择左边的单扇门)

指定基点： (选择 A 点作为基点)

指定旋转角度，或［复制(C)/参照(R)］<0>：90↙ (输入旋转角度得到右边的单扇门)

完成结果如图 4-9 所示。

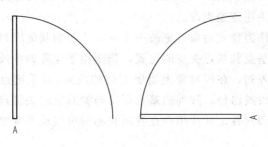

图 4-9　旋转单扇门

# 任务四　阵列对象

**知识目标**

掌握对二维图形对象进行阵列操作。

**能力目标**

能够对二维图形对象进行阵列操作的方法。

## 一、任务描述

创建按指定方式排列的对象副本。用户可以在均匀隔开的矩形、环形或路径阵列中创建对象副本，掌握这些方法和技巧。

## 二、任务资讯

**1. 矩形阵列对象**

(1)执行方式。

功能区：在"默认"选项卡"修改"面板中单击"矩形阵列"

按钮，如图 4-10 所示。

命令行：ARRAYRECT。

图 4-10　阵列的三种方式

菜单栏:"修改"→"阵列"→"矩形阵列"。

(2)选项说明。

1)选择对象:选择要在阵列中使用的对象,命令提示行中提示的信息如图4-11所示。

类型 = 矩形 关联 = 是

⊞▾ ARRAYRECT 选择夹点以编辑阵列或 [关联(AS) 基点(B) 计数(COU) 间距(S) 列数(COL) 行数(R) 层数(L) 退出(X)] <退出>:

**图 4-11 "矩形阵列"命令选项**

2)关联:指定阵列中的对象是关联的还是独立的。

是:包含单个阵列对象中的阵列项目,类似于块。使用关联阵列,可以通过编辑特性和源对象在整个阵列中快速传递更改。

否:创建阵列项目作为独立对象,更改一个项目不影响其他项目。

3)基点:定义阵列基点和基点夹点的位置,指定用于在阵列中放置项目的基点。

关键点:对于关联阵列,在源对象上指定有效的约束(或关键点)以与路径对齐。如果编辑生成的阵列的源对象或路径,阵列的基点保持与源对象的关键点重合。

4)计数:指定行数和列数,并使用户在移动光标时可以动态观察结果(一种比"行和列"选项更快捷的方法)。

表达式:基于数学公式或方程式导出值。

5)间距:指定行间距和列间距,并使用户在移动光标时可以动态观察结果。

行间距:指定从每个对象的相同位置测量的每行之间的距离。

列间距:指定从每个对象的相同位置测量的每列之间的距离。

单位单元:通过设置等同于间距的矩形区域的每个角点来同时指定行间距和列间距。

6)列数:编辑列数和列间距。

列数:设置阵列中的列数。

列间距:指定从每个对象的相同位置测量的每列之间的距离。

全部:指定从开始和结束对象上的相同位置测量的起点和终点列之间的总距离。

7)行数:指定阵列中的行数、它们之间的距离以及行之间的增量标高。

行数:设置阵列中的行数。

行间距:指定从每个对象的相同位置测量的每行之间的距离。

全部:指定从开始和结束对象上的相同位置测量的起点和终点行之间的总距离。

增量标高:设置每个后续行的增大或减小的标高。

表达式:基于数学公式或方程式导出值。

(3)操作步骤。

在"默认"选项卡"修改"面板中单击"矩形阵列"按钮 ⊞。选择要排列的对象,并按 Enter键,将显示默认的矩形阵列。

在阵列预览中,拖动夹点以调整间距以及行数和列数,还可以在"阵列"上下文功能区中修改值。

**2. 环形阵列对象**

(1)执行方式。

功能区:在"默认"选项卡"修改"面板中单击"环形阵列"按钮 ❖。

命令行:ARRAYPOLAR。

菜单栏：“修改”→“阵列”→“环形阵列”。

(2)选项说明。

1)选择对象：选择要在阵列中使用的对象，命令提示行中提示的信息如图 4-12 所示。

**图 4-12　环形阵列命令选项**

2)圆心：指定分布阵列项目所围绕的点。旋转轴是当前 UCS 坐标系的 $Z$ 轴。

3)基点：指定阵列的基点，指定用于在阵列中放置对象的基点。

4)关键点：对于关联阵列，在源对象上指定有效的约束(或关键点)以用作基点。如果编辑生成的阵列的源对象，阵列的基点保持与源对象的关键点重合。

5)旋转轴：指定由两个指定点定义的自定义旋转轴。

6)项目：使用值或表达式指定阵列中的项目数。

**注意**：当在表达式中定义填充角度时，结果值中的(＋或－)数学符号不会影响阵列的方向。

7)项目间角度：使用值或表达式指定项目之间的角度。

8)填充角度：使用值或表达式指定阵列中第一个和最后一个项目之间的角度。

9)层：指定(三维阵列的)层数和层间距。

10)旋转项目：控制在排列项目时是否旋转项目。

(3)操作步骤。

命令：_arraypolar↙

选择对象：找到 1 个

选择对象：

类型=极轴　关联=是

指定阵列的中心点或[基点 (B) /旋转轴 (A)]：

选择夹点以编辑阵列或[关联 (AS) /基点 (B) /项目 (I) /项目间角度 (A) /填充角度 (F) /行 (ROW) /层 (L) /旋转项目 (ROT) /退出 (X)]<退出>：

## 3. 路径阵列对象

利用“路径阵列”命令可以沿路径或部分路径均匀分布对象副本，路径可以是直线、多段线、三维多段线、样条曲线、螺旋、圆弧、圆或椭圆等。

(1)执行方式。

功能区：在“默认”选项卡“修改”面板中单击“路径阵列”按钮 。

命令行：ARRAYPATH。

菜单栏：“修改”→“阵列”→“路径阵列”。

(2)选项说明。

1)选择对象：选择要在阵列中使用的对象，命令提示行中提示的信息如图 4-13 所示。

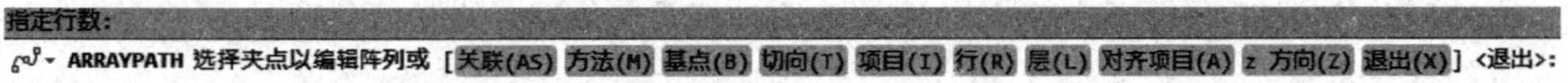

**图 4-13　“路径阵列”命令行选项**

2)路径曲线：指定用于阵列路径的对象。

3)关联：指定是否创建阵列对象，或者是否创建选定对象的非关联副本。

是：创建单个阵列对象中的阵列项目，类似于块。使用关联阵列，可以通过编辑特性和源对象在整个阵列中快速传递更改。

否：创建阵列项目作为独立对象，更改一个项目不影响其他项目。

4)方法：控制如何沿路径分布项目。

定数等分：将指定数量的项目沿路径的长度均匀分布。

测量：以指定的间隔沿路径分布项目。

5)基点：定义阵列的基点，路径阵列中的项目相对于基点放置，指定用于在相对于路径曲线起点的阵列中放置项目的基点。

关键点：对于关联阵列，在源对象上指定有效的约束（或关键点）以与路径对齐。如果编辑生成的阵列的源对象或路径，阵列的基点保持与源对象的关键点重合。

6)切向：指定阵列中的项目如何相对于路径的起始方向对齐。

两点：指定表示阵列中的项目相对于路径的切线的两个点。两个点的矢量建立阵列中第一个项目的切线。"对齐项目"设置控制阵列中的其他项目是否保持相切或平行方向。

普通：根据路径曲线的起始方向调整第一个项目的 $Z$ 方向。

7)项目：根据"方法"设置，指定项目数或项目之间的距离。

沿路径的项目数（当"方法"为"定数等分"时可用）：使用值或表达式指定阵列中的项目数。

沿路径的项目之间的距离（当"方法"为"定距等分"时可用）：使用值或表达式指定阵列中的项目的距离。

默认情况下，使用最大项目数填充阵列，这些项目使用输入的距离填充路径。用户可以指定一个更小的项目数（如果需要），也可以启用"填充整个路径"，以便在路径长度更改时调整项目数。

8)行数：指定阵列中的行数、它们之间的距离以及行之间的增量标高。

行数：设定行数。

行间距：指定从每个对象的相同位置测量的每行之间的距离。

全部：指定从开始和结束对象上的相同位置测量的起点和终点行之间的总距离。

增量标高：设置每个后续行的增大或减小的标高。

表达式：基于数学公式或方程式导出值。

9)层：阵列中的标高指示沿 $Z$ 轴方向拉伸阵列的行样式和列样式。

层数：指定阵列中的三维标高。

层间距：指定三维标高之间的距离。

全部：指定第一层和最后一层之间的总距离。

表达式：使用数学公式或方程式获取值。

10)对齐项目：指定是否对齐每个项目以与路径的方向相切。对齐相对于第一个项目的方向。

11)$Z$ 方向：控制是否保持项目的原始 $Z$ 方向或沿三维路径自然倾斜项目。

（3）操作步骤。

在"默认"选项卡"修改"面板中单击"路径阵列"按钮。选择要排列的对象，并按 Enter

键，选择某个对象(如直线、多段线、三维多段线、样条曲线、螺旋、圆弧、圆或椭圆)作为阵列的路径。按 Enter 键完成阵列。

指定沿路径分布对象的方法：

要沿整个路径长度均匀地分布项目，应单击"阵列创建"上下文选项卡"特性"面板中的"定数等分"按钮。

要以特定间隔分布对象，应单击"阵列创建"上下文选项卡"特性"面板中的"定距等分"按钮。

### 三、任务实施

**1. 大型会议桌**

(1)利用绘图工具栏命令绘制(3750，1500)会议桌，绘制一把椅子，如图 4-14 所示。

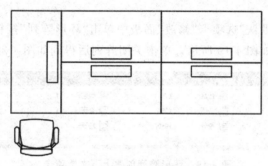

图 4-14　绘制会议桌

(2)选中椅子，在"默认"选项卡"修改"面板中单击"矩形阵列"按钮，出现"阵列创建"上下文选项卡，设置选项如图 4-15 所示，单击关闭阵列后得到如图 4-16 所示矩形阵列。

| 默认 | 插入 | 注释 | 参数化 | 三维工具 | 视图 | 管理 | 输出 | 附加模块 | A360 | 精选应用 | BIM 360 | Performance | 阵列 | | |
|---|---|---|---|---|---|---|---|---|---|---|---|---|---|---|---|

| 矩形 | 列数： | 5 | 行数： | 1 | 级别： | 1 | 基点 | 编辑来源 | 替换项目 | 重置矩阵 | 关闭阵列 |
|---|---|---|---|---|---|---|---|---|---|---|---|
| | 介于： | 750 | 介于： | 802.7802 | 介于： | 1 | | | | | |
| | 总计： | 3000 | 总计： | 802.7802 | 总计： | 1 | | | | | |
| 类型 | | 列 | | 行 ▼ | | 层级 | 特性 | | 选项 | | 关闭 |

图 4-15　矩形阵列创建上下文选项卡设置选项

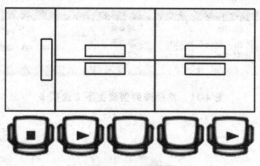

图 4-16　矩形阵列

(3)把最初所画的椅子通过复制、旋转等命令移动到会议桌左侧，通过阵列命令得到另一把椅子，再通过镜像复制命令得到另一侧座椅，最终结果如图 4-17 所示。

**2. 圆形会议桌**

(1)利用绘图工具栏命令绘制直径为1300的会议桌，再绘制一把椅子，如图4-18所示。

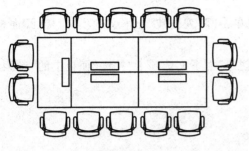

组合会议桌 3 750×1 500

**图 4-17 完成绘制会议桌**

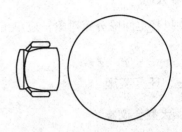

**图 4-18 绘制圆形会议桌**

(2)选中椅子，在"默认"选项卡"修改"面板中单击"环形阵列"按钮，出现"阵列创建"上下文选项卡，设置选项如图4-19所示，单击关闭阵列后得到如图4-20所示环形阵列。

| 默认 插入 注释 参数化 三维工具 视图 管理 输出 附加模块 A360 精选应用 BIM 360 Performance | **阵列创建** |
|---|---|

| 极轴 | 项目数: | 6 | 行数: | 1 | 级别: | 1 | 关联 基点 旋转项目 方向 | 关闭阵列 |
|---|---|---|---|---|---|---|---|---|
| | 介于: | 60 | 介于: | 1950 | 介于: | 1 | | |
| | 填充: | 360 | 总计: | 1950 | 总计: | 1 | | |
| 类型 | 项目 | | 行▼ | | 层级 | | 特性 | 关闭 |

**图 4-19 环形阵列创建上下文选项卡**

**3. 路径阵列小汽车**

选中小汽车，在"默认"选项卡"修改"面板中单击"路径阵列"按钮，选中曲线作为路径曲线，设置路径"阵列创建"上下文选项卡选项如图4-21所示，选中"对齐项目"，指定对齐每个项目与路径的方向相切，设置项目数为6个，单击关闭阵列后得到如图4-22所示的路径阵列，取消选中"对齐项目"得到的结果如图4-23所示。

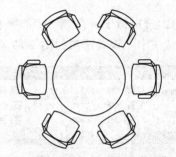

**图 4-20 绘制完成的圆形会议桌**

| 默认 插入 注释 参数化 三维工具 视图 管理 输出 附加模块 A360 精选应用 BIM 360 Performance | **阵列创建** |
|---|---|

| 路径 | 项目数: | 6 | 行数: | 1 | 级别: | 1 | 关联 基点 切线方向 定数等分 对齐项目 Z方向 | 关闭阵列 |
|---|---|---|---|---|---|---|---|---|
| | 介于: | 5032.7923 | 介于: | 1052.7651 | 介于: | 1 | | |
| | 总计: | 25163.9614 | 总计: | 1052.7651 | 总计: | 1 | | |
| 类型 | 项目 | | 行▼ | | 层级 | | 特性 | 关闭 |

**图 4-21 路径阵列创建上下文选项卡**

**图 4-22 沿路径阵列的小汽车**

**图 4-23　取消选中"对齐项目"得到的结果**

# 任务五　缩放对象

**知识目标**

掌握对二维图形对象进行缩放操作。

**能力目标**

能够对二维图形对象进行缩放操作。

## 一、任务描述

放大或缩小选定对象，使缩放后对象的比例保持不变，掌握这些方法和技巧。

## 二、任务资讯

要缩放对象，应指定基点和比例因子。基点将作为缩放操作的中心，并保持静止。比例因子大于 1 时将放大对象，比例因子介于 0 和 1 之间时将缩小对象。

（1）执行方式。

功能区："默认"选项卡"修改"面板中单击"缩放"按钮🔲。

命令行：SCALE（缩写 SC）。

菜单栏："修改"→"缩放"。

（2）选项说明。

1）选择对象：指定要调整其大小的对象。

2）基点：指定缩放操作的基点，指定的基点表示选定对象的大小发生改变（从而远离静止基点）时位置保持不变的点。

**注**：当使用具有注释性对象的 SCALE 命令时，对象的位置将相对于缩放操作的基点进行缩放，但对象的尺寸不会更改。

3）比例因子：按指定的比例放大选定对象的尺寸。大于 1 的比例因子使对象放大，介于 0 和 1 之间的比例因子使对象缩小，还可以拖动光标使对象变大或变小。

4）复制：创建要缩放的选定对象的副本。

5）参照：按参照长度和指定的新长度缩放所选对象。

（3）操作步骤。

1）按比例因子缩放对象的步骤：

在"默认"选项卡"修改"面板中单击"缩放"按钮，选择要缩放的对象，指定基点，输入比例因子或拖动并单击指定新比例。

2)利用参照缩放对象的步骤：

在"默认"选项卡"修改"面板中单击"缩放"按钮，选择要缩放的对象，选择基点，输入 r（参照），选择第一个和第二个参照点，或输入参照长度的值。

### 三、任务实施

**1. 缩放得到各种比例的门**

(1)绘制 1000 大小的单扇门。

命令：_rectang↙

指定第一个角点或[倒角(C)/标高(E)/圆角(F)/厚度(T)/宽度(W)]：

指定另一个角点或[面积(A)/尺寸(D)/旋转(R)]：@60, 1000

命令：_arc↙

指定圆弧的起点或[圆心(C)]      (指定 B 点作为圆弧的起点)

指定圆弧的第二个点或[圆心(C)/端点(E)]：c↙

指定圆弧的圆心：(指定 A 点作为圆弧的圆心)

指定圆弧的端点(按住 Ctrl 键以切换方向)或[角度(A)/弦长(L)]：

         (按 Ctrl 键确定圆弧的方向，绘制 1000 的单扇门)

命令：指定对角点或[栏选(F)/圈围(WP)/圈交(CP)]：↙

然后复制三个得到如图 4-24 所示的单扇门。

图 4-24   1000 大小的单扇门

(2)选中单扇门，选择"修改"→"缩放"命令。

命令：_scale↙

选择对象：找到 1 个

选择对象：

指定基点：            (以 A 点为基点)

指定比例因子或[复制(C)/参照(R)]：0.9↙

       (输入比例因子 0.9，即缩小为原来的 0.9 倍)

得到如图 4-25(b)所示的单扇门。

命令：_scale↙

选择对象：找到 1 个

选择对象：

指定基点：                                                （以 A 点为基点）

指定比例因子或[复制(C)/参照(R)]：0.8↙

                            （输入比例因子 0.8，即缩小为原来的 0.8 倍）

得到如图 4-25(c)所示的单扇门。

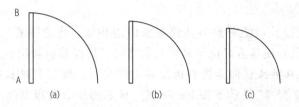

(a)                    (b)                    (c)

**图 4-25    比例为 0.9，即 900 的单扇门(中)比例为 0.8，即 800 的单扇门(右)**

### 2. 利用参照缩放把小汽车图块按合适大小放到车库中

命令：_ scale↙

选择对象：找到 1 个                                    （选中图 4-26 中的小汽车）

选择对象：

指定基点：                                            （选中 A 点为基点）

指定比例因子或[复制(C)/参照(R)]：R↙

指定参照长度< 2364.6537> ：                    （选中 A 点作为参照长度的起点）

指定第二点：            （选中 B 点作为参照长度的终点，即小汽车的长度）

指定新的长度或[点(P)]< 5852.7123> ：P↙

指定第一点：                                        （选中 A 点作为新长度的起点）

指定第二点：                                        （选中 C 点作为新长度的终点）

最终结果如图 4-27 所示。

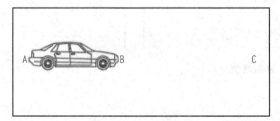

**图 4-26    要缩放的小汽车**

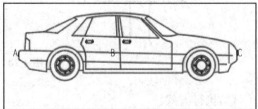

**图 4-27    以车库大小为参照缩放小汽车**

# 任务六    修剪和延伸对象

知识目标

掌握对二维图形对象进行修剪和延伸操作的方法。

**能力目标**

能够对二维图形对象进行修剪和延伸操作。

**一、任务描述**

可以通过缩短或拉长，使对象与其他对象的边相接。这意味着可以先创建对象（如直线），然后调整该对象，使其恰好位于其他对象之间。选择的剪切边或边界边无须与修剪对象相交。可以将对象修剪或延伸至投影边或延长线交点，即对象延长后相交的地方。如果未指定边界并在"选择对象"提示下按 Enter 键，显示的所有对象都将成为可能边界，掌握这些方法和技巧。

**二、任务资讯**

**1. 修剪对象**

用户可以通过修剪对象，使其精确地终止于由其他对象定义的边界。如，通过修剪可以平滑地清除两墙壁相交处，如图 4-28 所示。

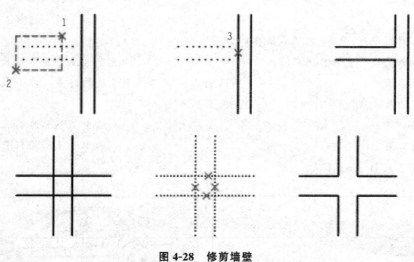

图 4-28 修剪墙壁

（1）执行方式。

功能区："默认"选项卡"修改"面板中单击"修剪"按钮-/‥。

命令行：TRIM(缩写 TR)。

菜单栏："修改"→"修剪"。

（2）选项说明。

1）选择剪切边：指定一个或多个对象以用作修剪边界。TRIM 将剪切边和要修剪的对象投影到当前用户坐标系(UCS)的 XY平面上。

**注意**：要选择包含块的剪切边，只能使用单个选择、"窗交""栏选"和"全部选择"选项。

2）选择对象：分别指定对象。

3）全部选择：指定图形中的所有对象都可以用作修剪边界。

4）要修剪的对象：指定修剪对象。如果有多个可能的修剪结果，那么第一个选择点的位置将决定结果。

5)按住 Shift 键选择要延伸的对象：延伸选定对象而不是修剪它们。此选项提供了一种在修剪和延伸之间切换的简便方法。

6)栏选：选择与选择栏相交的所有对象。选择栏是一系列临时线段，它们是用两个或多个栏选点指定的。选择栏不构成闭合环。

7)窗交：选择矩形区域(由两点确定)内部或与之相交的对象。

**注意：**某些要修剪的对象的窗交选择不确定。TRIM 将沿着矩形窗交窗口从第一个点以顺时针方向选择遇到的第一个对象。

8)投影：指定修剪对象时使用的投影方式。

①无：指定无投影。该命令只修剪与三维空间中的剪切边相交的对象。

②UCS：指定在当前用户坐标系 $XY$ 平面上的投影。该命令将修剪不与三维空间中的剪切边相交的对象。

③视图：指定沿当前观察方向的投影。该命令将修剪与当前视图中的边界相交的对象。

9)边：确定对象是在另一对象的延长边处进行修剪，还是仅在三维空间中与该对象相交的对象处进行修剪。

①扩展：沿自身自然路径延伸剪切边使其与三维空间中的对象相交。

②不延伸：指定对象只在三维空间中与其相交的剪切边处修剪。

**注意：**修剪图案填充时，不要将"边"设定为"延伸"。否则，修剪图案填充时将不能填补修剪边界中的间隙，即使将允许的间隙设定为正确的值。

10)删除：删除选定的对象。此选项提供了一种用来删除不需要的对象的简便方式，而无须退出 TRIM 命令。

11)放弃：撤销由 TRIM 命令所做的最近一次更改。

(3)操作步骤。

在"默认"选项卡"修改"面板中单击"修剪"按钮。选择作为剪切边的对象。完成选择剪切边后，按 Enter 键。若要选择显示的所有对象作为可能剪切边，应在未选择任何对象的情况下按 Enter 键。选择要修剪的对象，然后在完成选择要修剪的对象后，再次按 Enter 键。

**2. 延伸对象**

延伸与修剪的操作步骤相同。用户可以通过延伸对象，使其精确地延伸至由其他对象定义的边界。

**注意：**延伸对象时可以不退出 TRIM 命令。按住 Shift 键，同时选择要延伸的对象。当 COMMANDPREVIEW 系统变量处于打开状态时，将显示命令结果的交互式预览。

(1)执行方式。

功能区：在"默认"选项卡"修改"面板中单击"延伸"按钮 ■。

命令行：EXTEND(缩写 EX)。

菜单："修改"→"延伸"。

(2)选项说明。

1)边界对象选择：使用选定对象来定义对象延伸到的边界，如图 4-29 所示。

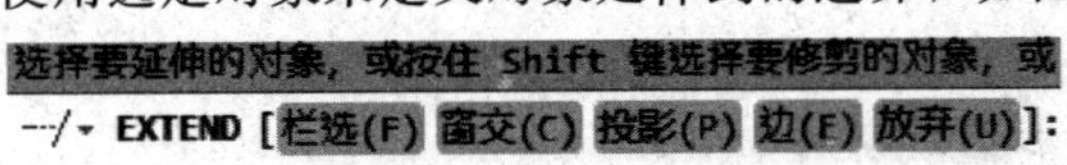

选择要延伸的对象，或按住 Shift 键选择要修剪的对象，或
--/▼ EXTEND [栏选(F) 窗交(C) 投影(P) 边(F) 放弃(U)]：

**图 4-29 命令行延伸选项**

2)要延伸的对象：指定要延伸的对象，按 Enter 键结束选择。

3)按住 Shift 键选择要修剪的对象：将选定对象修剪到最近的边界而不是将其延伸。这是在修剪和延伸之间切换的简便方法。

4)栏选：选择与选择栏相交的所有对象。选择栏是一系列临时线段，它们是用两个或多个栏选点指定的。选择栏不构成闭合环。

5)窗交：选择矩形区域(由两点确定)内部或与之相交的对象。

**注意**：某些要延伸的对象的窗交选择不明确。通过沿矩形窗交窗口以顺时针方向从第一点到遇到的第一个对象，将 EXTEND 融入选择。

6)投影：指定延伸对象时使用的投影方法。

①无：指定无投影。只延伸与三维空间中的边界相交的对象。

②UCS：指定到当前用户坐标系(UCS)$XY$ 平面的投影。延伸未与三维空间中的边界对象相交的对象。

③视图：指定沿当前观察方向的投影。

7)边：将对象延伸到另一个对象的隐含边，或仅延伸到三维空间中与其实际相交的对象。

①扩展：沿其自然路径延伸边界对象以和三维空间中另一对象或其隐含边相交。

②不延伸：指定对象只延伸到在三维空间中与其实际相交的边界对象。

8)放弃：放弃最近由 EXTEND 所做的更改。

9)修剪和延伸宽多段线：在二维宽多段线的中心线上进行修剪和延伸。宽多段线的端点始终是正方形的。以某一角度修剪宽多段线会导致端点部分延伸出剪切边。如果修剪或延伸锥形的二维多段线线段，应更改延伸末端的宽度以将原锥形延长到新端点。如果此修正给该线段指定一个负的末端宽度，则末端宽度被强制为 0，如图 4-30 所示。

图 4-30　选择边界对象选择要延伸的多段线延伸后的结果

（3）操作步骤。

在"默认"选项卡"修改"面板中单击"延伸"按钮，选择作为边界边的对象。选择完边界的边后，请按 Enter 键。若要选择显示的所有对象作为可能边界边，应在未选择任何对象的情况下按 Enter 键。选择要延伸的对象，然后在选择完对象后，再按 Enter 键一次。

# 任务七　其他对象编辑命令

知识目标

1. 掌握进行拉伸与拉长对象的命令；

2. 掌握进行倒角、倒圆角的命令；

3. 掌握进行直线打断、合并的命令；

4. 掌握进行关键点的编辑的命令。

## 能力目标

1. 能够进行拉伸与拉长对象；

2. 能够进行倒角、倒圆角；

3. 能够进行直线打断、合并；

4. 能够进行关键点的编辑。

### 一、任务描述

相对于由动作所指定的基点，拉伸动作按指定方向将对象移动和拉伸指定的距离。拉长对象可以更改对象的长度和圆弧的包含角，掌握这些方法和技巧。

### 二、任务资讯

#### (一)拉伸对象

利用"拉伸"命令，用户可以拉伸窗交窗口部分包围的对象，也可以移动（而不是拉伸）完全包含在窗交窗口中的对象或单独选定的对象。应注意的是，某些对象类型（例如圆、椭圆和块）无法拉伸。

(1)执行方式。

功能区：在"默认"选项卡"修改"面板中单击"拉伸"按钮 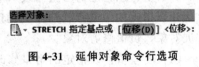。

命令行：STRETCH(缩写 STR)。

菜单："修改"→"拉伸"。

(2)选项说明。

1)选择对象：指定对象中要拉伸的部分。使用"圈交"选项或交叉对象选择方法。完成选择后按 Enter 键，命令提示行提示信息如图 4-31 所示。

STRETCH 命令仅移动位于窗交选择内的顶点和端点，不更改那些位于窗交选择外的顶点和端点。STRETCH 命令不修改三维实体、多段线宽度、切向或者曲线拟合的信息。

**图 4-31　延伸对象命令行选项**

2)基点：指定基点，将计算自该基点的拉伸的偏移。此基点可以位于拉伸的区域的外部。

3)第二点：指定第二个点，该点定义拉伸的距离和方向。从基点到此点的距离和方向将定义对象的选定部分拉伸的距离和方向。

4)使用第一个点作为位移：指定拉伸距离和方向将基于从图形中的(0，0，0)坐标到指定基点的距离和方向。

5)位移：指定拉伸的相对距离和方向。

若要基于从当前位置的相对距离设置位移，请以(X，Y，Z)格式输入距离。例如，输入(5，4，0)可将选择拉伸到距离原点 5 个单位(沿 X 轴)和 4 个单位(沿 Y 轴)的点。

若要基于图形中相对于(0，0，0)坐标的距离和方向设置位移，则应单击绘图区域中的某个位置。例如，单击(1，2，0)处的点以将选择拉伸到距离其当前位置1个单位（沿 X 轴）和2个单位（沿 Y 轴）的点。

(3)操作步骤。

在"默认"选项卡"修改"面板中单击"拉伸"按钮，使用窗选方式来选择对象。窗选必须至少包含一个顶点或端点，执行以下操作之一：

以相对笛卡尔坐标、极坐标、柱坐标或球坐标的形式输入位移。无须包含@符号，因为相对坐标是假设的。

在输入第二个位移点提示下，按 Enter 键；指定拉伸基点，然后指定第二点，以确定距离和方向。

拉伸至少有一个顶点或端点包含在窗选内的任何对象，将移动（而不会拉伸）完全包含在窗选内的或单独选定的任何对象。

**(二)拉长对象**

利用"拉长"命令可以将更改指定为百分比、增量或最终长度或角度。

(1)执行方式。

功能区：在"默认"选项卡"修改"面板中单击"拉长"按钮 ✎。

命令行：LENGTHEN(缩写 LEN)。

菜单栏："修改"→"拉长"。

(2)选项说明。

1)对象选择：显示对象的长度和包含角（如果对象有包含角），如图 4-32 所示。

图 4-32　拉长对象命令行选项

LENGTHEN 命令不影响闭合的对象，选定对象的拉伸方向不需要与当前用户坐标系(UCS)的 Z 轴平行。

2)增量：以指定的增量修改对象的长度，该增量从距离选择点最近的端点处开始测量。差值还以指定的增量修改圆弧的角度，该增量从距离选择点最近的端点处开始测量。正值扩展对象，负值修剪对象。

①长度差值：以指定的增量修改对象的长度。

②角度：以指定的角度修改选定圆弧的包含角。

3)百分比：通过指定对象总长度的百分数设定对象长度。

4)全部：通过指定从固定端点测量的总长度的绝对值来设定选定对象的长度。"全部"选项也按照指定的总角度设置选定圆弧的包含角。

①总长度：将对象从离选择点最近的端点拉长到指定值。

②角度：设定选定圆弧的包含角。

5)动态：打开动态拖动模式。通过拖动选定对象的端点之一来更改其长度。其他端点保持不变。

(3)操作步骤。

在"默认"选项卡"修改"面板中单击"拉长"按钮，输入 dy（动态拖动模式），选择要拉长的对象，拖动端点接近选择点，指定一个新端点。

### （三）打断对象与打断于点

#### 1. 打断对象

利用"打断"命令，可以在两点之间打断选定对象。可以在对象上的两个指定点之间创建间隔，从而将对象打断为两个对象。如果这些点不在对象上，则会自动投影到该对象上。

（1）执行方式。

功能区：在"默认"选项卡"修改"面板中单击"打断对象"按钮 🗂。

命令行：BREAK（缩写 BR）。

菜单栏："修改"→"打断对象"。

（2）选项说明。

显示的提示取决于选择对象的方式，如图 4-33 所示。如果使用定点设备选择对象，本程序将选择对象并将选择点视为第一个打断点，在下一个提示中，用户可以通过指定第二个点或替代第一个点继续操作。

选择对象：
🗂▼ BREAK 指定第二个打断点 或 [第一点(F)]：

图 4-33　打断对象命令行选项

1）第一点：使用用户指定的新点替代原来的第一个点（用户在该点上选定了对象）。

2）第二点：指定第二个点。两个指定点之间的对象部分将被删除。如果第二个点不在对象上，将选择对象上与该点最接近的点；因此，若要打断直线、圆弧或多段线的一端，可以在要删除的一端附近指定第二个打断点。

直线、圆弧、圆、多段线、椭圆、样条曲线、圆环以及其他几种对象类型都可以拆分为两个对象或将其中的一端删除。

程序将按逆时针方向删除圆上第一个打断点到第二个打断点之间的部分，从而将圆转换成圆弧。

（3）操作步骤。

在"默认"选项卡"修改"面板中单击"打断"按钮，选择要打断的对象。

默认情况下，在其上选择对象的点为第一个打断点，要选择其他断点对，应输入 f（第一个），然后指定第一个断点。

指定第二个打断点。

要打断对象而不创建间隙，可以输入@0，0 以指定上一点。

#### 2. 打断于点

"打断于点"命令是指在对象上指定一定，从而把对象在此点拆分成两部分。

功能区：在"默认"选项卡"修改"面板中单击"打断于点"按钮 🗂。

命令行：BREAK（缩写 BR）。

### （四）合并对象

（1）执行方式。

功能区：在"默认"选项卡"修改"面板中单击"合并"按钮 ⚌。

命令行：JOIN（缩写 JO）。

菜单栏："修改"→"合并"。

（2）选项说明。

使用 JOIN 命令将直线、圆弧、椭圆弧、多段线、三维多段线、样条曲线等通过其端点合并为单个对象。合并操作的结果因选定对象的不同而相异。典型的应用程序包括：

1）使用单条线替换两条共线。

2）闭合由 BREAK 命令产生的线中的间隙。

3）将圆弧转换为圆或将椭圆弧转换为椭圆。要访问"闭合"选项，应选择单个圆弧或椭圆弧。

4）在地形图中合并多个长多段线。

5）连接两个样条曲线，在它们之间保留扭折。

（3）操作步骤。

在"默认"选项卡"修改"面板中单击"合并"按钮。

选择源对象或选择多个对象以合并在一起。

有效对象包括直线、圆弧、椭圆弧、多段线、三维多段线和样条曲线。

### （五）圆角、倒角与光顺曲线

### 1. 圆角

（1）执行方式。

功能区：在"默认"选项卡"修改"面板中单击"圆角"按钮。

命令行：FILLET。

菜单栏："修改"→"圆角"。

（2）选项说明。

按上述方式执行"圆角"命令后，命令提示行提示的信息如图 4-34 所示。

当前设置：模式 = 修剪，半径 = 0.0000

FILLET 选择第一个对象或 [放弃(U) 多段线(P) 半径(R) 修剪(T) 多个(M)]：

图 4-34 "圆角"命令行选项

1）放弃：恢复在命令中执行的上一个操作。

2）多段线：在二维多段线中两条直线段相交的每个顶点处插入圆角。圆角成为多段线的新线段（除非"修剪"选项设置为"不修剪"）。

选择二维多段线：选择要在每个顶点处插入圆角的二维多段线。

如果圆弧段将两条直线段隔开，将删除该圆弧段并将其替换为圆角。

**注意**：不会修改长度不足以容纳圆角半径的线段。

3）半径：设置后续圆角的半径。更改此值不会影响现有圆角。

**注意**：零半径值可用于创建锐角。为两条直线、射线、参照线或二维多段线的直线段创建半径为零的圆角会延伸或修剪对象以使其相交。

4）修剪：控制是否修剪选定对象从而与圆角端点相接。将修剪选定对象或线段以与圆角端点相接。不修剪，在添加圆角之前，不修剪选定对象或线段。当前值存储在 TRIM-MODE 系统变量中。

5）多个：允许为多组对象创建外圆角。

（3）操作步骤。

1)设置圆角半径。

圆角半径确定由 FILLET 命令创建的圆弧的大小，该圆弧用于连接两个选定对象或二维多段线中的线段。在更改圆角半径之前，它将应用于所有后续创建的圆角。

**注意**：如果将圆角半径设置为 0，将修剪或延伸选定对象直到它们相交，而不创建圆弧。如果将圆角半径设置为 0，则可以删除两条直线段之间的圆弧段或二维多段线中的所有圆弧段。

在"默认"选项卡"修改"面板中单击"圆角"按钮。

在命令提示下，输入 r(半径)。

输入新的圆角半径值。

在设置圆角半径后，选择用于定义生成圆弧的切点的对象或直线段，或按 Enter 结束命令。

**提示**：选择对象或线段时按住 Shift 键，以替代当前值为 0 的圆角半径。

2)在两个对象或二维多段线的线段之间添加圆角。

在"默认"选项卡"修改"面板中单击"圆角"按钮。

在绘图区域中，选择将定义生成圆弧的切点的第一个对象或第一条线段。

选择第二个对象或第二条线段。

**提示**：选择前两个对象或前两条线段后，在 FILLET 命令提示下，使用"多个"选项继续添加圆角。当"多重"选项无法使用时，命令将于选取第二个对象或线段之后结束。

3)加入圆角而不修剪选取的对象或线条线段。

在"默认"选项卡"修改"面板中单击"圆角"按钮。

在命令提示下，输入 t(修剪)。

输入 n(不修剪)。

在绘图区域中，选择用于定义生成圆弧的切点的对象或线段。

4)在二维多段线的每个顶点插入圆弧。

在"默认"选项卡"修改"面板中单击"圆角"按钮。

在命令提示下，输入 p(多段线)。

在绘图区域中，选择一条多段线。

**2. 倒角**

倒角或斜角使用成角的直线连接两个二维对象，可以使用 CHAMFER 命令来创建倒角或斜角。

(1)执行方式。

功能区：在"默认"选项卡"修改"面板中单击"倒角"按钮 ◸。

命令行：CHAMFER(缩写 LEN)。

菜单栏："修改"→"倒角"。

(2)选项说明。

1)放弃：恢复在命令中执行的上一个操作，如图 4-35 所示。

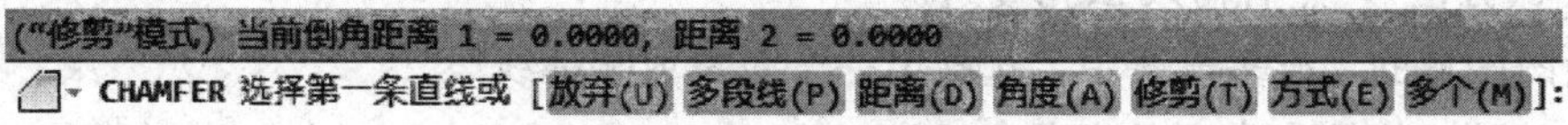

("修剪"模式) 当前倒角距离 1 = 0.0000, 距离 2 = 0.0000

◸ ▾ CHAMFER 选择第一条直线或 [放弃(U) 多段线(P) 距离(D) 角度(A) 修剪(T) 方式(E) 多个(M)]:

**图 4-35 "倒角"命令行选项**

2)多段线：在二维多段线中两条直线段相交的每个顶点处插入倒角线。倒角线将成为多段线的新线段，除非"修剪"选项设置为"不修剪"。

注意：系统不会修改长度不足以容纳倒角距离的线段。

3)距离：设置距第一个对象和第二个对象的交点的倒角距离。

如果这两个距离值均设置为0，则选定对象或线段将被延伸或修剪，以使其相交，如图4-36所示。

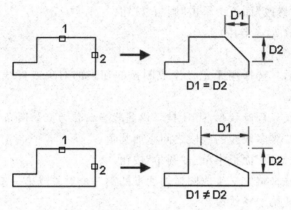

图4-36　设置"倒角"距离

4)角度：设置距选定对象的交点的倒角距离，以及与第一个对象或线段所成的 *XY* 角度。

如果这两个值均设置为0，则选定对象或线段将被延伸或修剪，以使其相交。

5)修剪：控制是否修剪选定对象以与倒角线的端点相交。

①修剪。选定的对象或线段将被修剪，以与倒角线的端点相交。如果选定的对象或线段不与倒角线相交，则在添加倒角线之前，将对它们进行延伸或修剪。

②不修剪。在添加倒角线前，选定的对象或线段不会被修剪。

6)方式：控制如何根据选定对象或线段的交点计算出倒角线。

①距离。倒角线由两个距离定义。

②角度。倒角线由一个距离和一个角度定义。

7)多个：允许为多组对象创建斜角。

(3)操作步骤。

1)创建一个由长度和角度定义的倒角。

倒角的大小由长度和角度定义。长度值根据两个选定对象或相邻的二维多段线线段的相交点，来定义倒角的第一条边，而角度值用于定义倒角的第二条边。

在"默认"选项卡"修改"面板中单击"倒角"按钮。

在命令提示下，输入a(角度)。

在第一条直线上输入新的倒角长度。

输入距第一条直线的新倒角角度。

输入e(方法)，然后输入a(角度)。

在绘图区域的二维多段线中，选择第一个对象或相邻线段。

注意：可以选择直线、射线或参照线。

选择第二个对象或二维多段线中的相邻线段。

**注意**：如果第二条选定线段不与第一条线段相邻，则所选段之间的线段将被删除并替换为倒角。

2）创建由两个距离定义的倒角。

在"默认"选项卡"修改"面板中单击"倒角"按钮。

在命令提示下，输入 d（距离）。

为第一个倒角距离输入一个新值。

为第二个倒角距离输入一个新值。

输入 e（方法），然后输入 d（距离）。

在绘图区域的二维多段线中，选择第一个对象或相邻线段。

选择第二个对象或二维多段线中的相邻线段。

3）在不修剪的情况下对线或线段进行倒角。

在"默认"选项卡"修改"面板中单击"倒角"按钮。

在命令提示下，输入 t（修剪）。

输入 n（不修剪）。

在绘图区域的二维多段线中，选择对象或相邻线段。

4）对二维多段线中的所有线段进行倒角。

在"默认"选项卡"修改"面板中单击"倒角"按钮。

在命令提示下，输入 p（多段线）。

在绘图区域中，选择一条多段线，或输入一个选项来定义倒角的大小。

在输入选项时，应为该选项提供值，然后选择二维多段线。

### 3. 光顺曲线

在两条选定直线或曲线之间的间隙中创建样条曲线。选择端点附近的每个对象，生成的样条曲线的形状取决于指定的连续性，选定对象的长度保持不变。有效对象包括直线、圆弧、椭圆弧、螺旋、开放的多段线和开放的样条曲线。

（1）执行方式。

功能区：在"默认"选项卡"修改"面板中单击"光顺曲线"按钮〜。

命令行：BLEND（缩写 BLE）。

菜单栏："修改"→"光顺曲线"。

（2）选项说明。

按上述方式执行"光顺曲线"命令后，命令提示行提示信息如图 4-37 所示。

1）选择第一个对象或连续性：选择样条曲线起点附近的直线或开放曲线。

> 连续性 = 相切
>
> 〜 BLEND 选择第一个对象或 [连续性(CON)]：
>
> 图 4-37 "光顺曲线"命令行选项

2）第二个对象：选择样条曲线端点附近的另一条直线或开放的曲线。

3）连续性：在两种过渡类型中指定一种。

①相切：创建一条 3 阶样条曲线，在选定对象的端点处具有相切（G1）连续性。

②平滑：创建一条 5 阶样条曲线，在选定对象的端点处具有曲率（G2）连续性。

如果使用"平滑"选项，请勿将显示从控制点切换为拟合点。此操作将样条曲线更改为 3 阶，这会改变样条曲线的形状。

（3）操作步骤。

命令：_BLEND

连续性＝相切

选择第一个对象或[连续性(CON)]：(选择左边的曲线对象)

选择第二个点：(选择右边的直线对象)

在两者之间产生如图 4-38 所示的光顺曲线。

**图 4-38　绘制光顺曲线**

### (六)分解对象

(1)执行方式。

功能区：在"默认"选项卡"修改"面板中单击"分解"按钮 。

命令行：EXPLODE(缩写 EXPL)。

菜单栏："修改"→"分解"。

(2)操作步骤。

在"默认"选项卡"修改"面板中单击"分解"按钮。

选择要分解的对象。

对于大多数对象，分解的效果并不是看得见的，允许分解多个对象。

### (七)关键点编辑方式

在 AutoCAD 中，可以使用不同类型的夹点和夹点模式以其他方式重新塑造、移动或操纵对象。在没有"选择对象"命令提示下使用鼠标选择对象时，在所选对象上将显示默认的蓝色的小方格，有些对象还显示小三角形，这便是夹点，如图 4-39 所示。选中夹点后，用户可以使用默认夹点模式(拉伸)编辑对象，也可在夹点上右击选择夹点的其他编辑选项，如"拉伸""移动""旋转""缩放"和"镜像"等。

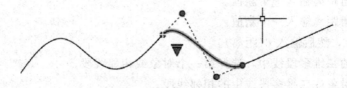

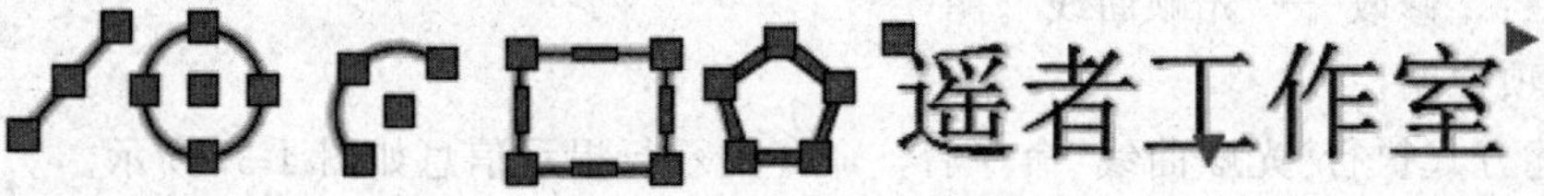

**图 4-39　不同对象上的夹点显示**

夹点是否显示及如何显示，可通过"选项"对话框进行设置。单击"应用程序"按钮 ，在下拉菜单中单击"选项"按钮，系统弹出"选项"对话框。在该对话框中选择"选择集"选项卡，在"夹点尺寸"选项区域中进行设置，如图 4-40 所示。

(1)选项说明。

1)锁定图层上的对象不显示夹点。

2)选择多个共享重合夹点的对象时，可以使用夹点模式编辑这些对象；但是，任何特定于对象或夹点的选项将不可用。

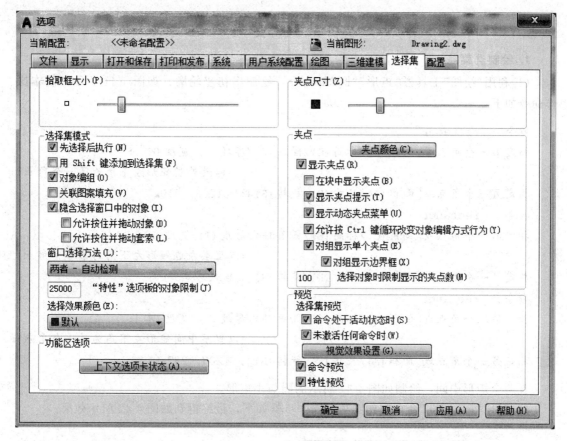

**图 4-40　"选择集"选项卡**

（2）使用夹点进行拉伸的技巧。

1）当选择对象上的多个夹点来拉伸对象时，选定夹点间的对象的形状将保持原样。要选择多个夹点，应按住 Shift 键，然后选择适当的夹点。

2）文字、块参照、直线中点、圆心和点对象上的夹点将移动对象而不是拉伸它。

3）当二维对象位于当前 UCS 之外的其他平面上时，将在创建对象的平面上（而不是当前 UCS 平面上）拉伸对象。

4）如果选择象限夹点来拉伸圆或椭圆，然后在输入新半径命令提示下指定距离（而不是移动夹点），此距离是指从圆心而不是从选定的夹点测量的距离。

（3）操作步骤。

选择要编辑的对象，执行以下一项或多项操作：

选择并移动夹点来拉伸对象。

按 Enter 键或空格键循环到移动、旋转、缩放或镜像夹点模式，或在选定的夹点上单击鼠标右键以查看快捷菜单，该菜单包含所有可用的夹点模式和其他选项。

将光标悬停在夹点上以查看和访问多功能夹点菜单（如果有），然后按 Ctrl 键循环浏览可用的选项。

移动定点设备并单击。

**提示**：要复制对象，应按住 Ctrl 键，直到单击以重新定位该夹点。

### 三、任务实施

**1. 绘制洗菜池**

(1)利用"绘图"工具栏"矩形""圆"等命令，绘制出初步轮廓，如图 4-41 所示，基本操作命令如下：

命令：_rectang↙

指定第一个角点或[倒角(C)/标高(E)/圆角(F)/厚度(T)/宽度(W)]：

(以最外层矩形左下角为第一个角点)

指定另一个角点或[面积(A)/尺寸(D)/旋转(R)]：@1000,510↙

命令：_rectang↙

指定第一个角点或[倒角(C)/标高(E)/圆角(F)/厚度(T)/宽度(W)]：

(以里层左边矩形左下角为第一个角点)

指定另一个角点或[面积(A)/尺寸(D)/旋转(R)]：@313,438↙

命令：_rectang↙

指定第一个角点或[倒角(C)/标高(E)/圆角(F)/厚度(T)/宽度(W)]：

(以里层中间矩形左下角为第一个角点)

指定另一个角点或[面积(A)/尺寸(D)/旋转(R)]：@207,282↙

在两个矩形中间，绘制如图 4-41 所示的圆与小矩形。

(2)利用"FILLET"命令制作圆角，操作步骤如下，最终得到如图 4-42 所示效果。

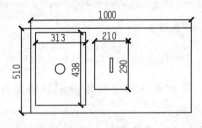

图 4-41　初步轮廓图图

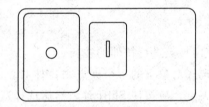

图 4-42　设置"圆角"命令

命令：FILLET↙

当前设置：模式=修剪，半径=15.0000

选择第一个对象或[放弃(U)/多段线(P)/半径(R)/修剪(T)/多个(M)]：r↙

指定圆角半径<15.0000>：45↙

选择第一个对象或[放弃(U)/多段线(P)/半径(R)/修剪(T)/多个(M)]：(选择最外层矩形左上角横线段)

选择第二个对象，或按住 Shift 键选择对象以应用角点或[半径(R)]：(选择最外层矩形左上角竖线段)

重复刚才的命令，修剪所有矩形边角为圆角。

(3)再次调用 FILLET 命令，分别设置半径为 30，半径为 20 设置另两个矩形圆角。

(4)使用"偏移""镜像"命令得到绘制出洗菜池。

(5)利用"圆""直线"等命令绘制水龙头及出水口，最终结果如图 4-43 所示。

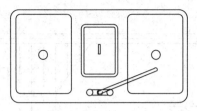

图 4-43　绘制洗菜池

## 小结

　　AutoCAD 二维图形的编辑命令可以完成复杂图形的绘制，对编辑命令的熟练掌握和使用有助于提高设计和绘图的效率，修改二维图形的操作方法主要包括删除、移动、复制、镜像、旋转、偏移、阵列、缩放、修剪与延伸、拉伸与拉长、圆角与倒角、分解、光顺曲线、打断和合并等命令。

## 操作与练习

　　通过本项目的学习，可以更加灵活地绘制图形，并利用编辑命令快速修改绘制的图形，通过图 4-44～图 4-48 的绘制练习可以熟练地掌握修改编辑命令的使用，举一反三，可绘制任意图形。

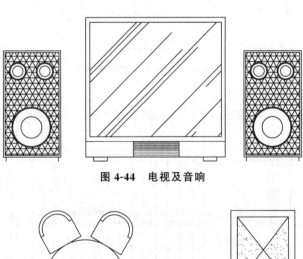

图 4-44　电视及音响

图 4-45　餐桌与门

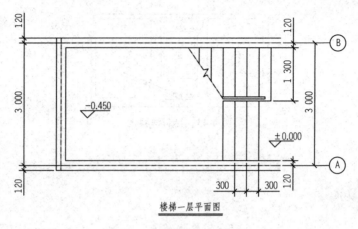

楼梯一层平面图

图 4-46　楼梯一层平面图

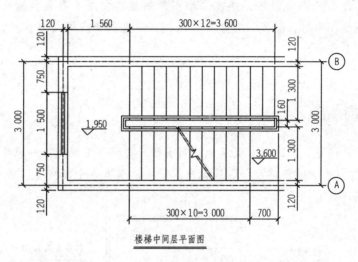

楼梯中间层平面图

图 4-47　楼梯中间层平面图

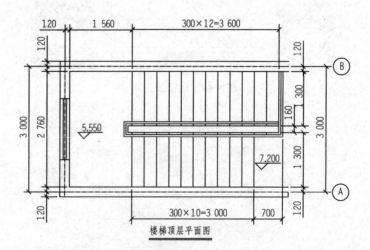

楼梯顶层平面图

图 4-48　楼梯顶层平面图

# 项目五　辅助绘图

1. 掌握几何约束的含义和设置、自动约束和尺寸约束的设置；
2. 掌握图层的新建、设置和控制；
3. 掌握特性匹配的应用；
4. 掌握静态块和动态块的创建、插入及属性编辑；
5. 理解图样距离、角度的查询；
6. 理解视口、视图的设置；
7. 理解设计中心、选项板中图样的插入及如何将设计中心内容添加到选项板。

1. 能够使用对象约束进行较为简单图形的参数化绘制；
2. 能够利用查询工具对图形进行距离、角度等参数的查询；
3. 能够合理新建图层并进行设置和控制；
4. 能够在布局中设置视口，为打印输出做准备；
5. 能够使用特性匹配功能，快速、准确编辑图形；
6. 能够创建静态块和动态块，同时能够编辑块属性；
7. 能够使用设计中心和选项板提高绘图效率。

1. 遵守相关法律法规、标准和管理规定；
2. 具有严谨的工作作风、较强的责任心和科学的工作态度；
3. 具备良好的语言文字表达能力和沟通协调能力；
4. 爱岗敬业，严谨务实，团结协作，具有良好的职业操守；
5. 提高学生实际处理问题的能力；
6. 培养学生严谨、认真的作风。

# 任务一 对象约束

掌握自动约束、几何约束、标注约束的用法。

能够使用对象约束进行较为简单图形的参数化绘制。

## 一、任务描述

在 AutoCAD 2010 及以上版本中增加了参数化绘图功能，通过基于设计意图的图形对象约束来提高设计能力。参数化绘图能够准确表达图样各尺寸、各元素之间的约束关系，并在绘制中保持这种关系，从而达到参数传递的目的。AutoCAD 参数化将约束分为几何约束和尺寸约束两种类型。几何约束控制对象相对于彼此的关系，如垂直、平行、相切等。尺寸约束主要控制对象的距离、角度等。

## 二、任务资讯

### (一)几何约束

几何约束用以确定对象之间或对象上的点之间的关系。通常对象在添加约束时，先添加几何约束，确定其设计几何形状不变，再添加尺寸约束，以确定对象的大小不变。一个对象可以应用多个几何约束，创建几何约束后，则会限制违反约束的所有更改。几何约束面板如图 5-1 和图 5-2 所示。

对象选择几何约束类型由设计意图决定，这种意图可以由 AutoCAD 推断，也可由用户添加。几何约束有 12 种类型，其含义和功能见表 5-1。

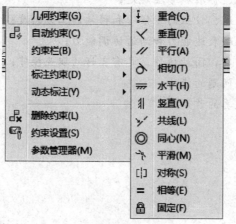

图 5-1 菜单栏"几何约束"

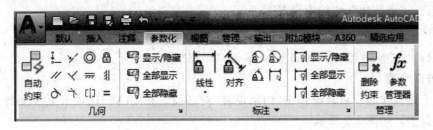

**图 5-2 功能区"几何约束"**

**表 5-1 几何约束类型及含义**

| 约束类型 | 图标 | 含义 |
|---|---|---|
| 水平 | 〜 | 强制使直线、椭圆轴或成对的点平行于草图坐标系中的"X"轴 |
| 竖直 | ⫴ | 强制使直线、椭圆轴或成对的点平行于草图坐标系中的"Y"轴 |
| 垂直 | ⋎ | 使选定的直线或多段线夹角保持90°，要对样条曲线添加垂直约束时，约束必须应用在端点处 |
| 平行 | // | 使选定的两条或多条直线保持相互平行关系 |
| 相切 | ⟋ | 使选定的两个或多个曲线保持相切或其延长线保持相切 |
| 相等 | = | 使选定的圆或圆弧调整为相同半径，或将选定直线调整为长度相同 |
| 平滑 | ⤳ | 使选定样条曲线与其他样条曲线、直线、圆弧或多段线保持几何连续性 |
| 重合 | ⊥ | 使选定的两个点或一个点和一条直线重合 |
| 同心 | ◎ | 使选定的圆、圆弧或椭圆保持一个中心点 |
| 共线 | ⟍ | 使选定的两条或多条直线保持同一直线方向 |
| 对称 | 〔〕 | 使选定对称约束对象相对于选定直线对称 |
| 固定 | 🔒 | 使一个点或一条曲线固定到相对于世界坐标系的指定位置和方向上。如应用于一对对象时，选择对象的顺序及选择每个对象的点都可能影响对象间的放置方式 |

### (二)几何约束设置

在 AutoCAD 中，使用"约束设置"对话框可以控制显示或隐藏几何约束类型。

(1)执行方式。

菜单栏："参数"→"约束设置"。

工具栏："参数化"→"约束设置"。

功能区：在"参数化"选项卡"几何"面板中单击"约束设置"按钮 ■。

命令行：CONSTRAINTSETTINGS/CSETTINGS。

(2)操作步骤。

执行上述操作之一后系统弹出"约束设置"对话框，在"几何"选项卡上控制约束栏上约束的显示类型，如图 5-3 所示。

图 5-3　"几何"选项卡

(3)选项说明。

1)"全部选择"：用于全部选择几何约束类型。

2)"全部清除"：用于清除选定的几何约束类型。

3)"仅为处于当前平面中的对象显示约束栏"：仅为当前平面上受几何约束的对象显示约束栏。

4)"约束栏透明度"：用于设置图形中约束栏的透明度。

5)"选定对象时显示约束栏"：临时显示选定对象的约束栏。

**(三)建立尺寸约束**

尺寸约束用以确定图形对象的大小，或对象上点之间的距离或角度。"参数化"选项卡中"标注"面板及"标注约束"工具栏如图 5-4 所示。

图 5-4　"标注"面板和"标注约束"工具栏

用户可以选择曲线、直线、基准平面或基准轴上的点作为尺寸约束的起始点，生成水平、竖直、垂直、平行或角度尺寸。生成标注约束时，系统会自动生成一个表达式，其名称和值显示在一个弹出的文本区域内，如图5-5所示，用户可以直接编辑表达式的名称和值，也可以在参数化管理器中编辑，如图5-6所示，其中表达式可以是数值也可以是公式。更新表达式中数值时，图形也相应产生变化。用户可单击鼠标右键，在"参数化"→"标注名称和格式"中选择显示样式。

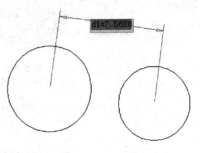

图 5-5　约束编辑

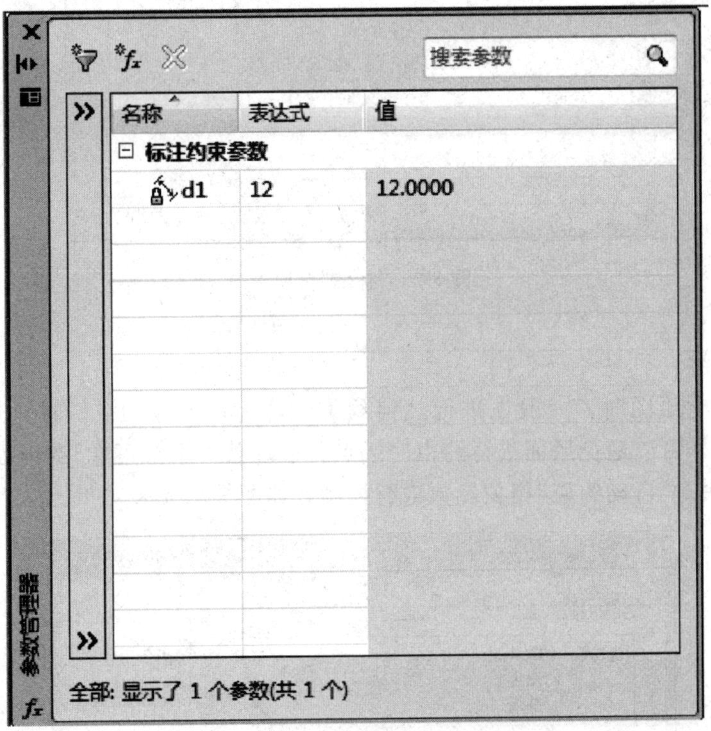

图 5-6　"参数化管理器"

#### (四)尺寸约束设置

尺寸约束类型主要包括：

(1)约束对象之间或对象上点之间的距离。

(2)约束对象之间或对象上点之间的角度。

在使用 AutoCAD 2017 进行参数化绘图时，用户可在"约束设置"对话框"标注"选项卡中控制标注约束的系统配置，如图5-7所示。

"标注约束格式"选项区域用以设置标注样式名称格式及锁定图标的显示。

(1)"标注名称格式"：设置标注约束时文字显示格式，"名称""值""名称和表达式"3种形式。

(2)"为注释性约束显示锁定图标"：主要针对选择注释性约束的对象显示锁定图标。

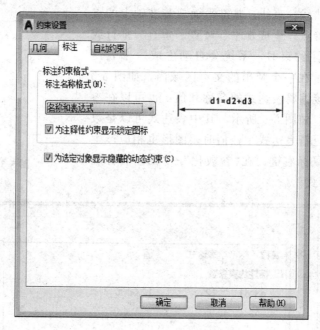

图 5-7 "标注"选项卡

## （五）自动约束

在进行参数化绘图时，一般先进行几何约束，再进行尺寸约束。在进行几何约束时，先自动约束，这样可以避免后面进行约束时端点脱节现象。用户可在"约束设置"对话框"自动约束"选项卡中对"自动约束"相关参数进行控制，如图 5-8 所示。

图 5-8 "自动约束"选项卡

"自动约束列表框"：显示自动约束的类型及优先级，可以通过"上移"和"下移"按钮调整优先级的先后顺序，也可单击图标 ✓ 选择和去除某约束类型。

## 三、任务实施

### 1. 绘制三角形内切圆

命令：L↙

LINE

指定第一个点：                                          （在图形区任意指点一点）

指定下一点或［放弃(U)］：               （在图形区任意指点一点）

指定下一点或［放弃(U)］：               （在图形区任意指点一点）

命令：_AutoConstrain↙

选择对象或［设置(S)］：                 （选择绘制好的三角形）

完成结果如图 5-9 所示。

命令：C↙

CIRCLE

指定圆的圆心或［三点(3P)/两点(2P)/切点、切点、半径(T)］：

（三角形内部任意位置指定圆心）

指定圆的半径或［直径(D)］<200.0000>：↙

设置圆和三角形两边相切，如图 5-10 所示。

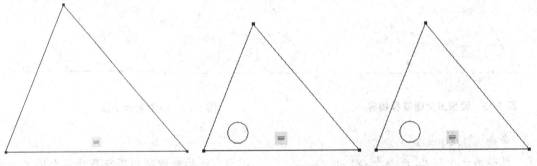

图 5-9  "自动约束"三角形              图 5-10   设置第一个圆

以同样的方法在三角形内部任意位置绘制圆，设置相切约束，如图 5-11 所示。

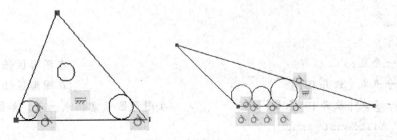

图 5-11   设置另外两个圆

以此类推完成另外两个圆的相切约束，如图 5-12 所示。

**提示**：约束选择的顺序不同，显示的图形不同。

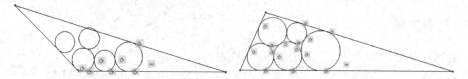

图 5-12　设置第四、第五个圆

命令：GcEqual↙

选择第一个对象[或多个(M)]：M↙

选择五个圆，如图 5-13 所示。

命令：C↙

指定圆的圆心或[三点(3P)/两点(2P)/切点、切点、半径(T)]：(三角形内部任意位置指定圆心)

指定圆的半径或[直径(D)]<200.0000>：↙

设置新绘制圆和三角形相切，与另外两个圆相切，如图 5-14 所示。

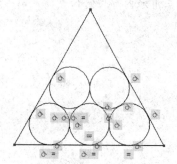

图 5-13　设置五个圆直径相等

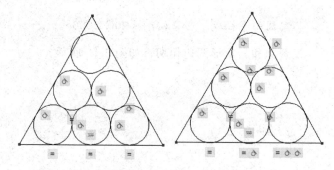

图 5-14　设置第六个圆

命令：GcEqual↙

选择第一个对象[或多个(M)]：　　　　　　　　　　　(选择新绘制的圆与另外五个圆之一)

完成绘图，隐藏(或删除)约束栏，如图 5-15 所示。

**2. 标注约束实例**

命令：L↙

LINE

指定第一个点：　　　　　　　　　　　　　　　　　(在图形区任意指点一点)

指定下一点或[放弃(U)]：　　　　　　　　　　　　(在图形区任意指点一点)

指定下一点或[放弃(U)]：　　　　　(在图形区任意指点一点，如图 5-16 所示)

命令：_AutoConstrain↙　　　　　　　　　　　　　　　　(自动约束)

选择对象或[设置(S)]：　　　　　　　(选择绘制好的三角形，如图 5-17 所示)

命令：A↙

ARC 指定圆弧的起点或[圆心(C)]：　　　　　　　　　　　　(指定圆弧起点 A)

指定圆弧的第二点或[圆心(C)/端点(E)]： (指定第二点 B)

指定圆弧的端点： (指定端点 C，如图 5-18 所示)

命令：_GcCoincident↙

选择第一个点或[对象(O)/自动约束(A)]<对象>： (选择直线端点和圆弧端点 A)

选择第二个点或[对象(O)]<对象>： (选择直线端点和圆弧端点 C，如图 5-18 所示)

命令：_GcTangent↙

选择第一个对象： (选择直线)

选择第二个对象： (选择圆弧，如图 5-19 所示)

命令：C↙

指定圆的圆心或[三点(3P)/两点(2P)/切点、切点、半径(T)]：

(三角形内部任意位置指定圆心)

指定圆的半径或[直径(D)]<200.0000>：↙

采用同样方法绘制另外两个圆，如图 5-20 所示。

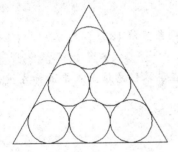

**图 5-15　三角形内切圆完成图**

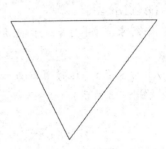

**图 5-16　绘制任意三角形**

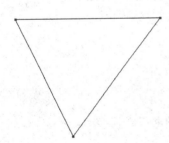

**图 5-17　"自动约束"三角形**

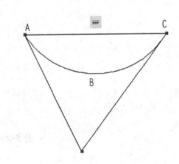

**图 5-18　绘制圆弧**

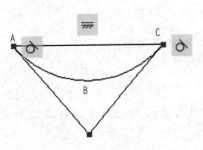

**图 5-19　"相切"圆弧**

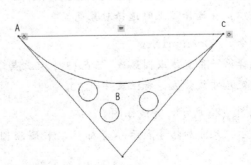

**图 5-20　绘制圆**

命令：_GcTangent↙

选择第一个对象： (选择直线)

选择第二个对象： (选择圆，如图 5-21 所示)

依次类推，完成另外两个圆的约束，如图 5-22 所示。

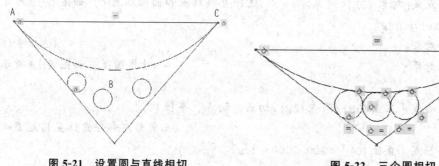

图 5-21　设置圆与直线相切　　　　　　　图 5-22　三个圆相切

命令：_DcAligned↙

选择第一个约束点或[对象(O)/点和直线(P)/两条直线(2L)]<对象>： (选择其中一条直线端点)

选择第二个约束点： (选择直线另一个端点，在屏幕任意位置点击鼠标左键，然后输入数值 3500，如图 5-23 所示)

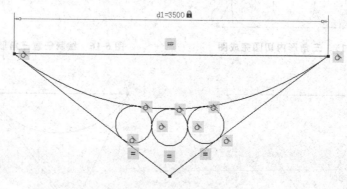

图 5-23　设置尺寸约束

依次类推，对三角形其他两个边进行尺寸约束，如图 5-24 所示。

提示：在选择端点时选择对象亮显。

命令：_DcAngular↙

选择第一条直线或圆弧或[三点(3P)]<三点>： (选择圆弧)

指定尺寸线位置，标注文字=120↙

如图 5-25 所示，完成作图。

提示：尺寸加括号表示参考标注，若删除圆弧与直线相切约束，则角度约束值可做修改。

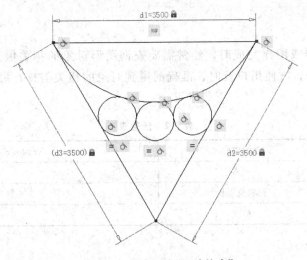

**图 5-24   另外两边"尺寸约束"**

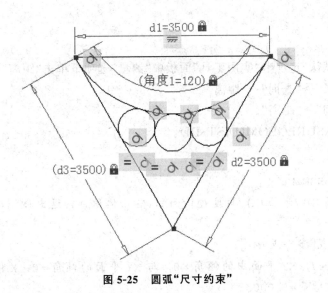

**图 5-25   圆弧"尺寸约束"**

# 任务二   查询

掌握距离、面积、周长及角度的查询方法。

能够对绘制好的图样进行距离、面积、周长及角度的查询。

## 一、任务描述

在绘制建筑图样或图样完成时，经常需要查询图形对象的相关信息，AutoCAD 2017提供了各种查询命令，方便用户及时、准确的得到对象的相关信息。根据图样查询命令要求填写表 5-2。

表 5-2　任务表

| 序号 | 查询内容 | 查询方式 |
|:---:|:---:|:---:|
| 1 | 距离 | |
| 2 | 面积及周长 | |
| 3 | 角度 | |

## 二、任务资讯

### (一)距离查询

(1)执行方式。

功能区：在"默认"选项卡"实用工具"面板中"测量"选项下单击"距离"按钮▨。

菜单栏："工具"→"查询"→"距离"。

工具栏："查询"→"距离"。

命令行：MEASUREGEOM(DIST/DI)。

(2)操作步骤。

命令：MEASUREGEOM↙

输入选项[距离 (D)/半径 (R)/角度 (A)/面积 (AR)/体积 (V)/退出 (X)]<距离>：

指定第一点：

指定第二个点或[多个点 (M)]：

距离=1433.9047，XY 平面中的倾角=0，与 XY 平面的倾角=0，X 增量=1433.9047，Y 增量=0.0000，Z 增量=0.0000

输入选项[距离 (D)/半径 (R)/角度 (A)/面积 (AR)/体积 (V)/退出 (X)]<距离>：

(3)选项说明。

多个点(M)：如果使用此选项，将基于现有直线段和当前橡皮线即时计算总距离。

### (二)角度查询

(1)执行方式。

功能区：在"默认"选项卡"实用工具"面板中"测量"选项下单击"角度"按钮▨。

菜单栏："工具"→"查询"→"角度"。

工具栏："查询"→"角度"。

(2)操作步骤。

命令：MEASUREGEOM↙

输入选项[距离 (D)/半径 (R)/角度 (A)/面积 (AR)/体积 (V)/退出 (X)]<距离>：A↙

选择圆弧、圆、直线或<指定顶点>：　　　　　　　　　　　　　(选择选项)

其他查询方式类似于距离、角度的查询，用户可以根据需要自学。

# 任务三　图层的应用

**知识目标**

1. 掌握图层的创建、重命名、删除及状态控制；
2. 理解图层所具有的 4 个基本属性；
3. 了解图层在图样打印中的作用。

**能力目标**

1. 绘制图样时应能具有图层的概念；
2. 能够创建、重命名和删除图层；
3. 能够设置图层控制状态。

## 一、任务描述

AutoCAD 中图层如一张张重叠的透明图纸，可以在图层上组织图样不同类型的信息。图层上的图形对象具有图层、颜色、线型和线宽 4 个基本属性。在绘制图形对象时，可以将图形对象创建在当前图层上。每个 CAD 文档中的图层数量是不受限制的，每个图层都有自己的名称，可以重命名，也可以删除。

图层可以将复杂的图形数据有序的组织起来，通过设置图层的特性可以控制图形的颜色、线型、线宽以及是否显示、是否可修改和是否被打印等。图层还可以与布局结合，方便图形文件的管理出图。在具体绘制图样时，可以将类型相似的对象分配在一个图层上。本任务结合实例介绍了图层的创建、状态控制等，方便用户快速掌握图层知识。

## 二、任务资讯

### (一)创建及设置图层

在创建新的 CAD 文档前，系统默认存在一个名为"0"的特殊图层，用户在新建图层之前的所有绘图都是在该图层上进行的。"0"图层不能被重命名和删除，默认情况下，该图层颜色为 7(黑色或白色，由背景来确定)，CONTINOUS(连续)线型，线宽默认为 0.25 mm以及 NORMAL 打印样式。通过创建新的图层，可以将类型相似的对象指定在同一图层上使其关联。这样，可以快速、有效的控制对象并进行修改等。

(1)执行方式。

功能区："默认"选项卡"图层"面板中单击"图层特性"按钮 。

菜单栏："格式"→"图层"。

工具栏："图层"→"图层特性管理器"。

命令行：LAYER(LA)。

(2)操作步骤。

执行上述操作之后，系统弹出"图层特性管理器"对话框，如图5-26所示。单击"图层特性管理器"对话框上"新建图层"按钮就可以新建图层，默认的图层名称为"图层1"，如图5-27所示。用户可以根据需要更改图层名称，最长可用255个字符来命名。

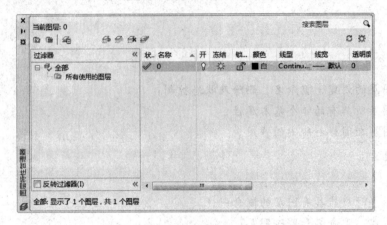

图5-26 "图层特性管理器"

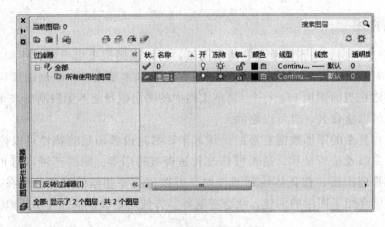

图5-27 "新建图层"对话框

(3)选项说明。

1)"新建图层" ：单击该按钮，可以创建新图层。

2)"在所有的视口中都被冻结的新建图层视口" ：单击该按钮，可以创建新图层，并在所有现有布局视口中将其冻结。

3)"删除图层" ：单击该按钮，删除选定图层。

4)"置为当前" ：单击该按钮，可以将选定图层设置为当前图层。

5)"当前图层"显示区：显示当前图层的名称。

6)"状态行"：在该选项区中显示当前过滤器的名称、列表视图中显示的图层数和图形中的图层数。

**注意：**1)需要建立多个图层时，可以更改图层名称，并在其后输入逗号，这样系统会自动建立一个新图层，或者可以按两次 Enter 键建立新图层。

2)为了选择和管理图层，可以在图层名称前加入图层名称的缩写。

(4)设置图层。

1)设置图层线条颜色。

在工程图样中，不同的图形对象要求的线型、线宽不尽相同，如剖面线要求粗实线绘制，图例线要求细实线绘制等。为了便于直观的区分它们，可以针对不同的图形对象使用不同的颜色，如定位轴线使用红色，墙体使用白色等。要改变图层颜色时，在"图层特性管理器"中单击图层对应的颜色图标，系统弹出"选择颜色"对话框，如图 5-28 所示。该对话框包含"索引颜色""真彩色""配色系统"3 个选项卡供用户选择，如图 5-28～图 5-30 所示。

**图 5-28　"选择颜色"对话框**

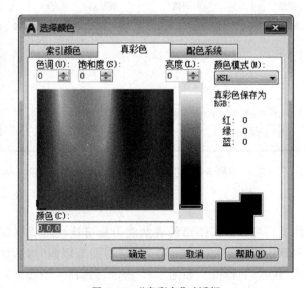

**图 5-29　"真彩色"对话框**

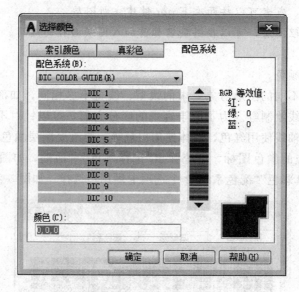

图 5-30 "配色体统"对话框

2)设置线型。

在工程图样绘制过程中,可以以线型划分图层,为某个图层设置合适的线型。在"图层特性管理器"对话框中单击图层对象的线型图标,系统弹出"选择线型"对话框,如图 5-31 所示。默认情况下,系统只添加了 Continuous 线型,单击"加载"按钮,系统弹出"加载或重载线型"对话框,如图 5-32 所示。可以看到 AutoCAD 提供了许多线型,用户可以根据需要选择线型,可以按住 Ctrl 键同时加载多种线型。

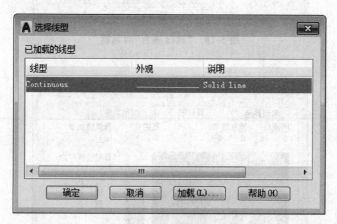

图 5-31 "选择线型"对话框

3)设置线宽。

为图形对象设置线宽,可以提高图形的表达能力和可读性。线宽设置就是改变图形对象的线型宽度,线宽的默认值是 0.25 mm。在"图层特性管理器"对话框中单击图层所对应的线宽图标,系统弹出"线宽"对话框,如图 5-33 所示。选择一个线宽,单击"确定"按钮即完成对该图层图样的线宽设置。在状态栏中单击"显示/隐藏线宽"按钮,显示的图形线宽与实际线宽成比例,线宽不随图形的放大或缩小而变化。线宽功能关闭时,不显示图形的线

图 5-32 "加载或重载线型"对话框

宽，图形的线宽以默认值显示。

### (二)修改对象的颜色、线型及线宽

除可以在"图层特性管理器"改变对象的颜色、
线型和线宽外，还可以通过以下方式改变。

(1)直接通过菜单栏或命令行。

1)设置颜色。

菜单栏："格式"→"颜色"。

命令行：Color。

执行上述操作之一后，系统弹出"选择颜色"对
话框，如图 5-28 所示。

2)设置线型。

菜单栏："格式"→"线型"。

命令行：LineType。

执行上述操作之一后，系统弹出"选择线型"对
话框，如图 5-31 所示。

图 5-33 "线宽"对话框

3)设置线宽

菜单栏："格式"→"线宽"。

命令行：LineWeight 或 LWeight。

执行上述操作之一后，系统弹出"选择线型"对话框，如图 5-34 所示。

(2)利用特性工具栏。

用户可以通过"特性"工具栏对所选对象颜色、线型和线宽等特性进行查看、编辑和修
改，如图 5-35 所示。在"对象颜色"下拉列表中选择"更多颜色"选项，如图 5-36 所示，系统
会弹出"选择颜色"对话框。如果在"线型"下拉列表中选择"其他"选项，如图 5-37 所示，系
统会弹出"线型管理器"对话框。

图 5-34 "线宽设置"对话框

图 5-35 "特性"工具栏

图 5-36 "颜色"下拉列表框

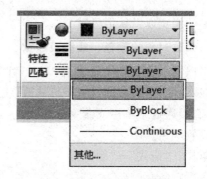

图 5-37 "线型"下拉列表框

（3）利用"特性对话框"设置图层。

菜单栏："修改"→"特性"。

工具栏："修改"→"特性"。

命令行：DDmodify 或 Properties。

执行上述操作之一后，系统弹出"特性对话框"，如图 5-38 所示。在其中可以方便设置和修改图层的颜色、线型与线宽等。

### （三）控制图层状态

**1. 切换当前图层**

不同的图形对象需要绘制在不同的图层上，在绘制前，需要将工作图层切换到当前图层。打开"图层特性管理器"对话框，选择工作图层，单击"置为当前"按钮 ✔，即可完成设置。

**2. 删除图层**

打开"图层特性管理器"对话框，选中要删除的图层，单击"删除"按钮 ✕ 即可删除该图层。

**3. 打开/关闭图层**

打开"图形特性管理器"对话框，单击 💡 图标，可以控制图层的可见性。图层打开时，图标显示亮色，该图层上的图形对象显示在屏幕上或绘制在绘图仪上；图层关闭时，图标显示灰暗色，图层上的图形对象不显示在屏幕上，也不能被打印输出，但仍作为图样的一部分保留在 CAD 文件中。

#### 4. 冻结/解冻图层

在"图层特性管理器"对话框中单击 ☼ 图标，可以冻结和解冻图层。当图标呈现太阳时，图层处于解冻状态；当图标呈雪花灰暗色时，该图层处于冻结状态。图层上冻结的图形对象既不能显示，也不能打印，同时也不能编辑修改。在冻结了图层后，该图层的图形对象不影响在其他图层上的显示和打印。

#### 5. 锁定/解锁图层

在"图层特性管理器"对话框中单击 🔒 和 🔓 图标，可以对图层进行锁定和解锁。锁定图层可以防止对图形的意外修改。锁定图层后，该图层上的图形依然可以显示在屏幕上并可以打印输出，也可使用查询和捕捉功能，同时，可以在该图层上绘制新的图形对象，但是不能对锁定的图形对象进行编辑修改。

#### 6. 打印样式

在 AutoCAD 2017 中，可以通过"打印样式"控制对象

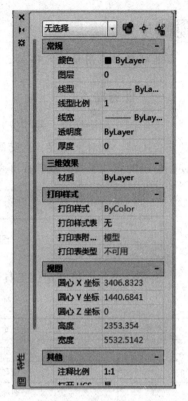

图 5-38 "特性"对话框

的打印特性，包括颜色、抖动、灰度、线型、线宽等。用户可以设置打印样式来替代其他对象特性，也可根据需要关闭这些对象设置。

#### 7. 打印/不打印

在"图层特性管理器"对话框中单击 🖨 和 🖷 图标，可以设置该图层图样是否被打印。打印只对可见图层起作用，对已经关闭或冻结的图层不起作用。

**注意：**(1)"0"图层和"Defpoints"图层不能被删除。

(2)当前层不能被删除，要想删除当前层，需将当前层改变到其他图层。

(3)插入了外部参照的图层不能被删除，要想删除该图层，需先删除外部参照。

(4)包含了可见图形对象的图层不能被删除，要想删除该图层，必须删除该图层中所有图形对象。

(5)若发现无论如何新绘制的对象都看不到，这时应检查是否将当前图层关闭了。

# 任务四　精确定位工具及状态属性设置

知识目标

掌握精准定位工具状态设置。

能够熟练应用精准定位工具及状态属性设置。

## 一、任务描述

在绘制工程图样中，使用光标很难精确的定位某些点的位置，在 AutoCAD 中提供了精确的定位工具，如对象捕捉、正交等，这类精确定位工具主要显示在状态栏上，如图 5-39 所示。使用精确的定位工具，能够在屏幕上容易、准确地捕捉到需要的点，提高绘图准确性和效率。

**图 5-39  状态栏上的精确定位工具**

根据状态栏上精准定位工具要求填写表 5-3。

**表 5-3  精确定位工具任务表**

| 序号 | 命令 | 快捷键 |
| --- | --- | --- |
| 1 | 正交 | |
| 2 | 极轴追踪 | |
| 3 | 对象捕捉 | |
| 4 | 对象捕捉追踪 | |
| 5 | 动态输入 | |

## 二、任务资讯

### (一)推断约束

打开"推断约束"模式，系统会自动在正在创建或编辑的对象与对象捕捉的关联对象或点之间应用几何约束。与"自动约束"相似，推断约束也只有在符合约束条件时才会应用。推断约束不支持下列对象捕捉：交点、外观交点、延长线、象限点；无法推断下列约束：固定、平滑、对称、同心、相等、共线。

(1)执行方式。

状态栏："推断约束"图标 █。

命令行：Constraintinfer(新值设为 0，"推断约束"关；设为"1"，"推断约束"开)。

快捷键：Ctrl＋Shift＋l。

(2)"推断约束"设置。

在状态栏"推断约束"图标上单击鼠标右键，选择"推断约束设置"选项，系统弹出如图 5-40 所示对话框，勾选"推断几何约束"复选框。

### (二)捕捉到极轴角度

捕捉模式分为栅格捕捉和极轴捕捉两种形式，默认为栅格捕捉。捕捉是 AutoCAD 生成的隐含分布于屏幕上的栅格，类似于一张坐标纸，这些栅格能够捕捉光标，使光标只能落

图5-40 "约束设置"对话框

在其中的某一个栅格点上。"捕捉模式"不受图形界限的约束，常与"栅格"功能联用。

（1）执行方式。

菜单栏："工具"→"绘图设置"。

状态栏："捕捉"图标██。

命令行：OSNAP（DS/SE）。

快捷键：F9。

（2）"捕捉模式"设置。

在状态栏"捕捉"图标上单击鼠标右键，在下拉菜单中选择"捕捉设置"选项，系统弹出如图5-41所示对话框。在该对话框中勾选"启用捕捉"复选框，对捕捉间距和极轴间距进行设置，输入值为正实数。勾选"X轴间距和Y轴间距相等"复选框，可以对捕捉间距和栅格间距中的X、Y间距值强制使用同一参考值。

**注意：** 捕捉间距可以与栅格间距不同。

**（三）显示图形栅格**

AutoCAD中的栅格是分布在绘图界限内的等间距排列的点或线，能够自动捕捉十字光标，使光标只能在栅格点间移动。设置合理的栅格间距和范围后，打开栅格捕捉，通过捕捉栅格点进行精确绘图。利用栅格还可以对齐对象或显示对象之间的距离。虽然栅格在屏幕上是可见的，但它不属于图形对象，在打印时不会作为图形中的部分被打印。

（1）执行方式。

菜单栏："工具"→"绘图设置"。

状态栏："栅格"图标 ▦ 。

命令行：OSNAP（DS/SE）。

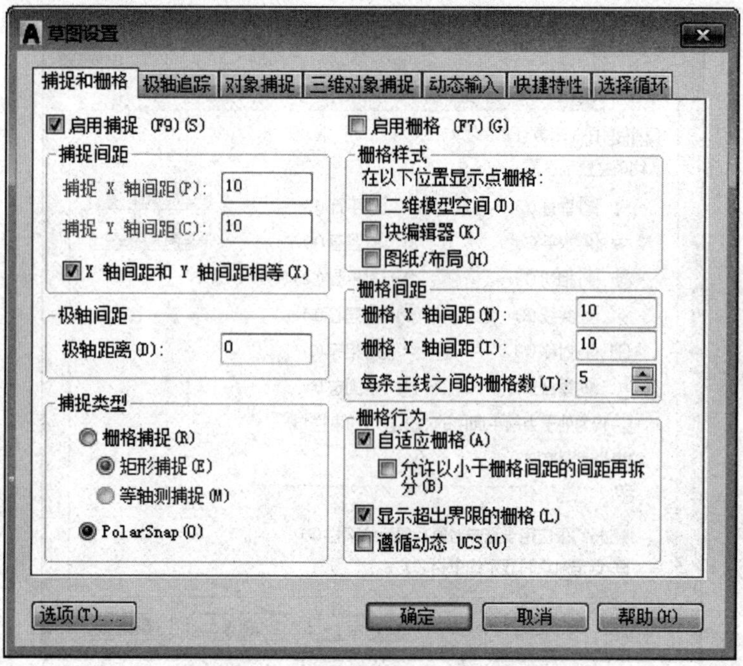

图 5-41 "捕捉和栅格"选项卡

快捷键：F7。

(2)"栅格"设置。

执行上述操作之一后，系统弹出如图 5-41 所示对话框，勾选"启用栅格"复选框，可以在"栅格 X 间距""栅格 Y 间距"文本框中输入正实数，确定栅格点间的水平距离和垂直距离。按 TAB 键，设置栅格点水平间距和垂直间距相等。

**注意**：1)在 CAD 高版本中，栅格默认的显示的是线。命令行输入 Gridstyle，将新值设为 1 时显示栅格点，设为 0 时显示栅格线。

2)如果栅格的间距设置得过小，当打开"栅格"时，命令行中会显示"栅格太密，无法显示"的提示信息。

**(四)正交限制光标**

打开"正交限制光标"绘图模式，绘制的直线保持垂直关系，即垂直成 90°相交。若将"栅格"模式设置成"等轴测捕捉"，绘制的直线与 Z 轴和 Y 轴平行。使用正交模式对于绘制工程图样非常有用，特别是绘制构造线时经常使用。

状态栏："正交"图标 ⌐ 。

命令行：ORTHO。

快捷键：F8。

**(五)极轴追踪**

用户在绘制斜线时，使用极坐标输入角度比较烦琐，可以通过设置极轴增量角简化绘图。当设置好极轴增量角，光标移动到满足条件的角度值时，极轴显示为一条虚线，用户直接输入距离值即可绘制带角度的直线段，这利用锁定极轴确定角度的方式称为极轴追踪。

(1)执行方式。

菜单栏："工具"→"绘图设置"。

状态栏："极轴追踪"图标 ◎。

命令行：DSETTINGS(DS)。

快捷键：F10。

(2)"极轴追踪"设置。

命令行输入 DS，系统弹出"草图绘制"对话框，如图 5-42 所示。在"极轴追踪"选项卡中设置极轴增量角，可以在"增量角"下拉列表中选择预设的角度，也可以输入其他任意的角度。"附加角"用来设置极轴追踪时是否采用附加角度追踪，选中"附加角"复选框，通过"新建"和"删除"按钮来添加或删除附加角度值。

**提示：**"正交"与"极轴追踪"不能同时打开。

**(六)对象捕捉**

AutoCAD 中"对象捕捉"是指当十字光标移动到图形对象捕捉点附近时，系统会显示符合条件的几何特征点，并自动捕捉。AutoCAD 提供了两种捕捉模式：自动捕捉和临时捕捉。自动捕捉是一次性的，当用户需要临时捕捉某个点时，摁 Shift 键同时单击鼠标右键，在显示的几何点中选择即可，如图 5-43 所示。对象捕捉可以精确的捕捉到某个点，从而提高绘图准确率。

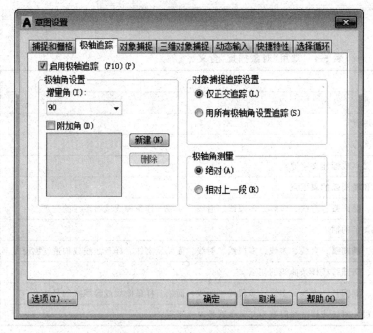

图 5-42 "极轴追踪"选项卡          图 5-43 "临时捕捉"列表

(1)执行方式。

菜单栏："工具"→"绘图设置"。

状态栏："对象捕捉"图标 ◻。

命令行：OS。

快捷键：F3。

(2)"对象捕捉"设置。

命令行输入 OS，系统弹出"草图绘制"对话框，如图 5-44 所示。在"对象捕捉"选项卡中设置"对象捕捉"，13 种对象捕捉含义见表 5-4。

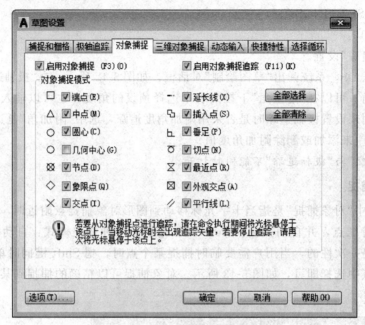

图 5-44 "对象捕捉"选项卡

表 5-4 常用"对象捕捉"含义

| 名称 | 含义 |
|---|---|
| 端点 | 捕捉直线或曲线的端点 |
| 中点 | 捕捉直线或弧线等的端点 |
| 圆心 | 捕捉圆、弧和椭圆的圆心 |
| 节点 | 捕捉点对象、标注定义点或标注文字原点 |
| 象限点 | 捕捉圆、圆弧、椭圆和椭圆弧的象限点 |
| 交点 | 捕捉圆、圆弧、椭圆、椭圆弧、直线、多线、多段线、射线、面域、样条曲线或参照线的交点 |
| 插入点 | 捕捉属性、块、形或文字的插入点 |
| 垂足 | 捕捉圆、圆弧、椭圆、椭圆弧、直线、多线、多段线、射线、面域、实体、样条曲线或构造线的垂足 |
| 切点 | 捕捉圆、圆弧、椭圆、椭圆弧或样条曲线的切点 |
| 最近点 | 捕捉圆、圆弧、椭圆、椭圆弧、直线、多线、多段线、射线、面域、样条曲线或参照线的最近点 |
| 平行线 | 将直线段、多段线线段、射线或构造线限制为与其他线性对象平行 |

**注意**：对象捕捉不可单独使用，必须配合其他绘图对象一起使用。

**(七)对象捕捉追踪**

"对象捕捉追踪"可以使光标从对象捕捉点开始，沿着对齐路径进行追踪，并找到需要的精确位置。要使用"对象捕捉追踪时"，必须打开一个或多个对象捕捉。

菜单栏："工具"→"绘图设置"。

状态栏："对象捕捉追踪"图标 ∠。

命令行：OS。

快捷键：F11。

**(八)动态输入**

动态输入主要由指针输入、标注输入、动态提示三部分组成，如图 5-45 所示。启动"动态输入"功能，可以在指针位置处显示指针输入或标注输入的命令提示信息，从而提高绘图效率。

菜单栏："工具"→"绘图设置"。

状态栏："动态输入"图标 ⊬ 。

命令行：OS(DS)。

快捷键：F12。

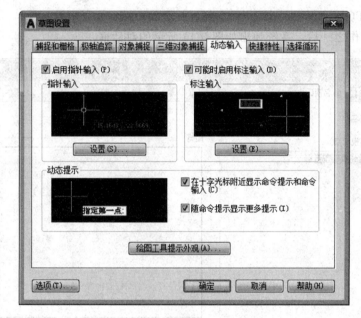

图 5-45　"动态输入"选项卡

# 任务五　二维视图显示

**知识目标**

掌握多个浮动视口的建立方法及比例设置。

**能力目标**

能够熟练新建、命名视口，并能够建立多个浮动视口且设置比例。

## 一、任务描述

在 AutoCAD 中，模型空间主要用来完成图样的绘制和设计工作，只有矩形视口。布局主要用于排图打印，一个布局中可以有多个视口，这些视口可以大小、形状，比例都不同，主要取决于出图的需要。可以在模型空间中以 1∶1 绘图，在布局中不同的视口设置不同的比例显示，并进行尺寸标注、打印。本节任务结合实例介绍了视图的命名及多个浮动视口的建立。

## 二、任务资讯

### (一)命名视口

菜单栏："视图"→"视口"→"命名视口"。

功能区："视图"选项卡"模型视口"面板中单击"命名"按钮 。

命令行：VPORTS。

执行上述操作之一后，系统弹出如图 5-46 所示的对话框。

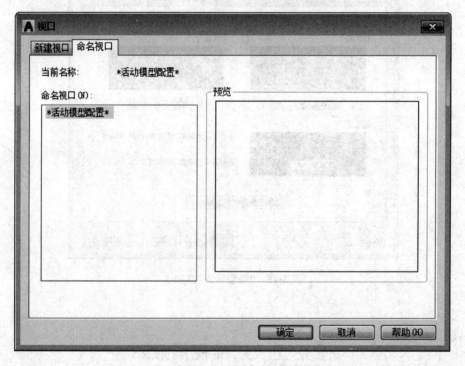

**图 5-46 "视口"对话框**

### (二)合并平铺视口

当用户需要从当前视口中减掉一个视口时，可以将其中一个视口合并到当前视口中。

(1)执行方式。

菜单栏："视图"→"视口"→"合并"。

功能区：在"视图"选项卡"模型视口"面板中单击"合并"按钮 。

(2)操作步骤。

选择合并视口后，命令行提示如下：

输入选项[保存(S)/恢复(R)/删除(D)/合并(J)/单一(SI)/? /2/3/4/切换(T)/模式(MO)]：

(3)选项说明。

1)"保存"：使用名称保存当前配置。

2)"恢复"：恢复以前保存的视口配置。

3)"删除"：删除已命名的视口配置。

4)"合并"：将两个相邻的模型视口合并成一个较大的模型视口。

5)"单一"：将图形返回单一视口的视图中，该视图使用当前视口的视图。

6)"?"：显示活动视口标识号和屏幕位置。

7)"2"：将当前视口分为相等的两个视口。

8)"3"：将当前视口分为相等的三个视口。

9)"4"：将当前视口分为相等的四个视口。

10)"切换"：切换四个视口或一个视口。

11)"模式"：将视口配置应用到相应的模式。

### (三)建立多个浮动视口

在布局中，视口可以是均等的矩形，平铺在图纸上，也可以是特定形状，放置在指定位置上。

### 1. 创建多边形视口

(1)执行方式。

菜单栏："视图"→"视口"→"多边形视口"。

(2)操作步骤。

命令行：VPORTS↙

系统弹出如图 5-47 所示对话框，输入新名称为"三角形内切圆"，"标准视口"模式为"单个"，单击"确定"按钮，切换在布局模式下如图 5-48 所示。

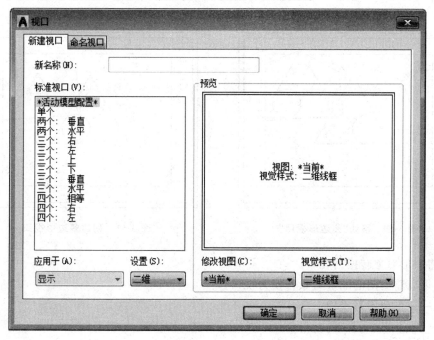

**图 5-47 "新建视口"选项卡**

命令行：_ - VPORTS⤶

指定视口的角点或[开(ON)/关(OFF)/布满(F)/着色打印(S)/锁定(L)/对象(O)/多边形(P)/恢复(R)/图层(LA)/2/3/4]<布满>：P⤶

指定起点：                                             (绘制多边形)

指定下一个点或[圆弧(A)/长度(L)/闭合(C)/放弃(U)]：c⤶

正在重生成模型 (图5-49)

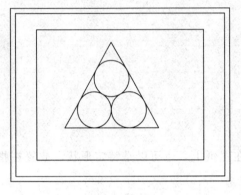

图 5-48　单个视口

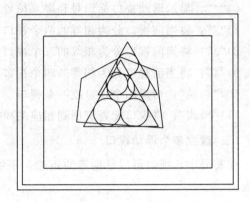

图 5-49　多边形视口

命令行：m⤶

选择对象：找到 2 个

指定基点或[位移(D)]<位移>：

指定第二点或< 使用第一点作为位移>：(图 5-50)

选择对象，在右下角"选定视口的比例"下拉列表中选择比例为 1∶5，结果如图 5-51 所示。

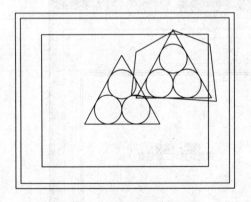

图 5-50　移动"多边形视口"

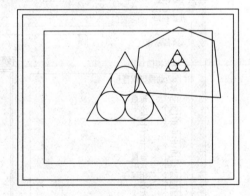

图 5-51　创建多边形视口

(3)将图形对象转换为视口。

用户可以将封闭的图形对象转换为视口。

**实例——创建圆形视口**

命令行：c⤶

指定圆的圆心或[三点(3P)/两点(2P)/切点、切点、半径(T)]：

指定圆的半径或[直径(D)]<0.9640>：300↙

在菜单栏中执行"视图"→"视口"→"对象"命令。

指定视口的角点或[开(ON)/关(OFF)/布满(F)/着色打印(S)/锁定(L)/对象(O)/多边形(P)/恢复(R)/图层(LA)/2/3/4]<布满>：_O↙

选择要剪切视口的对象：(图5-52)

选择对象，在右下角"选定视口的比例"下拉列表中选择比例为1：4，结果如图5-53所示。

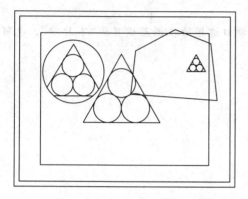

图5-52 将圆对象转化为视口

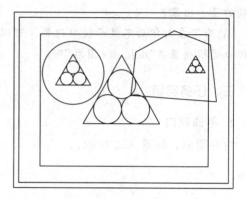

图5-53 将圆对象转化为视口成图

(4)调整视口的显示比例。

新建的视口默认显示比例是将模型空间中全部图形最大化的显示在视口中，但是，规范的工程图样需要规范的出图比例，这样就需要在视口工具栏的右下角"选定视口的比例"下拉列表中选择比例，如图5-54所示，调节当前视口的比例，也可选定视口后用"特性"选项板来调整。

提示：当视口与模型空间的比例关系确定以后，不能使用"实时缩放"命令，因为会改变比例关系，可以使用"实时平移"命令，使视口中的图形全部显示。

(5)视口的编辑与调整。

视口创建好后可以通过编辑视口的夹点来调整视口的大小形状，也可通过"视图"→"视口"→"对象"命令来对视口边界进行裁剪。若双击视口可以进入视口的模型空间，直接对模型空间中图形进行修改，修改将显示在所有显示修改对象的视口中。在激活视口对模型空间中的图形进行修改时，常会因操作不当，破坏模型空间图形与视口的比例关系，为此，可以锁定视口，操作步骤为：

选择要锁定的视口→单击鼠标右键，在快捷菜单中选择"显示锁定"→选择"是"。

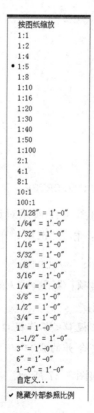

图5-54 "选定视口的比例"下拉列表

此后，ZOOM 和 PAN 等显示控制命令就不会改变视口或模型空间中图形的显示内容和大小了。

**注意：**（1）视口显示锁定只是锁定了视口内显示的图形，并不影响浮动视口内图形本身的编辑与修改。用户也可以最大化视口，防止视图比例位置的改变。选定视口，单击工具栏右侧"最大化视口"按钮即可。

（2）用户可以直接在模型空间中标注尺寸，为模型空间中的标注尺寸文字的注释性特性设置多个注释比例，从而使其和需要出图的多个视口显示比例一致。这样，只需在模型空间中一次标注，就可以在布局中的多个不同比例的视口中将标注尺寸按正常出图文字大小正确的显示出来。

（3）为了在打印后不显示视口边框，可以将视口边框所在图层设置为"不打印"，也可以将视口边框放置在"defoints 图层"下。

### 三、任务实施

**1. 平铺视口**

打开图形，如图 5-55 所示。

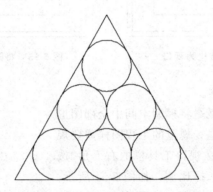

**图 5-55 "将圆对象转化为视口"素材**

命令行：VPORTS↙

显示如图 5-47 所示对话框，在"新名称"中输入"三角形视口"，在"标准视口"列表框中选择"四个：相等"选项，单击"确定"按钮，即可创建平铺视图，如图 5-56 所示。

命令行：_VPORTS↙

输入选项[保存 (S)/恢复 (R)/删除 (D)/合并 (J)/单一 (SI)/? /2/3/4/切换 (T)/模式 (MO)]：_j↙

选择主视口<当前视口>：

选择要合并的视口：

结果如图 5-57 所示。

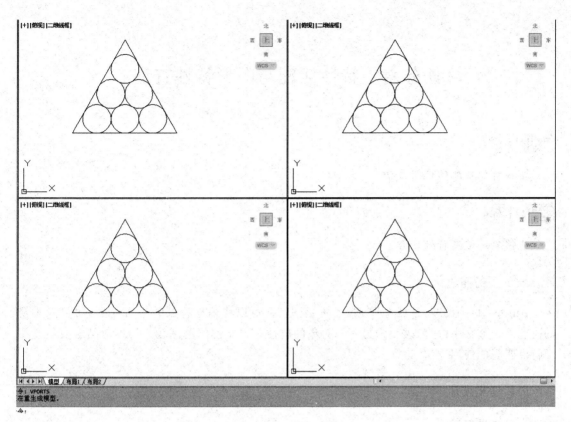

**图 5-56 "平铺视口"**

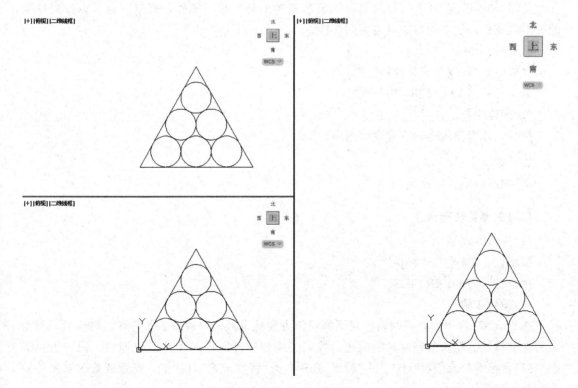

**图 5-57 "合并视口"完成图**

# 任务六　特性匹配与图形特性查询

### 知识目标

掌握特性匹配的使用方法。

### 能力目标

能够熟练应用特性匹配。

## 一、任务描述

AutoCAD 中的"特性匹配"功能犹如"复制"，可以快速地将某一个对象的属性（除本身的内容外，如文字内容）改变为另一个对象的属性，因此使用范围较广。本节结合实例介绍了特性匹配的使用方法。

## 二、任务资讯

### (一)特性匹配

使用"特性匹配"功能可以是目标对象与源对象具有相同属性，同时，也可以方便快捷修改对象属性，使不同对象具有相同属性。

(1)执行方式。

菜单栏："修改"→"特性匹配"。

命令行：MATCHPROP(MA)。

(2)操作步骤。

执行上述操作之一后，命令行提示如下：

选择源对象：

选择目标对象或[设置(S)]：

### (二)图形特性查询

(1)执行方式。

菜单栏："修改"→"特性"。

命令行：PROPERTIES。

(2)操作步骤。

在 AutoCAD 中，打开"特性"对话框可以方便地设置或修改对象的特性。修改后，对象具有新的属性。默认的特性具有颜色、线宽、线型和打印样式 4 个下拉列表。用户也可通过"选择目标对象或[设置(S)]"中"设置"选项打开"特性设置"对话框，设置或修改对象的特性，如图 5-58 所示。

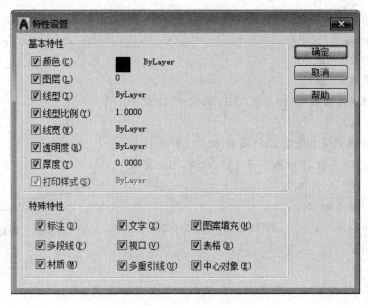

图 5-58 "特性设置"对话框

## 三、任务实施

绘制花朵的步骤、方法如下：

命令行：c↙

绘制花蕊，如图 5-59 所示。

命令行：pol↙

绘制六边形，如图 5-60 所示。

命令行：a↙

绘制花瓣，如图 5-61 所示。

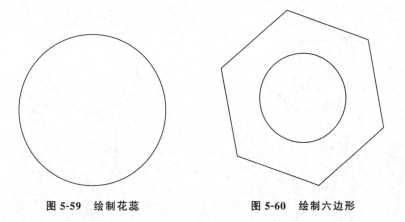

图 5-59 绘制花蕊 　　　　图 5-60 绘制六边形

命令行：pl↙

指定起点：

指定下一点或［圆弧(A)/半宽(H)/长度(L)/放弃
(U)/宽度(W)］：w↙

指定起点宽度：2↙

指定端点宽度：2↙

指定下一点或［圆弧(A)/半宽(H)/长度(L)/放弃
(U)/宽度(W)］：a↙

指定圆弧的端点或［角度(A)/圆心(CE)/方向(D)/
半宽(H)/直线(L)/半径(R)/第二点(S)/放弃(U)/宽度
(W)］：D↙

指定圆弧的起点切向

指定圆弧的端点：↙　　(绘制花茎如图5-62所示)

命令行：pl↙

指定起点：

指定下一点或［圆弧(A)/半宽(H)/长度(L)/放弃(U)/宽度(W)］：w↙

指定起点宽度：4↙

指定端点宽度：1↙

指定下一点或［圆弧(A)/半宽(H)/长度(L)/放弃(U)/宽度(W)］：a↙

指定圆弧的端点或［角度(A)/圆心(CE)/方向(D)/半宽(H)/直线(L)/半径(R)/第二点
(S)/放弃(U)/宽度(W)］：D↙

指定圆弧的起点切向

指定圆弧的端点：↙

命令行：m↙

选择对象：找到1个对象

指定基点或［位移(S)］：

命令行：co↙

选择对象：找到1个对象

指定基点或［位移(S)/模式(O)］<位移>：　　(绘制花叶如图5-63所示)

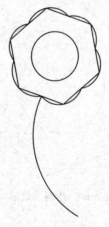

图5-62　绘制花茎

图5-63　绘制花叶

图5-61　绘制花瓣

选择花瓣，在花瓣上显示夹点编辑，单击鼠标右键，在快捷菜单中选择"特性"命令，如图 5-64 所示，在颜色下拉菜单中选择"红色"。

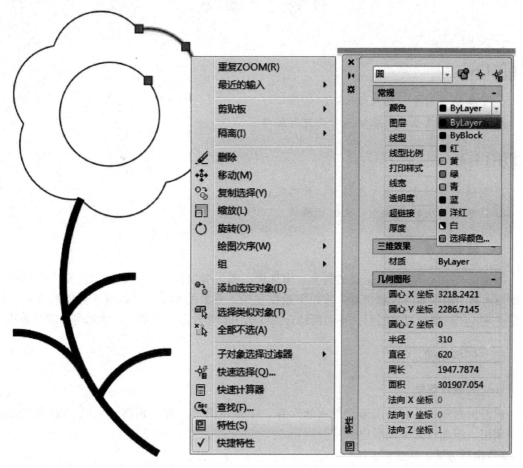

**图 5-64　修改花朵颜色**

以同样的方式设置花茎及花叶为绿色，完成全图，如图 5-65 所示。

**图 5-65　"花朵"完成图**

# 任务七　图块

1. 掌握块的创建、插入方法；
2. 掌握块的属性编辑方法及对块进行编辑。

1. 能够熟练创建并插入内部块、外部块；
2. 能够编辑块的属性并对块进行编辑。

## 一、任务描述

图块是一个或多个对象组成的集合，简称块。图块可以作为一个整体以任意比例和旋转角度插入到当前图形的任意位置，常用于绘制复杂、重复的图形，可以提高绘图效率，节省存储空间，同时便于修改图形。本实例结合二维绘图和修改命令介绍了块的创建和编辑方法。

## 二、任务资讯

### (一)创建内部块

内部块跟随定义它的图形文件一起保存，存储在图形文件的内部，因此只能在当前文件中调用，不能在其他图形中调用。

(1)执行方式。

菜单栏："绘图"→"块"→"创建"。

工具栏："绘图"→"创建块"。

命令行：BLOCK(B)。

(2)操作步骤。

执行上述操作之一后，系统弹出如图 5-66 所示的对话框，利用该对话框指定定义对象和基点及其他参数，图块插入基点位置设置在具有一定特征的位置上，以便插入时定位、缩放等。

(3)选项说明。

1)"名称"：用于输入块的名称，最多可使用 255 个字符，当其中包含多个块时，还可在此选择已有的块。

2)"在屏幕上指定"复选框：选中该复选框，可以在关闭对话框时，将提示用户指定基点或指定对象。

3)"拾取点"按钮：单击该按钮，可以暂时关闭对话框，在当前图形中指定插入基点。

4)"X/Y/Z"文本框：用于指定 X/Y/Z 的坐标。

5)"选择对象"按钮：单击该按钮，可以暂时关闭"块定义"对话框，允许用户选择块对象。选择完对象后，按 Enter 键确认可返回"块定义"对话框。

**图 5-66 "内部块定义"对话框**

6)"保留"按钮：选中该按钮，可以在创建块以后，将选定对象仍保留在图形中。

7)"转化为块"按钮：选中该按钮，可以在创建块以后，将选定对象以块的形式存在。

8)"删除"按钮：选中该按钮，可以在创建块以后，将选定对象从图形中删除。

9)"注释性"复选框：指定块为注释性。

10)"允许分解"复选框：指定块参照是否可以被分解。

**(二)创建动态块**

BLOCK 命令创建的内部块只能在定义该图块的文件内部使用，要想让所有的 Auto-CAD 文档都能使用创建的图块，就要调用 WBLOCK(写块)命令。

(1)执行方式。

命令行：WBLOCK(W)。

(2)操作步骤。

执行上述操作后，系统弹出如图 5-67 所示的对话框，利用该对话框指定定义对象存储路径和基点及其他参数，图块插入基点位置设置在具有一定特征的位置上，以便插入时定位、缩放等。

(3)选项说明。

1)"源"选项区域：选择另存为指定文件的块、现有图形和对象。

2)"基点"选项区域：拾取插入基点，默认值为(0，0，0)。

3)"对象"选项区域：设置创建块对象后选定图形的创建效果。

4)"目标"选项区域：指定文件的新名称和新存储位置及插入块是所用的测量单位。

**注意：**

(1)如果希望插入块时灵活改变块所具有的"图层""颜色""线型"和"线宽"等特性，在创建块时应将选定对象驻留在 0 图层上，并将颜色、线型和线宽均设置成 ByBlock。

(2)如果希望插入的块驻留在指定的图层上，并由该图层控制特性，则在创建图块时将选定的对象驻留在指定的图层上，并将"颜色""线型"和"线宽"等特性均设置成 ByBlayer。

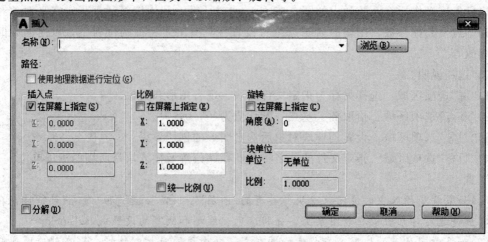

图 5-67 "写块"对话框

## (三)插入块

### 1. 插入单个块

(1)执行方式。

菜单栏:"插入"→"块"。

工具栏:"绘图"→"插入块"。

命令行:INSERT(I)。

(2)操作步骤。

执行上述操作之一后,系统弹出如图 5-68 所示的对话框,利用该对话框将选定图块按指定基点插入到当前图形中,图块可以缩放、旋转等。

图 5-68 "插入块"对话框

(3)选项说明。

1)"名称"：指定要插入块的名称，当其中包含多个块时，还可在此选择已有的块。

2)"浏览"：可以打开"选择图形文件"对话框，从中选择要插入的块或者图形。

3)"路径"：指定块的路径。

4)"插入点"：指定块的插入点。

5)"比例"：指定块的缩放比例。若 $X/Y/Z$ 比例因子为负，则插入块的镜像图像。

6)"旋转"：指定插入块的旋转角度。

7)"分解"：分解块并插入分解后的图形。

### (四)插入阵列块

对于室内柱子、灯具等常用于阵列插入，执行方式为：

命令行：MINSERT。

插入的矩形阵列块为一个整体。

### (五)创建及使用块属性

属性是块的非图形信息，是图块的组成部分，定义块属性必须在定义块之前进行。

(1)执行方式。

菜单栏："绘图"→"块"→"定义属性"。

命令行：ATTDEF(ATT)。

(2)操作步骤。

执行上述操作之一后，系统弹出如图 5-69 所示的对话框。

**图 5-69 "属性定义"对话框**

(3)选项说明。

1)"标记"：输入属性标签。属性标签由除空格和感叹号以外的所有字符组成。

2)"提示"：输入属性提示。属性提示是插入带有属性的图块时系统要求输入属性值的提示。

3)"默认"：设置默认的属性值。可以把使用次数较多的属性值作为默认值，也可以不设置默认值。

**(六)编辑块的属性**

**1. 修改属性定义**

(1)执行方式。

菜单栏："修改"→"对象"→"文字"→"编辑"。

命令行：DDEDIT。

(2)操作步骤。

执行上述操作之一后，选择注释对象，系统弹出如图 5-70 所示的对话框，可以在该对话框中修改属性定义。

**图 5-70 "编辑属性"对话框**

**2. 图块属性编辑**

(1)执行方式。

菜单栏："修改"→"对象"→"属性"→"单个"。

工具栏："修改Ⅱ"→"编辑属性"。

命令行：EATTEDIT。

(2)操作步骤。

执行上述操作之一后，选择带属性图块，系统弹出如图 5-71 所示的对话框。该对话框可以编辑图块属性值，也可以编辑属性文字选项和图层、线型和颜色等特性值。

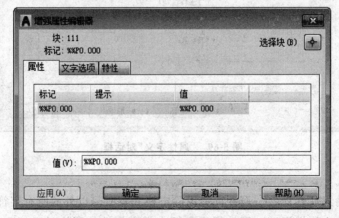

**图 5-71 "块属性编辑器"对话框**

### 三、任务实施

**1. 标高符号图块**

本实例应用二维绘图及编辑命令绘制建筑施工图中的标高符号，利用写块命令，将其定义为图块，如图 5-72 所示。

(1)单击"绘图"工具栏中"矩形"按钮，绘制一个 300×300 的正方形。

(2)单击"修改"工具栏中"旋转"按钮，将绘制矩形旋转 45°。

(3)单击"绘图"工具栏"直线"按钮，连接正方形水平对角线，如图 5-73 所示。

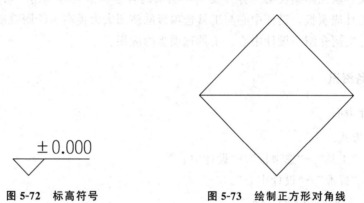

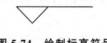

图 5-72　标高符号　　　　　　　　图 5-73　绘制正方形对角线

(4)单击"修改"工具栏"修剪"按钮，修剪正方形上二分之一。

(5)单击"绘图"工具栏"直线"按钮，以水平直线右侧端点为第一点绘制长 600 的水平直线，如图 5-74 所示。

图 5-74　绘制标高符号

(6)单击菜单栏"绘图"→"块"→"定义属性"，在"属性"→"标记"处输入％％p0.000，文字高度设为 200，单击"确定"按钮。

(7)命令行输入 W，按 Enter 键，系统弹出"写块"对话框。单击"拾取点"按钮，拾取三角形底端点为基点。单击"选择对象"按钮，拾取完成绘制的图形为对象，输入图块名称"标高符号"并指定路径，单击"确定"按钮，完成动态块的写入，如图 5-72 所示。

# 任务八　设计中心与工具选项板

知识目标

1. 掌握设计中心、工具选项板图块的插入方法；

2. 理解创建块的工具选项板的方法。

**能力目标**

能够熟练应用设计中心与选项板。

## 一、任务描述

AutoCAD 的设计中心与 Windows 系统的资源管理器相似，能够实现多用户、不同图形之间图像信息共享，重复利用图形中已创建的对象。工具选项板以选项卡的形式存在，共享、放置块、填充图案及第三方开发人员提供的自定义工具等。用户可将设计中心中的内容创建为工具选项板，设计中心与工具选项板的使用大大提高了绘图效率。

本节结合实例介绍了设计中心、工具选项板的应用。

## 二、任务资讯

### (一)设计中心

(1)执行方式。

菜单栏："工具"→"选项板"→"设计中心"。

工具栏："标准"→"设计中心"。

命令行：ADCENTER(ADC)。

快捷键：Ctrl+2。

(2)选项说明。

第一次打开设计中心时，其默认打开的选项卡为"文件夹"，如图 5-75 所示。左边的资源管理器采用 Tree View 显示方式显示系统的树形结构，在内容显示区域可显示浏览资源的细节内容，也可搜索资源。

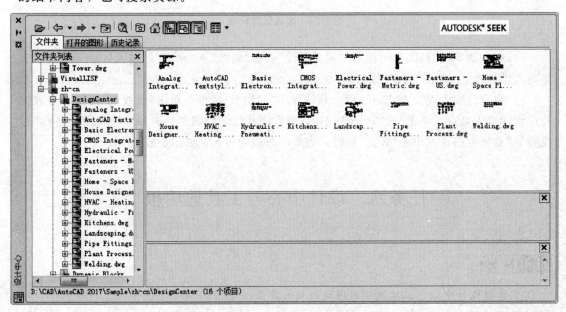

图 5-75　"设计中心"面板

设计中心窗口包含"文件夹""打开的图形""历史记录"3个选项卡和11个按钮供用户使用：

1)"文件夹"选项卡：该选项卡分左右两个子窗口，方便预览、查找图形。

2)"打开的图形"选项卡：用于显示本次进入AutoCAD以来的所有图形及命名对象类别列表。

3)"历史记录"选项卡：该选项卡显示了最近AutoCAD使用"设计中心"窗口打开并使用的图形文件。

4)"加载"按钮：单击该按钮，系统弹出"加载"对话框，可在该对话框中选择要加载到设计中心的图形文件。

5)"树状图切换"按钮：单击该按钮，即可打开或关闭文件夹列表。

6)"预览"按钮：单击该按钮，可以打开或关闭预览窗口。

(3)利用设计中心插入图形。

用户可以利用设计中心将系统文件中的DWG图形以图块的形式插入到当前图形中。

(1)在左侧树形结构中查找要插入的对象，并双击该对象。

(2)系统弹出"插入"对话框，在对话框中设置插入点、比例和旋转角度等数值。

(3)单击"确定"按钮，被选中对象根据指定的参数插入到图形当中，如图5-76所示。

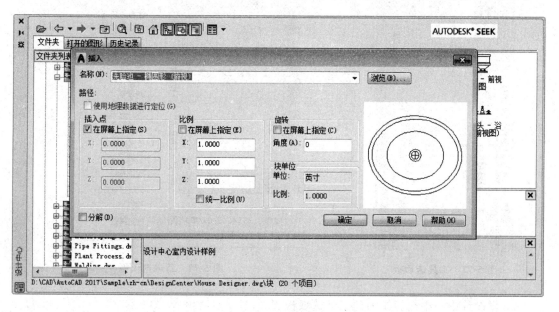

**图5-76 插入块**

**(二)工具选项板**

(1)执行方式。

菜单栏："工具"→"选项板"→"工具选项板"。

工具栏："标准"→"工具选项板"。

命令行：TOOLPALETTES。

快捷键：Ctrl+3。

(2)操作步骤。

执行上述操作之一后，系统弹出"工具选项卡"对话框，如图 5-77 所示。在对话框上右击，在弹出的菜单中选择"新建选项板"命令，如图 5-78 所示，系统将新建一个空白选项卡，并可以重命名该选项卡，如图 5-79 所示。

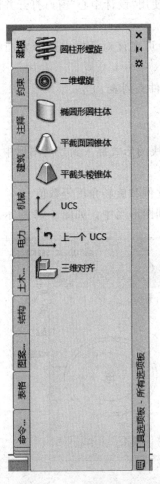

图 5-77　工具选项板

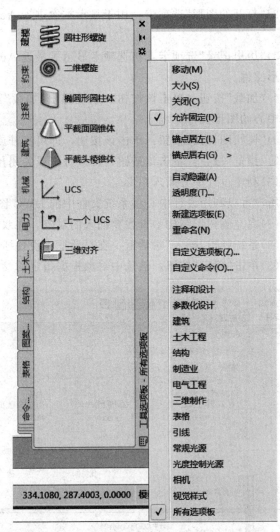

图 5-78　新建选项板

　(3)将设计中心中内容添加到工具选项板。

　在设计中心左侧树形结构或右侧显示区域右击，从中选择"创建块的工具选项板"命令，如图 5-80 所示。设计中心储存的图元就出现在工具选项板中新建的选项卡上，如图 5-81 所示。这样，就可以更方便、快捷地使用工具选项板。

　(4)利用工具选项板提高绘图效率。

　只需要将工具选项板中的图形拖到当前图形中，该图元就以图块的形式插入到当前图形中，如将新建选项卡中的洗脸池以图块的形式插入到当前图形中，如图 5-82 所示。

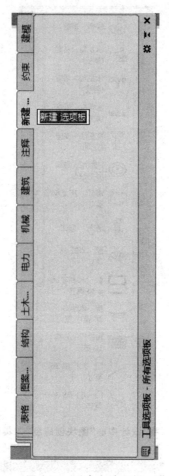

**图 5-79　重命名选项板**

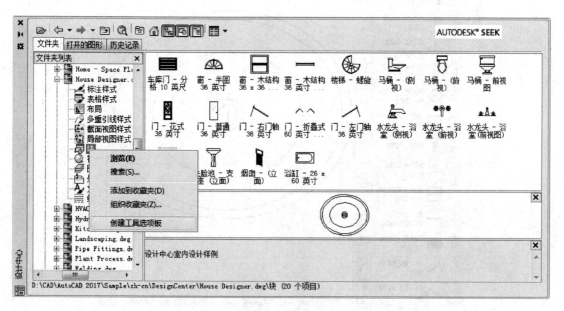

**图 5-80　创建选项板**

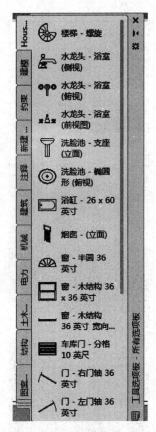

**图 5-81   将"设计中心"图块创建到"工具选项板"**

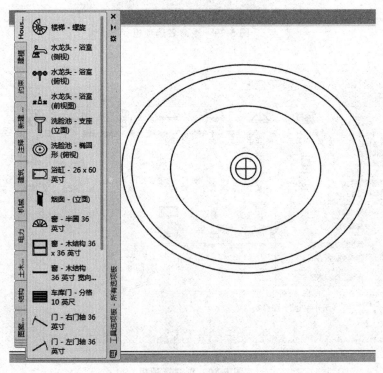

**图 5-82   洗脸池**

## ➤ 小结

本项目主要介绍了参数化绘图、图层的创建及图层状态的控制、精准定位工具使用及状态设置、二维视图的显示、图块及设计中心等，以提高绘图效率及精度。

## ➤ 操作与练习

1. 绘制长方形内切圆。

(1)利用"直线"命令，绘制任意形状的四边形。

(2)利用"自动约束"命令，使得四边形各顶点在编辑时不分离。

(3)利用"圆"命令，在四边形内绘制任意大小的 5 个圆。

(4)利用"几何约束"，设置四边形的各边相垂直，各边与圆、圆与圆相切，并设置 5 个圆半径相等。

(5)利用"标注约束"，设置四边形的边长，完成作图，如图 5-83 所示。

2. 绘制地板拼花。

(1)利用"矩形""直线""点的定数等分""圆弧"和"偏移"命令，绘制图样。

(2)利用"图案填充"对图样进行填充。

(3)利用"查询工具"查询图样的长、宽。

(4)利用"按比例缩放"对图样进行缩放。

(5)利用"创建块"和"写块"，分别创建"静态块"和"动态块"，如图 5-84 所示。

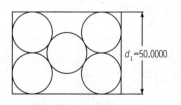

图 5-83　长方形内切圆

$d_1 = 50.0000$

图 5-84　地板拼花

3. 绘制某住宅标准层平面图。

(1)利用"直线""多线""块"等命令绘制轴线、墙体、门窗等。

(2)利用设计中心、选项板"移动""缩放"等命令绘制家具。

(3)利用"文字样式""文字"命令书写文字。

(4)利用"尺寸标注样式""标注"标注尺寸(因尺寸标注在项目六中讲解,此部分可不标注尺寸)。

(5)利用"块"完成轴线编号,如图5-85所示。

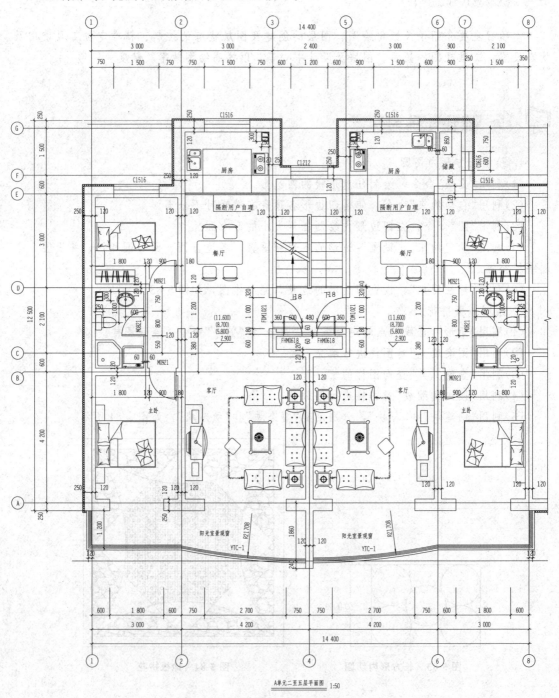

A单元二至五层平面图  1:50

**图 5-85 某住宅标准层平面图**

# 项目六　文字、表格与尺寸标注

## 知识目标

1. 掌握单行文本、多行文本的创建和编辑；
2. 掌握表格的创建；
3. 掌握表格的编辑和表格内文本的编辑；
4. 掌握尺寸标注样式的设置及标注方法；
5. 理解建筑工程图样尺寸标注的要求。

## 能力目标

1. 能够进行文本的创建和编辑；
2. 能够进行表格的创建和文本的输入、编辑；
3. 能够进行尺寸标注样式的设置；
4. 能够合理、准确、完整的标注图样尺寸。

## 素质目标

1. 遵守相关法律法规、标准和管理规定；
2. 具有严谨的工作作风、较强的责任心和科学的工作态度；
3. 具备良好的语言文字表达能力和沟通协调能力；
4. 爱岗敬业，严谨务实，团结协作，具有良好的职业操守；
5. 提高学生实际处理问题的能力；
6. 培养学生严谨、认真的作风。

# 任务一　文字标注

## 知识目标

1. 掌握创建文字标注样式的方法；
2. 掌握单行文本、多行文本的创建。

## 能力目标

能够灵活进行文字标注。

## 一、任务描述

在绘制工程图样时，文字、尺寸标注是必不可少的组成部分。文字可对图样中不便于表达的内容进行说明，使图形清晰、完整。正确、合理、完整的尺寸标注是保证按图施工和生产的前提，AutoCAD 的尺寸标注是建立在精确绘图的基础上的，只要图形绘制正确，准确拾取标注点就会标注出正确的尺寸，且会与标注对象产生关联性，当修改图样尺寸时，标注的尺寸会自动更新。在进行文字标注前，需要对文字样式（如样式名、字体等）进行设置，从而进行快捷、准确的标注。本节内容结合实例介绍了文字标注样式的设置、单行文本及多行文本的输入方法。

## 二、任务资讯

### (一)文字样式

AutoCAD 2017 提供了"文字样式"对话框，通过该对话框可以设置新文字样式，或对已存在文字样式进行修改。

(1)执行方式。

功能区：在"注释"选项卡"文字"面板右下角单击"文字样式"按钮 。

菜单栏："格式"→"文字样式"。

命令行：STYLE(ST)。

执行上述操作之一后，系统弹出"文字样式"对话框，如图 6-1 所示。默认的文字样式是 Stander 样式，不可以删除。单击"新建"按钮，可以新建文字样式，如图 6-2 所示。

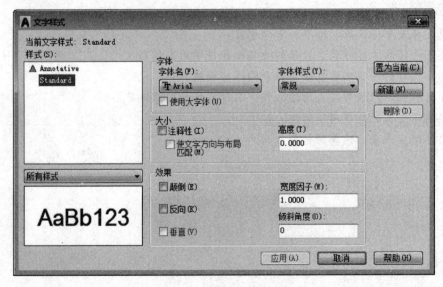

**图 6-1 "文字样式"对话框**

(2)选项说明。

1)样式：显示图形中的样式列表，系统默认的文字样式是 Standard 样式，用户可根据需要设置新的文字样式或对文字样式进行修改。

2)字体名：AutoCAD 2017 为用户提供了 SHX 字体（固有字体）和 TrueType 字体（Windows 字体，如宋体、仿宋体等）两种字体，字体名下拉列表中列出了 Fonts 文件夹中所有注册的 TrueType 字体和编译的形（SHX）字体的字体族名。

**图 6-2 "新建文字样式"对话框**

3)字体样式：用于指定字体格式，如粗体、斜体等。字体名选择 SHX 字体后，选定使用大字体，则用于选择大字体文件。

4)"注释性"：指定文字为注释性。减少在非 1：1 比例出图的时候对文字高度、标注等的调整。

**注意：**注释性必须和布局配合起来使用。

5)"高度"：根据输入的值设置文字高度。

6)"效果"：根据选中的复选框设置文字的显示样式。

7)"宽度因子"：设置宽度系数，确定输入文字的高宽比。

8)"置为当前"：将在"样式"下选定的样式置为当前。

9)"新建"：显示"新建文字样式"并自动设置为"样式 $n$"（其中 $n$ 为样式编号）。

10)"删除"：删除未使用的文字样式。

**(二)单行文本**

(1)执行方式。

功能区："注释"选项卡"文字"面板中单击"单行文本"按钮 ▣。

菜单栏："绘图"→"文字"→"单行文字"。

命令行：TEXT 或 DTEXT。

(2)选项说明。

1)指定文字的起点：用于指定文字的插入位置，可以直接在绘图区拾取一点作为插入文本的起始点。

2)对正(J)：用于指定输入的单行文本的对齐方式。

3)样式(S)：用于指定当前创建的单行文本采用的文字样式。

**提示：**用 TEXT 命令输入文本时，文本将直接显示在屏幕上，并且文本输入完成后可以不退出命令，直接在另一处需要输入文字的地方单击即可。

**注意：**在输入单行文字时，按 Enter 键不会结束文字输入，而表示换行。单击两次 Enter 键则表示完成文本输入。

(3)操作步骤。

命令行：T✓

指定第一角点：                                        (指定单行文本的起点)

指定对角点或[高度(H)/对正(J)/行距(L)/旋转(R)/样式(S)/宽度(W)/栏(C)]：

                                                (指定单行文本的对角点：)

创建完成的单行文本效果如图 6-3 所示。

**(三)特殊符号输入**

在实际绘制图样中，有些符号是不能直接输入的，如直径符号、温度符号等，因此，

# 某教学楼建筑总平面图

图 6-3　单行文本

AutoCAD 提供了相应的特殊符号控制符来实现相应文本的注写要求。特殊控制符由两个百分号（％％）和一个字符构成，常用的特殊符号控制符及功能见表 6-1。

表 6-1　常用的特殊符号控制符及功能

| 符号 | 功能 |
| --- | --- |
| ％％O | 上划线 |
| ％％U | 下划线 |
| ％％D | "度数"符号 |
| ％％P | "正/负"符号 |
| ％％C | "直径"符号 |
| ％％％ | 百分号（％） |
| \U+00B2 | 平方 |

**提示**：％％O 和％％U 是上划线和下划线的开关，第一次出现此符号时打开上划线和下划线，再次出现时则是关闭上划线和下划线。同时，在提示下输入控制符时，控制符输完即显示相应的特殊符号。特殊符号也可使用快捷方式输入，采用命令行输入时，在文本框中单击鼠标右键，在符号子菜单中选择需要的特殊符号即可。也可单击鼠标右键"符号"→"其他"，在弹出的"字符映射表"选择，如图 6-4 所示。

**（四）多行文本**

（1）执行方式。

功能区："注释"选项卡"文字"面板中单击"多行文本"按钮█。

菜单栏："绘图"→"文字"→"多行文字"。

工具栏："绘图"→"多行文字"。

命令行：MTEXT。

（2）选项说明。

1）指定对角点：在绘图区任意位置拾取一个点作为矩形文本框的第二点，其宽度将作为输入多行文本框的宽度。

2）对正（J）：与单行文本中的对齐方式相同。

3）行距（L）：确定多行文本的行间距，即相邻两文本行基线之间的垂直距离。

4）旋转（R）：确定文本行的倾斜角度。

5）样式（S）：确定当前的文字样式。

6）宽度（W）：指定多行文本的宽度。在创建多行文本时，指定文本宽度后，AutoCAD 会打开如图 6-5 所示的多行文字编辑器，用户可以设置文字高度、文字样式及倾斜角度等。

7）栏（C）：可以将多行文字对象的格式设置为多栏，多行文本栏分为不分栏、静态栏和

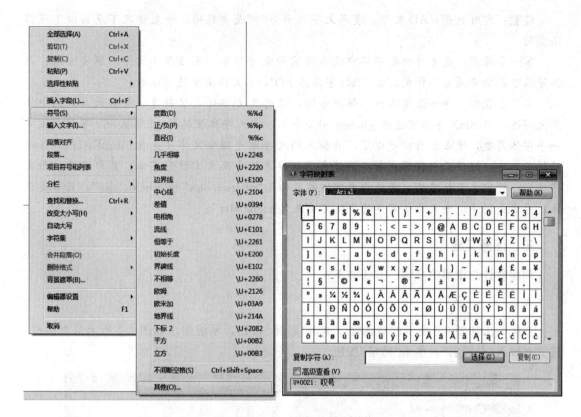

图 6-4　字符映射表

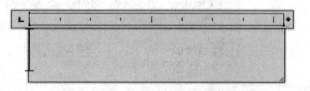

图 6-5　多行文字编辑器

动态栏三种形式。多行文本可以设置栏数、栏宽和栏高等。

提示：多行文字编辑器的界面与 Microsoft 的 Word 编辑器界面类似，在功能使用上趋于一致。多行文字主要用于创建较长、较复杂的内容，常用于编辑设计总说明、施工要求等。

注意：多行文本是一个整体，不能进行单独的编辑。

（五）文本编辑

菜单栏："修改"→"对象"→"文字"→"编辑"。

命令行：DDEDIT。

选中单行文本，单击鼠标右键，在弹出的快捷菜单中选择"编辑"命令，对单行文本内容进行编辑。如果要对多行文本进行编辑，则选中多行文本，单击鼠标右键，在弹出的快捷菜单中选择"编辑多行文字"命令，启动多行文本编辑器，对文本内容、文字样式等进行编辑、修改等。

**注意：**有时打开 CAD 文件，发现文字显示为"?"或者乱码，一般情况下是由以下原因造成的：

第一个原因：是当前的文字库中没有所需的文字字体，无法显示文字。解决方法：在浏览器下载所需的文字样式，在 CAD 字体库 FONTS 文件夹中进行添加。

第二个原因：字体设置不当。解决方法：在格式文字样式里新建一个样式名，选中使用大字体，在 SHX 字体里选择 gbenor. shx 字体，在大字体里选择 gbcbig. shx 字体，设定一个字体高度，单击应用就可以了，再输入的文字就是国标文字了。在 AutoCAD 2000 以后的版本中，提供了中国用户专用的符合国标要求的中西文工程形字体，其中有两种西文字体和一种中文长仿宋体，两种西文字体的名称是"gbenor. shx"和"gbeitc. shx"，前者是正体，后者是斜体。中文长仿宋体的字体名称是"gbcbig. shx"。

### 三、任务实施

创建设计总说明的步骤、方法如下：

命令行：st✓

系统弹出如图 6-6 所示的对话框，单击"新建"按钮，系统弹出如图 6-7 所示的对话框，样式名输入"总说明"，单击"确定"按钮。

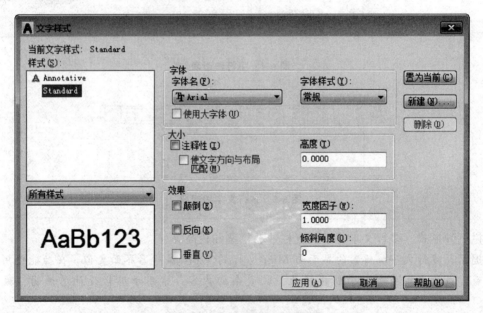

**图 6-6 "文字样式"对话框**

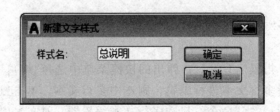

**图 6-7 "新建文字样式"对话框**

在样式名为"总说明"的文字样式对话框中，选择字体名称为"gbenor.shx"，选择"使用大字体"复选框，在大字体下拉菜单中选择"gbcbig.shx"，如图 6-8 所示。

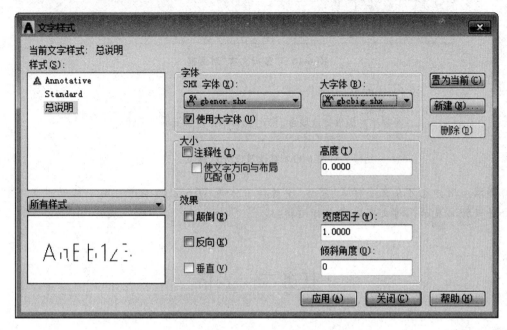

图 6-8　文字样式设置结果

单击"置为当前"按钮，并单击"关闭"按钮。

命令行：dt✓
指定文字的起点或[对正(J)/样式(S)]：
指定高度<10.0000>：300✓
指定文字的旋转角度<0>：✓

输入文字"设计总说明"，按 Esc 键退出编辑，如图 6-9 所示。

# 设 计 总 说 明

图 6-9　设计总说明

命令行：mt✓
指定第一对角点：
指定对角点或[高度(H)/对正(J)/行距(L)/旋转(R)/样式(S)/宽度(W)/栏(C)]：

系统弹出如图 6-10 所示的对话框，设置文字高度为 250，输入"设计总说明"内容，单击"确定"按钮，如图 6-11 所示。

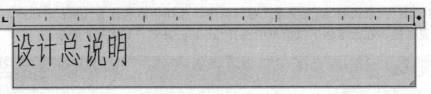

设计总说明

**图 6-10 "多行文本"对话框**

设计总说明
1.设计依据
1.1根据甲方提供的地形图、设计任务书及甲方批准的设计文件。
1.2现行国家有关建筑设计规范、规程、规定等。

**图 6-11 某建筑设计总说明**

**提示**：用户也可在文字样式"字体"中选择宋体等 Windows 自带字体，从而对文字重要部分进行加深显示，对文字内容进行编辑。

# 任务二  表格

**知识目标**

掌握创建表格样式及表格编辑的方法。

**能力目标**

能够灵活进行表格应用。

## 一、任务描述

用户可以使用 AutoCAD 提供的表格样式，也可以调用外部表格，为绘图提供方便。本节内容结合实例介绍了表格标注样式的设置及表格的编辑。

## 二、任务资讯

### (一)创建表格样式

与文字样式一样，AutoCAD 中的表格都有与其对应的样式。当插入表格对象时，默认的表格样式是 Standard。

(1)执行方式。

菜单栏："格式"→"表格样式"。

命令行：TABLESTYLE。

执行上述操作之一后，系统弹出如图 6-12 所示的对话框。单击"新建"按钮，系统弹出"创建新的表格样式"对话框，如图 6-13 所示。输入新样式名后，单击"继续"按钮，系统弹出"新建表格样式"对话框，如图 6-14 所示，从中可以定义新的表格样式。

"新建表格样式：Standard 的副本"对话框中有 3 个选项卡："常规""文字"和"边框"，分别

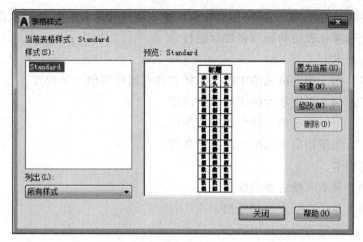

**图 6-12 "表格样式"对话框图**

用于设置表格中数据、表头和标题的有关参数。

（2）选项说明。

1）"常规"选项卡。

"填充颜色"：指定单元格的背景颜色，默认为
"无"。

"对齐"：设置表格单元中文字的对齐和对正
方式。

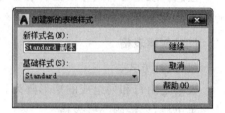

**图 6-13 "创建新的表格样式"对话框**

"格式"：为表格中的"数据""列标题"和"行标题"设置数据类型和格式。

"类型"：将单元样式指定为标签或数据。

"水平"：设置单元格中文字或块与左右单元边界之间的距离。

"垂直"：设置单元格中文字或块与上下单元边界之间的距离。

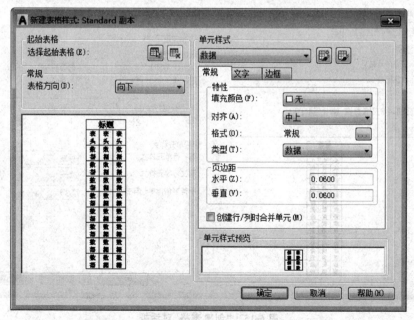

**图 6-14 "新建表格样式：Standard 副本"对话框**

"创建行/列时合并单元"：将使用当前表格样式创建的所有新行和新列合并为一个单元格，可以使用此选项在表格的顶部创建标题行。

2)"文字"选项卡。

"文字样式"：用于指定单元格中的文字样式和列出可用的文字样式。

"文字高度"：用于指定单元格中的文字高度。

"文字颜色"：用于指定单元格中的字体颜色。

"文字角度"：用于指定单元格中的文字角度。

3)"边框"选项卡。

"线宽"：用于显示表格边界的线宽。

"线型"：用于显示边框采用的线型。

"颜色"：用于指定边框的显示颜色。

"双线"：设定表格边框为双线。

**注意**：表格的样式可以控制表格的外观，通过表格样式的设置可以保证表格具有同一的字体、高度和行距等。

**(二)创建表格**

(1)执行方式。

表格是由行和列组成的矩形阵列，表格样式设置好后，可以通过以下方式插入表格：

菜单栏："绘图"→"表格"。

工具栏："绘图"→"表格"。

命令行：TABLE。

(2)选项说明。

执行上述操作之一后，系统弹出如图 6-15 所示对话框。

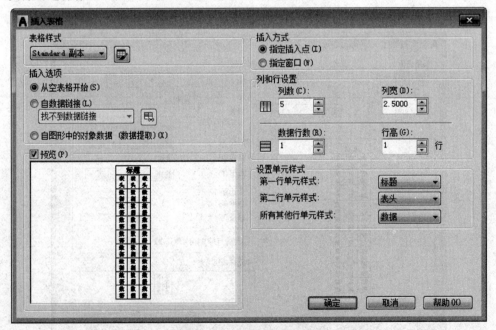

图 6-15 "创建表格"对话框

1)"表格样式"：可以在下拉列表中选择表格样式，也可以单击右侧▣按钮，启动"表格样式"对话框。

2)"从空表格开始"：创建可以手动填充数据的空表格。

3)"指定插入点"：指定表格左上角在图形中的插入位置。

4)"指定窗口"：指定表格的大小和位置。

5)"列和行设置"：设置列和行的数目和大小。

**提示**：（1）用户可以直接在 Excel 中复制表格作为 AutoCAD 表格对象粘贴到图形中，也可以从外部导入表格对象。

（2）AutoCAD 也可输出表格数据，以供在 Word 和 Excel 或其他程序中使用。

（3）按 Tab 键或使用箭头向左、向右、向上和向下移动，自动移动到下一单元格中。

### (三)添加表格行和列

在使用表格时，有时发现原来的表格不够用了，需要添加新的行和列。在要添加列或行的表格单元格内单击，在弹出的表格对话框中选择插入列或行的位置。

### (四)表格文字编辑

（1）执行方式。

命令行：TABLEEDIT。

快捷菜单：选定表格中一个或多个单元格后单击右键，在弹出的快捷菜单中选择"编辑文字"命令。

定点设备：在表格单元内双击。

（2）操作步骤。

执行上述操作之一后，系统弹出多行文字编辑器，用户可以对指定单元格中的文字进行编辑。

**提示**：（1）在选定的单元格中按 F2 键，可以快速编辑单元文字。

（2）用户可以在指定单元格中插入公式，进行求和等运算。

## 三、任务实施

### 1. 门窗表

命令行：Table↙

系统弹出如图 6-15 所示的对话框，在对话框内设置列数 3，行数 4，单击"确定"按钮，如图 6-16 所示。

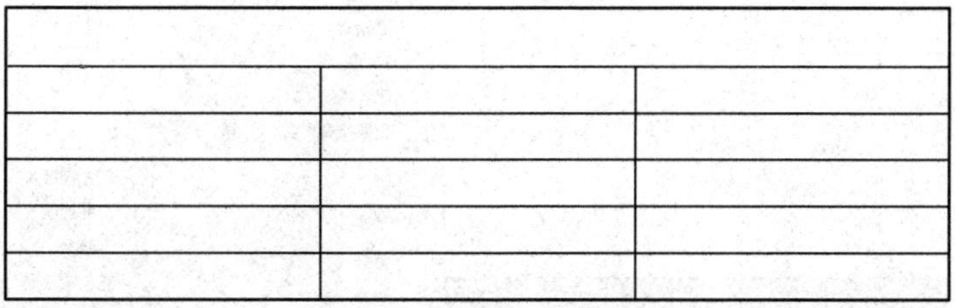

| | | |
|---|---|---|
| | | |
| | | |
| | | |
| | | |
| | | |

**图 6-16　"插入表格"完成**

在表格中双击单元格，编辑单元格内文字。

选择最下方单元格对象，在左下方位置单击鼠标左键，选中整行单元格，再单击鼠标右键，在弹出的快捷菜单中选择"在下方插入行"选项，如图 6-17 所示。

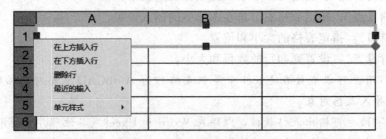

图 6-17　在"下方插入行"选项

执行上述操作后，即可添加行，效果如图 6-18 所示。

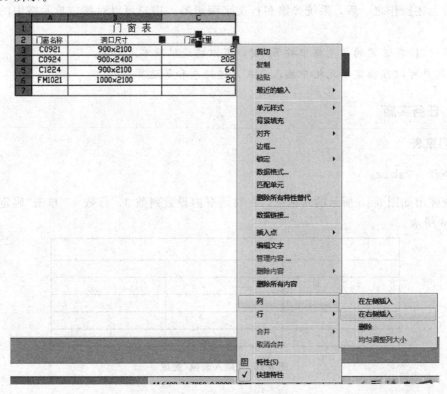

图 6-18　添加行

选择最右侧的单元格，单击鼠标右键，在弹出的快捷菜单中选择"在右侧插入"选项，如图 6-19 所示。

图 6-19　"从右侧插入"选项

执行上述操作之后，即可添加列，如图 6-20 所示。

| 门 窗 表 | | | |
|---|---|---|---|
| 门窗名称 | 洞口尺寸 | 门窗数量 | |
| C0921 | 900x2 100 | 2 | |
| C0924 | 900x2 400 | 202 | |
| C1224 | 900x2 100 | 64 | |
| FM1021 | 1 000x2 100 | 20 | |
| | | 0 | |

图 6-20　添加列

## 2. A3 建筑图纸样板图形

命令行：table↙

新建行数为 4，列数为 4 的表格，通过"移动""合并单元格"命令，生成表格如图 6-21 所示。

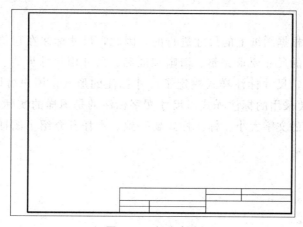

图 6-21　新建表格

双击表格单元，进行文字填写，将图名、校名设置字高为 10，其他设置为 7，如图 6-22 所示。

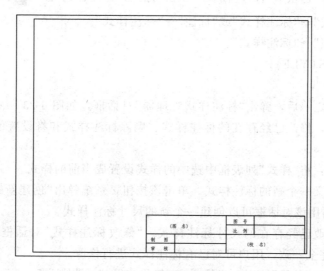

图 6-22　A3 图纸样板

# 任务三　尺寸标注

**知识目标**

1. 掌握尺寸标注样式的设置；
2. 掌握图样尺寸标注方法。

**能力目标**

能够灵活对图样进行规范、合理、完整的尺寸标注。

## 一、任务描述

建筑工程施工是根据图纸上的尺寸进行的，因此，尺寸标注在建筑工程图样中占有重要地位，对于所标注的尺寸要求完整、清晰和准确。尺寸由尺寸界线、尺寸线、尺寸起止符号和尺寸文字组成，尺寸标注样式决定了尺寸标注的形式，用户可以在"标注样式管理器"对话框中设置需要采用的标注样式。尺寸文字标注的是图样的实际尺寸，与比例无关。同一张图纸上，标注的文字大小、标注样式要一致。本任务介绍了图样尺寸标注样式的设置及尺寸标注的方法。

## 二、任务资讯

### (一)尺寸样式

在进行尺寸标注时，要建立尺寸的标注样式，默认的尺寸标注样式为 Standard 样式。

(1)执行方式。

功能区："注释"选项卡"标注"面板中单击"标注，标注样式"按钮 。

菜单栏："格式"→"标注样式"或"标注"→"标注样式"。

工具栏："标注"→"标注样式"。

命令行：DIMSTYLE。

(2)选项说明。

执行上述操作之一后，弹出"标注样式管理器"对话框，如图 6-23 所示。在该对话框内可以新建标注样式，修改已经存在的标注样式、删除标注样式和将设置的标注样式设置为当前样式等。

1)"置为当前"：将"样式"列表框中选中的样式设置成当前的样式。

2)"新建"：定义一个新的标注样式。单击该按钮，系统弹出"创建新标注样式"对话框，如图 6-24 所示。利用该对话框可以创建一个新的尺寸标注样式。

3)"修改"：修改已经存在的尺寸标注样式。"修改标注样式"对话框与"创建新标注样式"对话框中内容完全一致，用户可对已有标注样式进行修改。

4)"替代"：单击"替代"按钮，系统弹出"替代当前样式"对话框，用户可以在该对话框

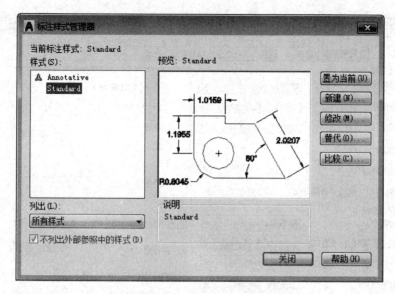

图 6-23 "标注样式管理器"对话框

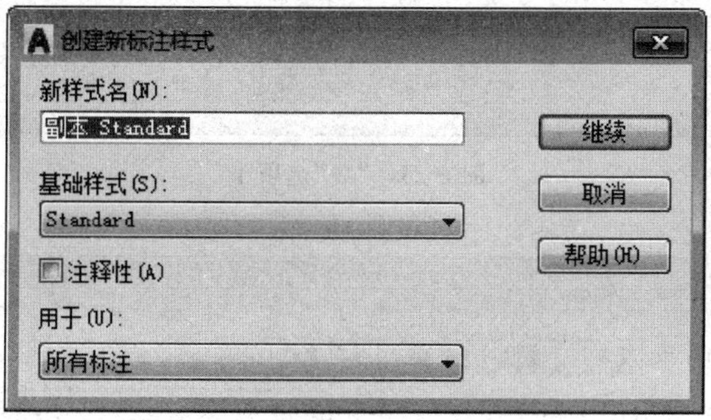

图 6-24 "创建新标注样式"对话框

内设置当前样式的临时替代样式,该操作只对指定的尺寸对象进行修改,修改后并不影响原来系统量的设置。

5)"比较":比较两个尺寸标注样式在参数上的区别或浏览一个尺寸标注样式的参数设置。

下面对"新建尺寸标注样式"对话框中的主要选项卡进行说明:

1)"线"选项卡:

"新建标注样式"对话框中的"线"选项卡主要对尺寸标注的尺寸线、尺寸界线的特性进行设置,如图 6-25 所示。

"尺寸线":用于设置尺寸标注中尺寸线的特性。

"尺寸界线":用于设置尺寸标注中尺寸界线的特性。

2)"符号和箭头"选项卡:该选项卡主要设置尺寸起止符的样式和大小等特性,如图 6-26 所示。

3)"文字"选项卡:该选项卡主要设置尺寸文字的文字样式,位置和对齐方式等特性,如图 6-27 所示。

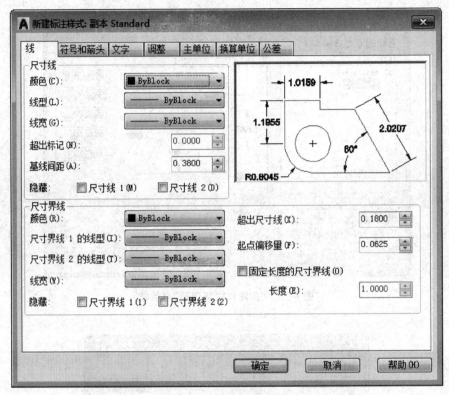

图 6-25 "线"选项卡

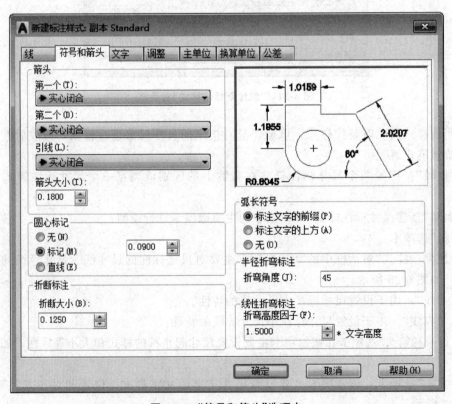

图 6-26 "符号和箭头"选项卡

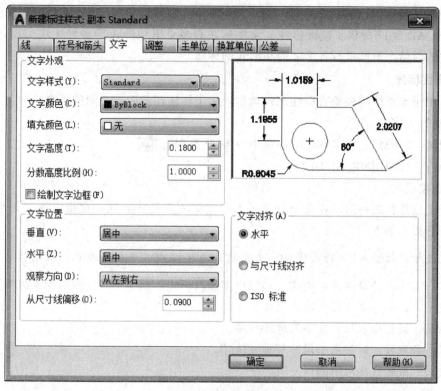

图 6-27  "文字"选项卡

4)"主单位"选项卡：该选项卡主要设置尺寸数字的单位格式、精度等特性，如图 6-28 所示。

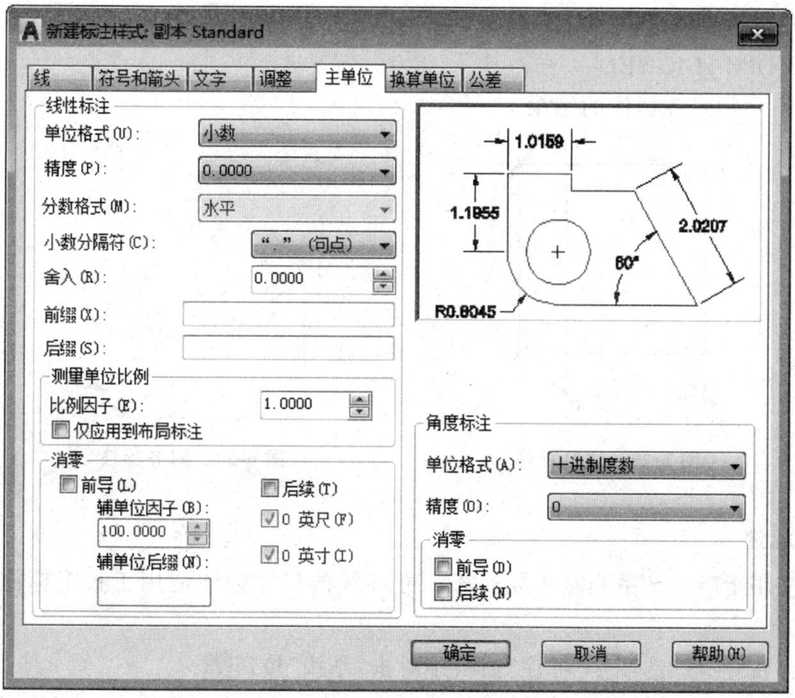

图 6-28  "主单位"选项卡

### (二)尺寸标注

AutoCAD 2017 提供了线性标注、角度标注和多重引线标注等多种标注类型，可以快捷、方便的对给定图样进行各个方向和形式的标注。

**1. 线性标注**

主要用于水平标注和垂直标注两种类型，用于标注任意两点之间的距离。

(1)执行方式。

功能区："注释"选项卡"标注"面板中单击"线性"按钮　。

命令行：DIMLINEAR/DLI。

(2)选项说明。

执行上述操作之一后，在命令行提示下指定第一条尺寸界线，在指定第二条尺寸界线后，命令行提示如下：

指定尺寸线位置或［多行文字(M)/文字(T)/角度(A)/水平(H)/垂直(V)/旋转(R)］：

1)多行文字：选择该选项则进入多行文字编辑模式，其中＜　＞内值为系统测量值。

2)文字：以单行文本形式输入尺寸文字。

3)角度：设置输入尺寸文字的旋转角度。

4)水平和垂直：标注水平尺寸和垂直尺寸。

5)旋转：旋转标注对象的尺寸线。

图 6-29 所示为对图形进行线性尺寸标注的结果。

**2. 对齐标注**

使用"对齐标注"命令标注的尺寸线与所标注的轮廓线平行，标注的是起始点和终止点之间的线性尺寸。

功能区："注释"选项卡"标注"面板中单击"已对齐"按钮　。

命令行：DIMALIGNED。

图 6-30 所示为对齐标注的结果。

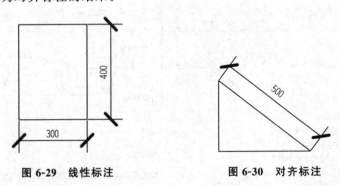

图 6-29　线性标注　　　　　　图 6-30　对齐标注

**3. 基线标注**

基线标注用于产生一系列基于同一条尺寸界线的尺寸标注适用于长度标注、角度标注和坐标标注。

功能区：在"注释"选项卡"标注"面板中单击"基线"按钮　。

命令行：DIMBASELINE。

图 6-31 所示为基线标注的结果。

**4. 连续标注**

连续标注又称尺寸链标注，用于产生一系列连续的尺寸标注，在进行连续标注方式之前，应该先标注一个相关的尺寸。

功能区："注释"选项卡"标注"面板中单击"连续"按钮。

命令行：DIMCONTINUE。

图 6-32 所示为连续标注的结果。

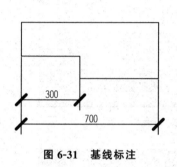

图 6-31 基线标注

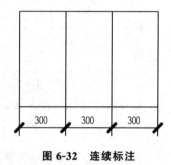

图 6-32 连续标注

**5. 引线标注**

引线标注不仅可以标注特定的尺寸，如圆角、倒角等，也可以在图中添加多行旁注、说明。在引线标注中，指引线可以是折线，也可以是曲线。指引线端部可以有箭头，也可以没有箭头。

命令行：QLEADER。

执行上述操作后，命令行提示如下：

指定第一引线点或[设置(S)]<设置>：(确定一点作为指引线的第一点)
指定下一点：(输入指引线的第二点)
指定下一点：(输入指引线的第三点)

AutoCAD 提示用户输入点的数目由"引线设置"对话框确定，如图 6-33 所示。输入指引线的点后，命令行的提示如下：

指定文字高度<0.0000>：(输入多行文本的宽度)
输入注释文字的第一行<多行文字(M)>：

此时，有以下两种方式进行输入选择：

(1)输入注释文字的第一行：在命令行中输入第一行文本。

(2)多行文字(M)：打开多行文本编辑器，输入、编辑多行文字。

如果在命令行提示下按 Enter 键或输入"S"，系统弹出"引线设置"对话框，可以对引线标注进行设置。

**提示**：在"引线和箭头"选项卡中设置输入点的数目比用户期望的指引线段数多 1。如果选中"无限制"复选框，AutoCAD 会一直提示用户输入点直到连续按 Enter 键两次为止，如图 6-34 所示。

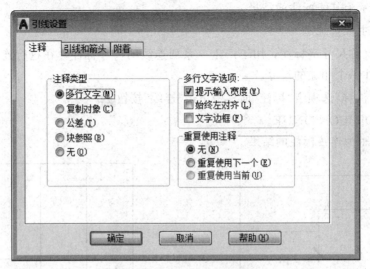

图 6-33　"引线设置"对话框

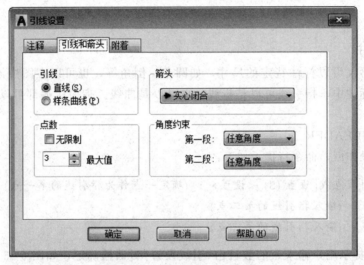

图 6-34　"引线和箭头"选项卡

小结

　　本项目主要讲解文字、尺寸的标注及表格的设置，要求读者能够对图样进行合理、完整、准确的尺寸、文字标注，能够创建表格，并制作图纸目录、门窗表等。

操作与练习

　　1. 文字标注——设计总说明(部分)。
　　(1)目的要求。通过本实例的练习，使读者灵活掌握文字样式设置、文本的输入及编辑。

（2）操作提示。

1）新建文字样式名称为"建筑施工图设计总说明"，字体名称为"仿宋体 _GB2312"，字体样式为"常规"，文字高度为500，并"置为当前"。

2）单行文本输入"建筑施工图设计总说明"。

3）新建文字样式名称为"正文"，字体名称为"仿宋体 _GB2312"，字体样式为常规，文字高度为350，并"置为当前"。

文本输入结果如图6-35所示。

### 建筑施工图设计总说明

一、设计依据
建设单位提供的设计任务书、设计要求及相关的技术文件。
2.现行国家有关建筑设计规范、标准：
《民用建筑设计通则》　　　　　GB 50352—2005
《建筑设计防火规范》　　　　　GB 50016—2014
《广播电视建筑设计防火规范》　GY 5067—2003
《屋面工程技术规范》　　　　　GB 50345—2012
《无障碍设计规范》　GB 50763—2012
《公共建筑节能设计标准》　　　GB 50189—2015
二、工程概况
1．建筑名称：××新区新闻会展中心。
2．建设地点：北临纬二路、南临景政东街、西临世纪大道、东
临纬五路。
3．工程组成：本工程由两部分组成，分别为新闻中心和会展中心。

**图6-35　建筑施工图设计总说明**

2. 表格——图纸目录（部分）。

（1）目的要求。通过本实例的练习，使读者灵活掌握表格的创建和表格内文字的编辑。

（2）操作提示。

1）根据图纸目录要求创建表格。

2）设置文字样式并置为当前，设置单元格内文字对齐方式为"正中"。

3）选定单元格，双击单元格进行文字输入及编辑。

4）根据需要插入行或列，或者删除不需要的单元格。

5）设置单元格边框形式为"随层"。

创建表格结果如图6-36所示。

| 图纸目录 | | | |
|---|---|---|---|
| 序号 | 图号 | 图纸名称 | 图幅 |
| 1 | 建施-01 | 设计说明、图纸目录 | A1 |
| 2 | 建施-02 | 材料做法表 | A1 |
| 3 | 建施-03 | 房间做法表 | A1+1/4 |
| 4 | 建施-04 | 1区地下一层平面图 | A0 |
| 5 | 建施-05 | 1区一层平面图 | A0 |
| 6 | 建施-06 | 1区二层平面图 | A0 |
| 7 | 建施-07 | 1区三层平面图 | A0 |
| 8 | 建施-08 | 1区四层平面图 | A0 |
| 9 | 建施-09 | 1区屋顶平面图 | A0 |
| 10 | 建施-10 | 2区地下一层平面图 | A1+1/4 |
| 11 | 建施-11 | 2区一层平面图 | A1+1/4 |

**图6-36　图纸目录**

3. 尺寸标注。

(1)目的要求。通过本实例的练习，如图 6-37 所示，使读者能够灵活掌握尺寸标注样式的设置和合理、正确地标注图样尺寸。

(2)操作提示。

1)根据图样要求创建图层。

2)创建尺寸标注样式。

3)合理、完整、准确标注尺寸。

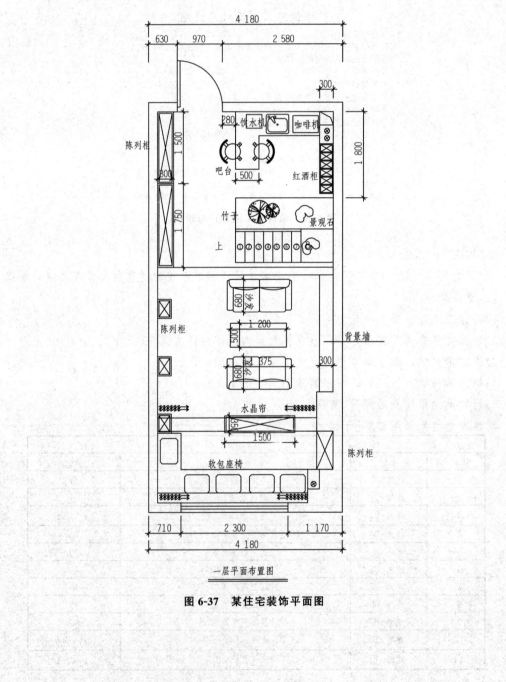

一层平面布置图

**图 6-37 某住宅装饰平面图**

# 项目七　打印输出图形

## 任务一　在模型空间中打印图纸

### 一、任务描述

图形绘制完成后，需要通过打印机或者绘图仪在模型空间或者布局空间将图样输出到图纸上。模型空间是用户绘制和编辑图形的工作空间，AutoCAD 2017 中，用户可以在模型空间中打印或输出图纸。

本任务要求读者掌握模型空间中打印图纸的方法。

### 二、任务资讯

**(一)模型空间打印设置**

(1)执行方式。

功能区：在"输出"选项卡"打印"面板中单击"打印"按钮🖨。

菜单栏："文件"→"打印"。

命令行：PLOT。

快捷键：Ctrl+P。

(2)选项说明。

执行上述操作之一后，系统弹出"打印—模型"对话框，如图7-1所示。在该对话框内设置好参数后，单击"确定"即可打印。

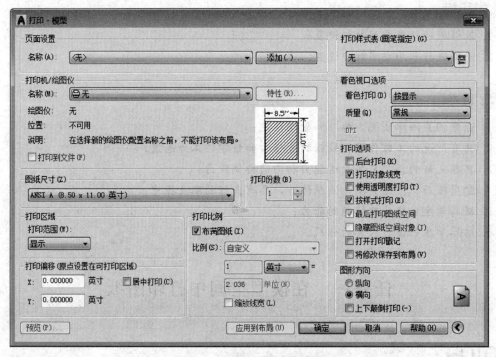

**图7-1 "打印—模型"对话框**

1)页面设置：显示在页面设置管理器中设置的打印名称或上一次打印。

2)打印机/绘图仪：在下拉列表中选择与电脑连接的打印机或绘图仪名称。

3)"图纸尺寸"：下拉列表中列出了打印设备支持和用户使用"绘图仪器配置编辑器"自定义的图纸尺寸。

4)打印范围：用于设置打印的范围，包括"窗口""范围""图形界限"和"显示"4个选项，用户一般可利用窗口选项指定对角点选定打印范围。

5)"打印比例"：用于设置图样的打印输出比例。用户在绘制图样时一般选用1∶1的比例绘制，打印输出时则需要根据图样标注的比例输出。系统默认的选项是"布满图纸"，即系统自动根据图样及打印范围调整缩放比例，使所绘图样充满打印图纸。用户可以直接在下拉列表中选择打印常用比例，也可以通过"自定义"选项设置用户指定的打印比例。其中，第一个文本框表示图纸尺寸单位，第二个文本框表示图形单位。如自定义打印比例 1∶25，则需要在第一个文本框中输入 1，第二个文本框中输入 25，表示图纸上 1 个单位代表实际图形中 25 个单位，如图 7-2 所示。

6)"打印偏移"：在该选项区可以确定打印区域相对于图纸左下角点的偏移量。

7)"打印样式表"：在下拉列表中显示用于"模型"或"布局"打印能够使用的打印列表样式，每一种打印样式对应不同的打印外观，如图 7-3 所示。

**图 7-2 "打印比例"选项区域**

8)"着色视口选项"：用于选择彩色打印模式，如按显示、线宽等，如图 7-4 所示。

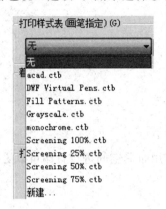

图 7-3 "打印样式表"下拉列表框

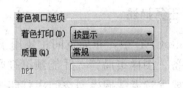

图 7-4 "着色视口选项"选项区域

9)"打印选项"：列出了控制影响对象打印方式的选项，包括后台打印、按样式打印等，如图 7-5 所示。

10)"图形方向"：用于设置打印图纸方向，包括横向、纵向等，如图 7-6 所示。

图 7-5 "打印选项"选项区

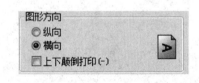

图 7-6 "图形方向"选项区

## (二)打印预览

在 AutoCAD 中完成页面设置后，发送到打印机之前，可以对打印的图形进行预览，便于发现和修改错误。

功能区：在"输出"选项卡"打印"面板中单击"预览"按钮 🔳。

菜单栏："文件"→"打印预览"。

命令行：PREVIEW。

程序菜单："应用程序"→"打印"→"打印预览"。

执行上述操作之一后，在屏幕上会显示按照当前页面设置、绘图设备设置等最终要输出的图形。

**提示**：用户在预览打印的图形时，需要为图形添加打印设备，否则将不能进行预览。

# 任务二　在布局空间中打印图纸

**知识目标**

掌握布局空间输出图样的方法。

**能力目标**

能够在布局空间中打印图纸。

## 一、任务描述

在 AutoCAD 中，布局空间主要用于打印出图。使用布局空间进行打印可以更方便地设置打印设备、图样布局等，并能预览打印效果。

本节要求读者掌握模型空间中打印图纸的方法。

## 二、任务资讯

### (一)切换至布局空间

按钮法：单击布局标签中的"模型"或"布局"进行选择。

命令行：命令行中输入 MSPACE 或 PSPACE 进行模型与布局的切换，如图 7-7 所示。

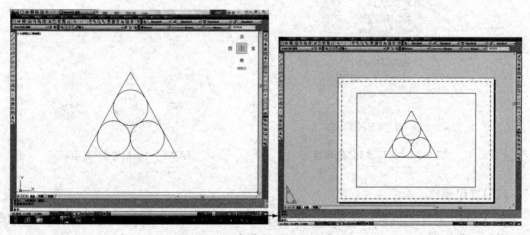

图 7-7 "模型空间"→"布局空间"

### (二)创建打印布局

当默认的布局选项不能满足绘图需要时，可以创建新的布局空间。

(1)执行方式。

菜单栏："插入"→"布局"→"创建布局向导"。

命令行：LAYOUTWIZARD。

(2)操作说明。

执行上述操作之一后，系统弹出"创建布局－开始"对话框。

输入新布局名称，单击"下一步"按钮，系统弹出"创建布局－打印机"对话框，如图 7-8 所示，添加需要的打印机。

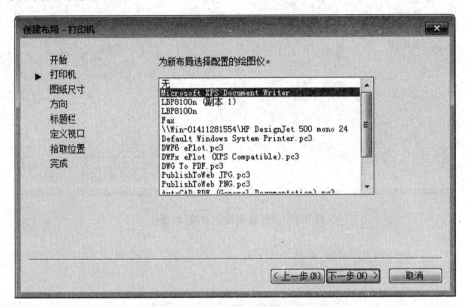

**图 7-8** "创建布局－打印机"对话框

单击"下一步"按钮，弹出"创建布局－图纸尺寸"对话框，如图 7-9 所示，在右侧下拉列表中选择图纸尺寸。

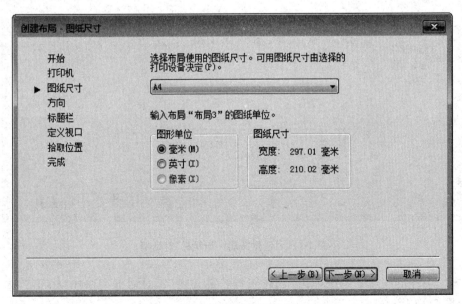

**图 7-9** "创建布局－图纸尺寸"对话框

单击"下一步"按钮，系统弹出"创建布局－方向"对话框，如图 7-10 所示，选择打印图纸方向。

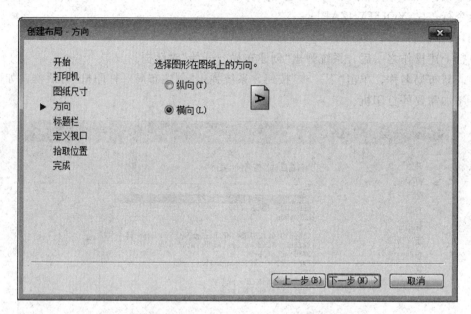

**图 7-10　"创建布局－方向"对话框**

单击"下一步"按钮，系统弹出"创建布局－标题栏"对话框，如图 7-11 所示，选择"无"。

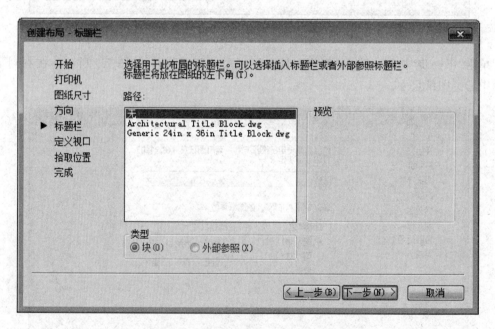

**图 7-11　"创建布局－标题栏"对话框**

单击"下一步"按钮，系统弹出"创建布局—定义视口"对话框，选择"标准三维工程视图"，如图 7-12 所示。

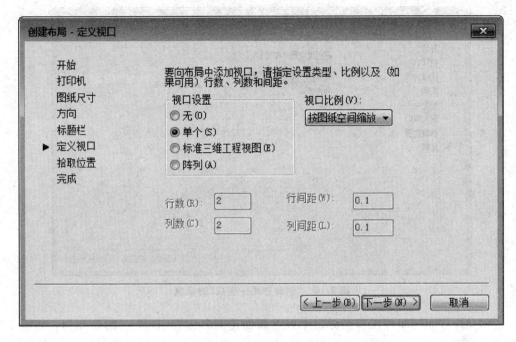

**图 7-12  "创建布局-定义视口"对话框**

单击"下一步"按钮,系统弹出"创建布局-拾取位置"对话框,保持默认选项,如图 7-13 所示。

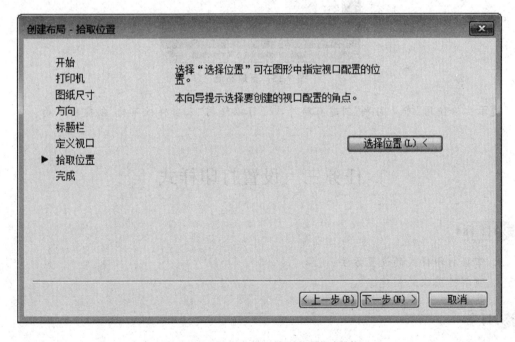

**图 7-13  "创建布局-拾取位置"对话框**

单击"下一步"按钮,系统弹出"创建布局-完成"对话框,新布局创建完成,单击"完成"按钮即可,如图 7-14 所示。

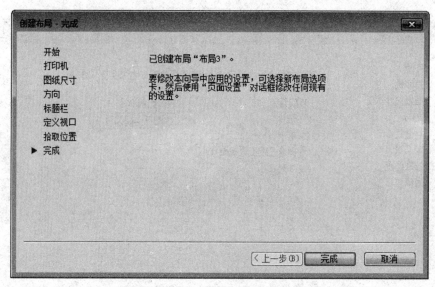

图 7-14　"创建布局—完成"对话框

返回操作界面，即可在布局标签中查看新创建的名称为"布局 3"的新布局，如图 7-15 所示。

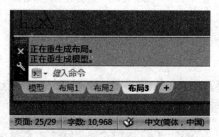

图 7-15　新建布局

提示：除使用"布局向导"创建布局外，还可以使用"来自样板布局"创建新布局。

# 任务三　设置打印样式

**知识目标**

1. 掌握打印样式的设置方法；
2. 理解绘图仪的创建。

**能力目标**

能够设置打印样式。

## 一、任务描述

本节主要内容是掌握绘图仪的设置及使用绘图仪进行图纸打印的方法。

## 二、任务资讯

打印样式表包括端点、连接、填充图案、抖动、灰度、淡显等特性，通过设置和修改打印样式表来控制图形的打印外观。创建打印样式表的方式如下：

菜单栏："工具"→"向导"→"添加打印样式表"。

命令行：STYLESMANAGER。

选择"工具"→"向导"→"添加打印样式表"命令后，系统弹出"添加打印样式表"对话框，如图 7-16 所示，若执行 STYLESMANAGER 命令，则弹出"添加绘图向导"对话框，如图 7-17 所示，双击"添加打印样式表向导"则弹出如图 7-16 所示的对话框。

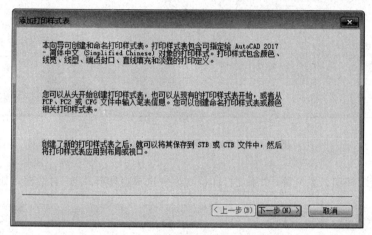

**图 7-16** "添加打印样式表"对话框

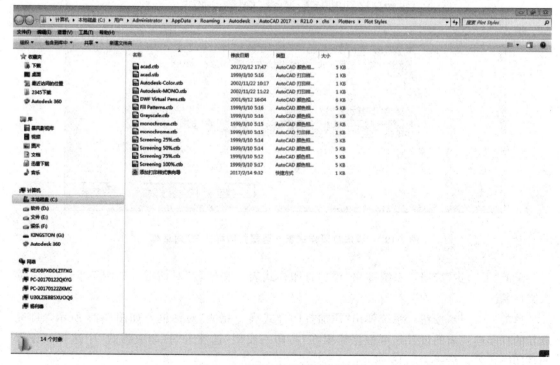

**图 7-17** "添加绘图向导"对话框

单击"下一步"按钮，系统弹出"添加打印样式表－开始"的对话框，如图 7-18 所示。

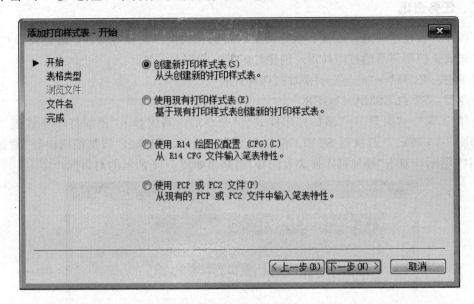

**图 7-18　"添加打印样式－开始"对话框**

单击"下一步"按钮，系统弹出"添加打印样式表－选择打印样式表"对话框，如图 7-19 所示。

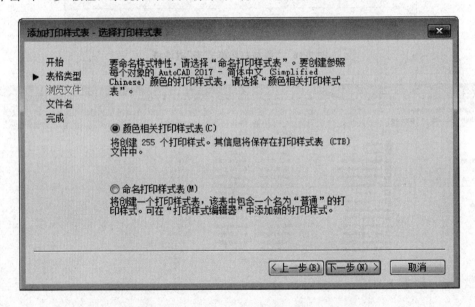

**图 7-19　"添加打印样式表－选择打印样式表"对话框**

单击"下一步"按钮，系统弹出"添加打印样式表－文件名"对话框，如图 7-20 所示，输入文件名。

单击"下一步"按钮，系统弹出"添加打印样式表－完成"对话框，如图 7-21 所示，即完成新的打印样式表的设置，可根据需要在"打印—模型"选项卡"打印表样式"中选择新设置的打印样式表，后缀为 .ctb。

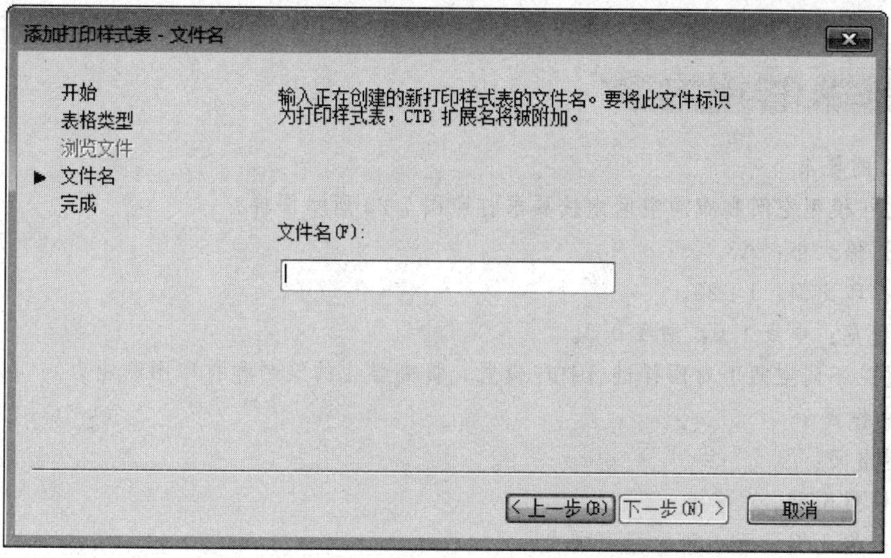

图 7-20　"添加打印样式表－文件名"对话框

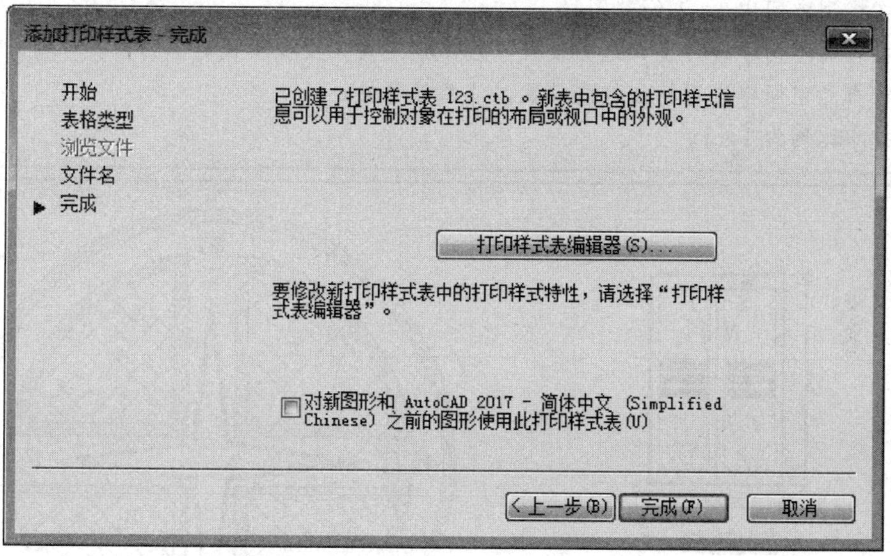

图 7-21　"添加打印样式表－完成"对话框

　　**提示：**（1）打印样式表有彩色打印相关样式表和命名打印相关样式表两种类型，彩色打印相关样式表定义有 255 个打印样式，每一种索引颜色对应一种打印样式，通过对象的显示颜色控制打印特征；命名打印样式相关表中样式数目不定，用户可以创建命名打印样式。

　　（2）可以在"打印样式表管理器"中添加、删除、重命名等打印样式。

 小结

本项目主要介绍了图样的输出方法，要求读者能够在模型空间或布局中输出图样。

**1. 目的要求**

分别在模型空间和布局空间中按要求打印图7-22所示图样。

(1)图幅大小：A3。

(2)打印比例：1:20。

(3)线宽：中线1.0，细线0.5。

通过在不同空间下对图样进行打印设置，提高学生的绘制和打印图纸能力。

**2. 操作提示**

模型空间：

(1)设置图层。

(2)根据比例设置不同的标注样式。

(3)打印设置中比例为1:20。

布局空间：

(1)在模型空间中1:1绘制图样。

(2)在布局空间中进行视口比例设置，注意锁定视口及设置视口不打印。

(3)在布局空间中进行标注样式设置，注意注释性。

(4)打印比例为1:1。

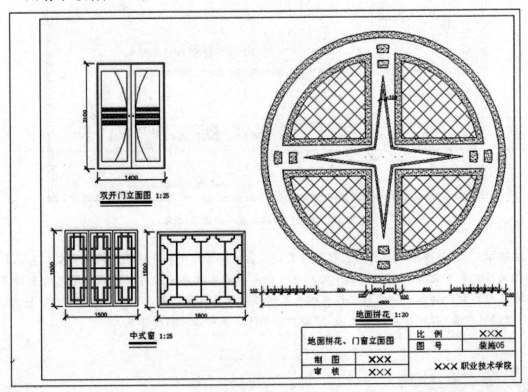

图 7-22　地面拼花、门窗立面图

# 项目八　住宅空间设计方案绘制

**知识目标**

1. 掌握住宅平面图、立面图、顶棚图的绘图步骤；
2. 熟悉图层、多线、文字、尺寸标注等命令的设置方法；
3. 了解住宅空间设计平面布局的合理方法，以及各种常用地面材料的填充方法。

**能力目标**

1. 能够灵活使用编辑命令修改图纸；
2. 能够在指定时间内完成复杂二维图形的绘制；
3. 能够在指定时间内完成室内平面布局图的绘制；
4. 能够在指定时间内完成室内空间顶棚图、室内空间立面图等图纸的绘制。

**素质目标**

1. 遵守相关法律法规、标准和管理规定；
2. 具有严谨的工作作风、较强的责任心和科学的工作态度；
3. 具备良好的语言文字表达能力和沟通协调能力；
4. 爱岗敬业，严谨务实，团结协作，具有良好的职业操守。

## 任务一　住宅设计平面图

**知识目标**

1. 掌握住宅平面图的绘图步骤；
2. 熟悉图层、多线、文字、尺寸标注等命令的设置方法。

**能力目标**

1. 能够灵活使用编辑命令修改图纸；
2. 能够灵活进行系统设置，创建合适的绘图环境；
3. 能够在指定时间内完成住宅设计平面图的绘制。

### 一、任务描述

用 AutoCAD 2017 软件绘制住宅设计平面图，如图 8-1 所示。

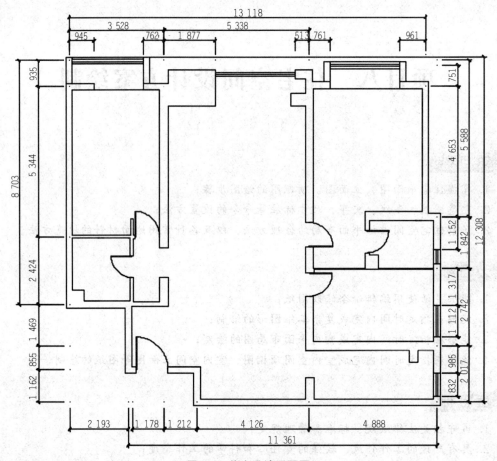

**图 8-1　住宅设计平面图**

## 二、任务资讯

### （一）系统设置

#### 1. 单位设置

在 AutoCAD 2017 中，以 1∶1 的比例绘制图样，到出图时，再考虑以 1∶100 的比例输出。因此，将系统单位设为毫米（mm），以 1∶1 的比例绘制，输入尺寸时无须换算，比较方便。

具体操作方法是，执行菜单栏中的"格式"→"单位"命令，弹出"图形单位"对话框，按图 8-2 所示进行设置，然后单击"确定"按钮完成。

#### 2. 图形界限设置

将图形界限设置为 A3 图幅。AutoCAD 2017 默认的图形界限为 420×297，已经是 A3 图幅，但是我们以 1∶1 的比例绘图，当以 1∶100 的比例出图时，图纸空间将被缩小 100 倍，所以，现在将图形界限设为 42000×29700，扩大 100 倍。命令操作如下：

命令：LIMITS↙

重新设置模型图形空间界限：

指定左下角点或 [开(ON)/关(OFF)] <0.0000, 0.0000> ：↙

（按 Enter 键接受默认值）

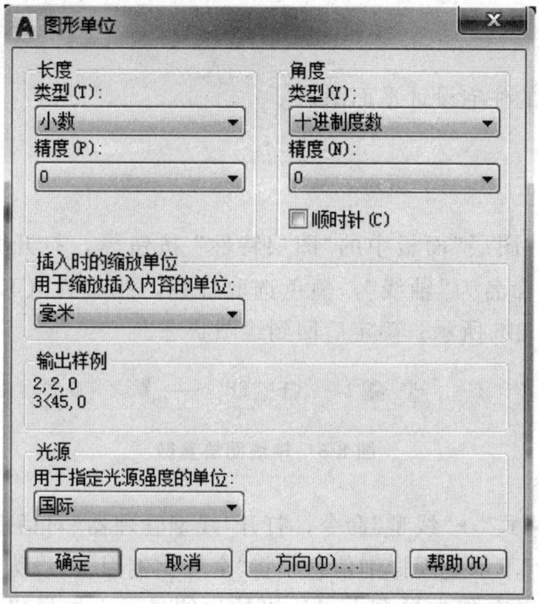

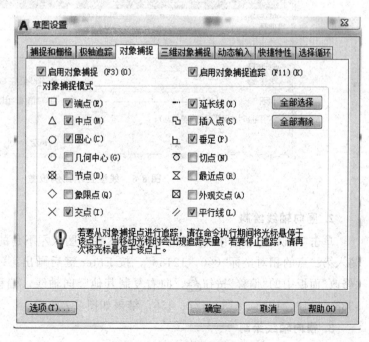

图 8-2　单位设置

指定右上角点 <420.0000, 297.0000> ：42000, 29700↙

### (二)对象捕捉设置

单击状态栏上"对象捕捉"右侧的小三角按钮，打开快捷菜单，如图 8-3 所示，选择"对象捕捉设置"命令，弹出"草图设置"对话框，打开"对象捕捉"选项卡，将捕捉模式按图 8-4 所示进行设置，然后单击"确定"按钮。

图 8-3　"对象捕捉"快捷菜单

图 8-4　"对象捕捉"选项卡

### 三、任务实施

绘制如图 8-1 所示的住宅设计平面图。

### (一)轴线绘制

#### 1. 建立轴线图层

单击"默认"选项卡"图层"面板中的"图层特性"按钮，打开"图层特性管理器"对话框，建立一个新图层，命名为"轴线"，颜色选取红色，线型为"CENTER"，线宽为默认，并设置为当前层，如图 8-5 所示。确定后回到绘图状态。

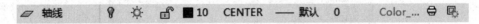

**图 8-5　轴线图层参数**

选择菜单栏中的"格式"→"线型"命令，打开"线型管理器"对话框，单击右上角"显示细节"按钮，"线型管理器"下部呈现详细信息，将"全局比例因子"设为 20，如图 8-6 所示。这样，点画线、虚线的样式就能在屏幕上以适当的比例显示，如果仍不能正常显示，可以上下调整这个值。

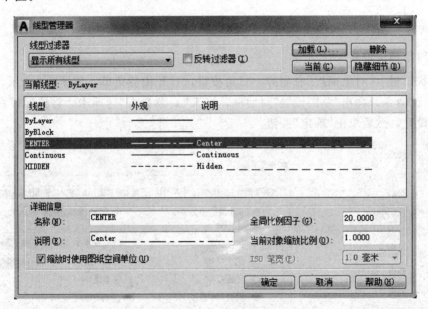

**图 8-6　线型显示比例设置**

#### 2. 竖向轴线绘制

单击"默认"选项卡中的"直线"按钮，在绘图区左下角的适当位置选取直线的初始点，输入第二点的相对坐标"@0，12188"，按 Enter 键后画出第一条轴线。单击"默认"选项卡"修改"面板中的"偏移"按钮，向右复制其他竖向轴线，偏移量分别是 2193、157、1178、5338、2118、1293、415、427、436，结果如图 8-7 所示。

#### 3. 横向轴线绘制

单击"默认"选项卡"绘图"面板中的"直线"按钮，用鼠标捕捉第一条竖向轴线上的端

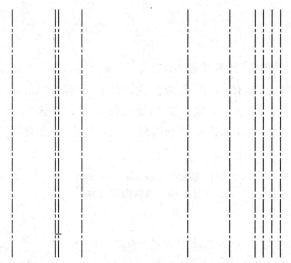

图 8-7 全部竖向轴线

点作为第一条横向轴线的起点，移动鼠标单击最后一条竖向轴线上的端点作为第一条横向轴线的终点，如图 8-8 所示，按 Enter 键完成。

图 8-8 横向轴线的绘制

同样单击"默认"选项卡"修改"面板中的"偏移"按钮，向下复制其他各条横向轴线，偏移量依次是 184、320、431、458、4195、691、1151、1273、1469、854 和 1162。这样，就完成整个轴线的绘制，结果如图 8-9 所示。

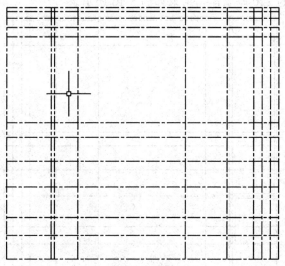

图 8-9 轴线

## (二)墙体绘制

### 1. 建立图层

单击“默认”选型卡“图层”面板中的“图层特性”按钮，打开“图层特性管理器”对话框，建立一个新图层，命名为“墙体”，颜色为白色，线型为实线“Continuous”，线宽为默认，并置为当前层，如图 8-10 所示。其次，将轴线图层锁定，单击“默认”选项卡“图层”面板中的“图层”下拉按钮，将鼠标移动到轴线层上单击“锁定/解锁”符号将图层锁定，如图 8-11 所示。

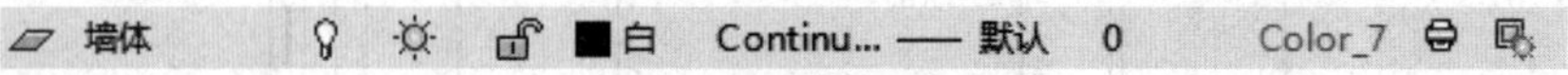


图 8-10 墙体图层参数

### 2. 墙体绘制

(1)设置“多线”的参数。选择菜单栏中的“绘图”→“多线”命令，按命令行提示进行操作：

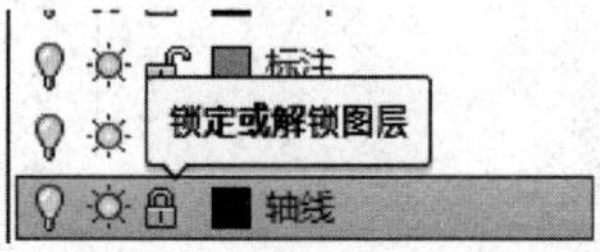


图 8-11 锁定轴线图层

MLINE

当前设置：对正=上，比例=20.00，样式=STANDARD (初始参数)

指定起点或[对正(J)/比例(S)/样式(ST)]：j↙ (选择对正设置)

输入对正类型[上(T)/无(Z)/下(B)]<上>：z↙ (选择两线之间的中点作为控制点)

当前设置：对正=无，比例=20.00，样式=STANDARD

指定起点或[对正(J)/比例(S)/样式(ST)]：s↙ (选择比例设置)

输入多线比例<20.00：>：240↙ (输入墙厚)

当前设置：对正=无，比例=240.00，样式=STANDARD

指定起点或[对正(J)/比例(S)/样式(ST)]：↙ (按 Enter 键完成设置)

(2)重复“多线”命令，当命令行提示“指定起点或[对正(J)/比例(S)/样式(ST)]：”时，用鼠标选取左下角轴线交点为多线起点，参考图 8-2 画出第一段墙体，如图 8-12 所示，用同样的方法画出剩余的 240 厚墙体，结果如图 8-13 所示。

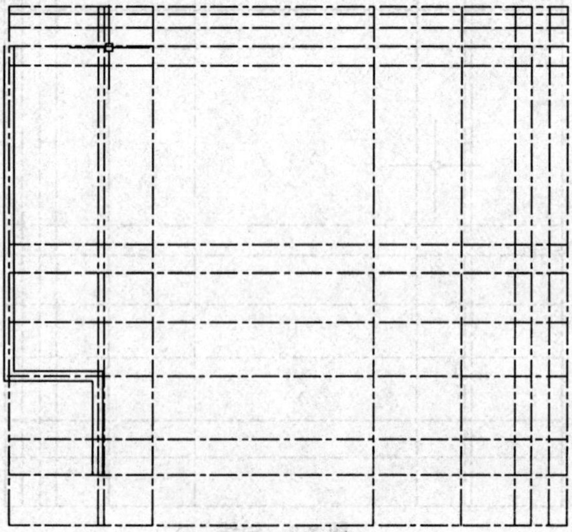

图 8-12 绘制墙体 1

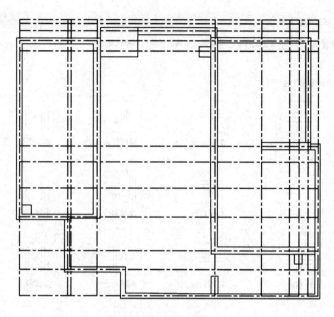

图 8-13　绘制墙体 2

(3)重复"多线"命令，仿照第(1)步中的方法将墙体的厚度定义为 120 厚，即将多线的比例设为 120。绘出剩下的 120 厚墙体及其他墙厚的墙体，结果如图 8-14 所示。

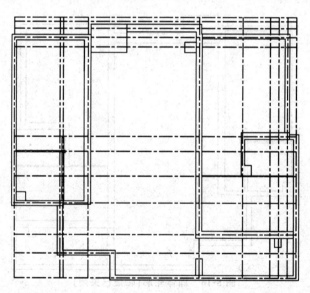

图 8-14　墙体草图

此时墙体与墙体交接处(也称节点)的线条没有正确搭接，所以需要用多线编辑工具(图 8-15)及其他编辑命令进行处理。

(4)使用多线编辑工具外的其他编辑命令需先对多线进行分解处理。单击"默认"选项卡"修改"面板中的"分解"按钮，将所有的墙体选中(轴线已锁定)，按 Enter 键确定。单击"默认"选项卡"修改"面板中的"修剪"按钮、"延伸"按钮等编辑命令多线，将每个节点进行处理，结果如图 8-16 所示。

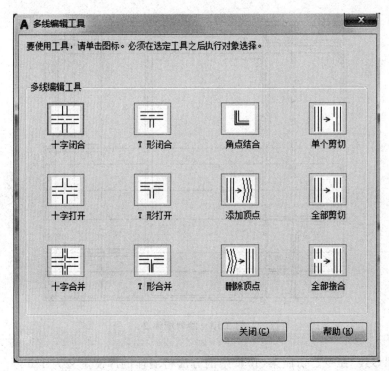

图 8-15 多线编辑命令

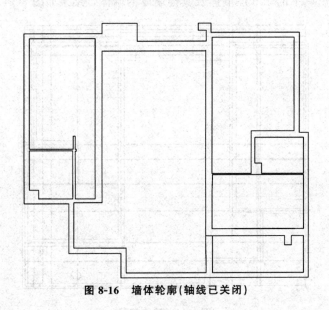

图 8-16 墙体轮廓（轴线已关闭）

### (三)门窗绘制

**1. 洞口绘制**

绘制洞口时，常以临近的墙线或轴线作为距离参照来帮助确定洞口位置。现在以餐厅门洞为例，如图 8-17 所示，拟画洞口宽 970，位于该段墙体的中下部，因此，洞口两侧剩余墙体的宽度为 884 与 120(到轴线)。具体操作如下：

(1)打开轴线层并解锁，将"墙体"层置为当前层。单击"默认"选项卡"修改"面板中的"偏移"按钮 ，将最后一根横向轴线向上复制出两根新的轴线，偏移量依次是 884、970，如图 8-18 所示。

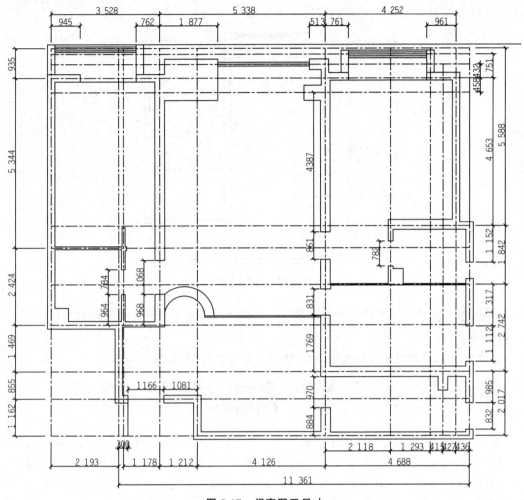

**图 8-17　门窗洞口尺寸**

（2）单击"默认"选项卡"修改"面板中的"修剪"按钮 /···，将两根轴线间的墙线剪掉。最后单击"默认"选项卡"绘图"面板中的"直线"按钮 /，将墙体剪断处封口，并将这两根轴线删除，这样一个门洞就画好了，结果如图 8-19 所示。

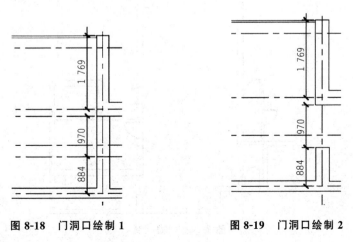

**图 8-18　门洞口绘制 1**　　　　**图 8-19　门洞口绘制 2**

（3）采用同样的方法，依照图 8-17 中提供的尺寸将余下的门窗洞口画出来，结果如图 8-20 所示。

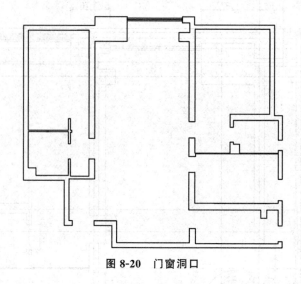

图 8-20　门窗洞口

**注意**：确定门窗洞口的画法多种多样，上述画法只是其中一种，读者可以灵活处理。

**2. 绘制门窗**

（1）建立"门窗"图层，参数如图 8-21 所示，并置为当前层。

| ✍ 门窗 | ♀ | ☼ | 🔓 □青 | Continu... | —— 默认 | 0 | Color_4 | 🖶 |

图 8-21　门窗图层参数

（2）对于门，可利用现成的图块直接插入，并给出相应的比例缩放，放置时需注意门的开启方向，若方向不对，则单击"默认"选项卡"修改"面板中的"镜像"按钮和"旋转"按钮进行左右翻转或内外翻转。如不利用图块，可以直接绘制，并复制到各个洞口上。

对于窗，可以利用多线命令绘制，直接在窗洞上绘制也是比较方便的，不必要采用图块插入的方式。首先，在一个窗洞上绘出窗图例。其次，复制到其他洞口上。在碰到窗宽不相等时，单击"默认"选项卡"修改"面板中的"拉伸"按钮 ，进行处理，结果如图 8-22 所示。

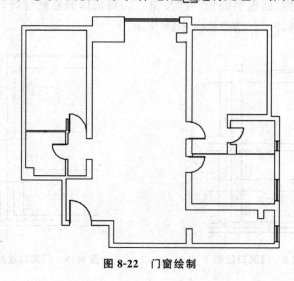

图 8-22　门窗绘制

### (四)辅助空间的绘制

飘窗与阳台等住宅内的辅助空间，绘制步骤如下：

(1)建立飘窗图层，参数如图8-23所示，并置为当前层。

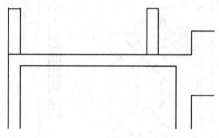

**图8-23　阳台图层参数**

(2)绘制飘窗线。选择菜单栏中的"绘图"→"多线"命令，按照之前绘制墙线的方法绘制出飘窗线，如图8-24所示。

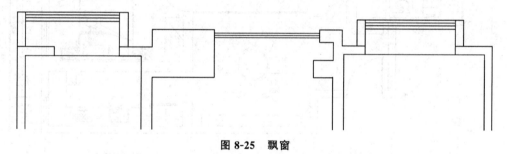

**图8-24　飘窗线的绘制**

(3)开洞口并绘制飘窗。利用前面洞口与门窗的绘制方法，绘制出飘窗的洞口与窗户，结果如图8-25所示。

**图8-25　飘窗**

# 任务二　住宅平面布局图

### 知识目标

1. 掌握"块"的使用方法及家具、家电的绘制方法；
2. 了解住宅空间设计平面布局的合理方法。

### 能力目标

1. 能够灵活使用编辑命令修改图纸；
2. 能够对卧室、客厅、厨房等住宅室内空间合理布置；
3. 能够在指定时间内完成室内平面布局图的绘制。

## 一、任务描述

用 CAD 软件对住宅设计平面图里的各功能空间进行合理布局，如图 8-26 所示。

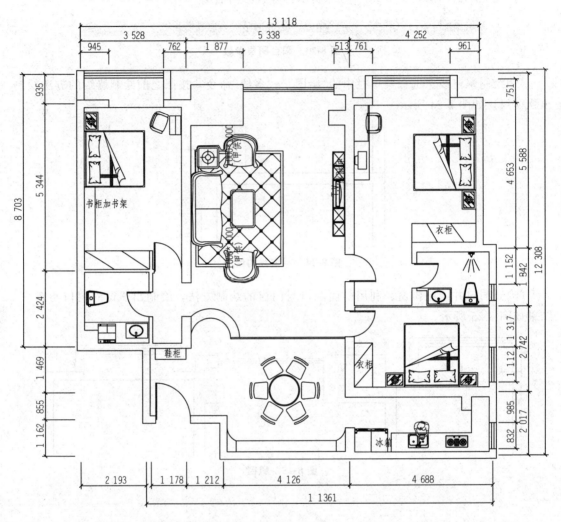

**图 8-26　住宅平面布置图**

## 二、任务资讯

### (一)客厅的空间布局

客厅部分以会客、娱乐为主，兼作餐厅用。会客部分需安排沙发、茶几、电视设备及柜子；就餐部分需安排餐桌、椅子、柜子等。该客厅比较大，因此，会客部分与就餐部分增加了隔断加以分离。

### (二)卧室的空间布局

主卧室为主人就寝的空间，在里面需安排双人床、床头柜、衣柜、化妆台。由于主卧室空间较大，可考虑在适当的位置设置书架与书桌等家具设备。

该住宅有两个次卧，考虑到业主的个人需求，可以将其中一个卧室设计成为兼作卧室、书房和客房功能的室内空间，在里面安排写字台、书柜、单人床等家具设备。也可以将两个次卧仅作为就寝空间，放置床、床头柜、衣柜即可。

### (三)厨房与卫生间的空间布局

厨房内应布置厨房操作平台、储藏柜子和冰箱等家具设备。在进行厨房布局时，要考虑到明火作业区、盥洗区及操作台之间的合理布置。

卫生间内安排马桶、浴缸、沐浴设备、洗脸盆及洗衣机等家具设备。对于阳台空间大的住宅，可将洗衣机安置在阳台空间。

## 三、任务实施

绘制如图 8-26 所示的住宅平面布置图，具体步骤如下。

### (一)客厅与门厅的布置

#### 1. 准备工作

(1)用 AutoCAD 2017 打开上一任务绘制好的住宅设计平面图，另存为"住宅平面布局图.dwg"，然后将"轴线"图层关闭。

(2)建立一个"家具"图层，参数如图 8-27 所示，并置为当前层。

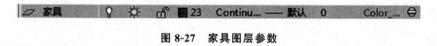

**图 8-27 家具图层参数**

#### 2. 客厅

(1)沙发。单击"视图"选项卡"导航"面板中的"缩放"按钮🔍，将住宅的客厅部分放大，单击"插入"选项卡"块"面板中的"插入块"按钮🔩，打开"插入"对话框，如图 8-28 所示，然后单击上面的"浏览"按钮，打开"选择图形文件"对话框，选择源文件 \ 图库 \ 沙发.dwg，找到沙发图块文件，单击"打开"按钮打开。选择内墙角点为插入点，单击鼠标左键确定，如图 8-29 所示。

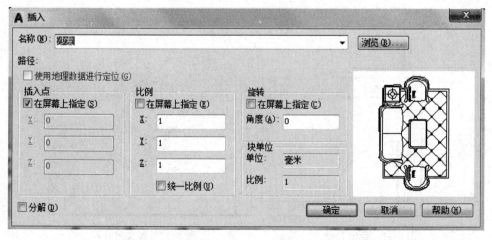

**图 8-28 "插入"对话框**

(2)电视柜。在沙发的对面靠墙位置，布置电视柜及相关的影视设备。同样采用上面的图块插入方法，打开源文件\图库\电视柜.dwg，将"电视柜"插入到合适位置，结果如图 8-30 所示。

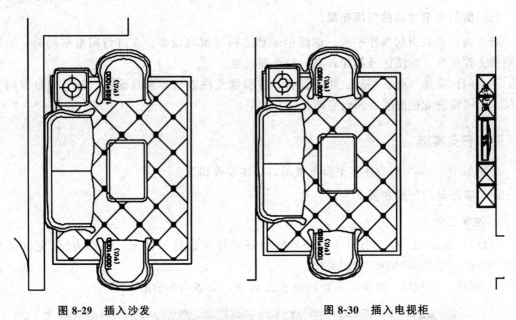

图 8-29　插入沙发　　　　　　　　　　　　图 8-30　插入电视柜

### 2. 门厅

(1)玄关。在玄关的位置绘制一个鞋柜。单击"默认"选项卡"绘图"面板中的"矩形"按钮▢，在住宅设计平面图玄关的位置绘制一个 1035×350 的矩形作为鞋柜的外轮廓，如图 8-31 所示。

(2)餐厅。单击"插入"选项卡"块"面板中的"插入块"按钮🏠，将"餐桌"图块插入到门厅的就餐区。单击"默认"选项卡"绘图"面板中的"直线"按钮╱与"圆弧"按钮╱，在住宅设计平面图的餐厅位置绘制一个酒柜，中间的矩形柜体大小为 3262×350，结果如图 8-32 所示。

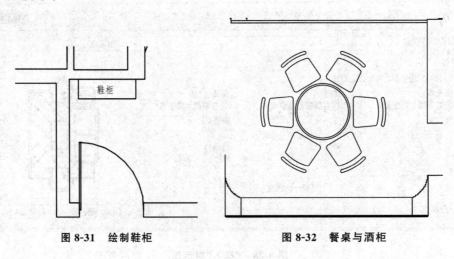

图 8-31　绘制鞋柜　　　　　　　　　　　　图 8-32　餐桌与酒柜

（二）卧室布置

**1. 主卧室**

（1）床。卧室里的主角是床。在本任务中，将床布置在靠近飘窗的位置。单击"视图"选项卡"导航"面板中的"缩放"按钮，将主卧室部分放大，单击"插入"选项卡"块"面板中的"插入块"按钮，将"双人床"插入到图中合适的位置处，如图 8-33 所示。

（2）衣柜与书柜。衣柜也是一个家庭必备的家具，一般它与卧室联系比较紧密。单击"插入"选项卡"块"面板中的"插入块"按钮，将"衣柜"插入到图中合适的位置处。单击"默认"选项卡"绘图"面板中的"矩形"按钮，在合适的位置绘制一个 2030×350 的矩形作为书柜的外轮廓，如图 8-34 所示。

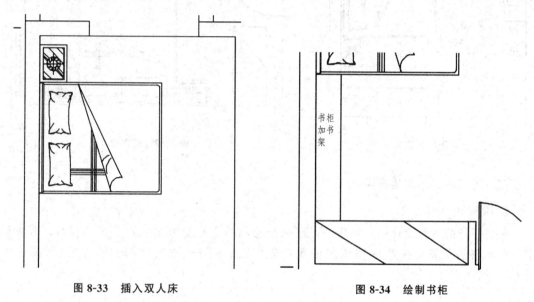

图 8-33　插入双人床　　　　　　　　图 8-34　绘制书柜

（3）梳妆台。在本任务中，将梳妆台布置在卧室的右上角，单击"插入"选项卡"块"面板中的"插入块"按钮，将"梳妆台"插入到图中合适的位置处，如图 8-35 所示。

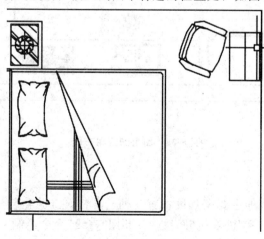

图 8-35　插入梳妆台

### 2. 次卧室

在本任务中，次卧的主要家具有双人床、衣柜、写字台与电视柜。单击"插入"选项卡"块"面板中的"插入块"按钮🖼，将"双人床""衣柜""写字台""电视柜"插入到图中合适的位置处，结果如图 8-36 与图 8-37 所示。

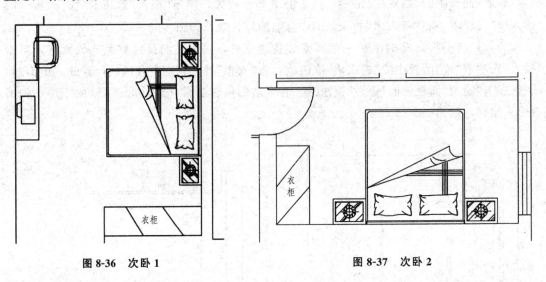

图 8-36　次卧 1　　　　　　　　　　　图 8-37　次卧 2

### (三)厨房与卫生间的布置

#### 1. 厨房

在本任务的厨房设计中，利用"直线"命令绘制一个宽度为 600 的 L 形操作台，并预留出一个冰箱的位置。按照操作流程依次插入"洗涤盆"和"燃气灶"图块，结果如图 8-38 所示。

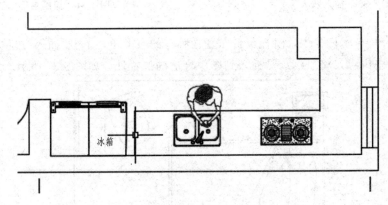

图 8-38　厨房的空间布局

#### 2. 卫生间

在本任务中，卫生间的主要家具设备有马桶、淋浴、洗脸盆与洗衣机。按照操作流程依次插入"马桶""洗脸盆"和"洗衣机"图块，并利用"直线"命令绘制一个宽度为 665 的台面，结果如图 8-39 与图 8-40 所示。

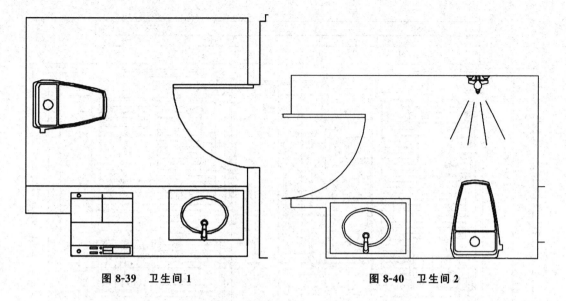

图 8-39　卫生间 1　　　　　　　　　　图 8-40　卫生间 2

到此为止，该住宅的家具及基本的家用电器布置全部结束。

# 任务三　住宅地面铺装图

**知识目标**

1. 掌握"图案填充"命令的使用方法，以及各种常用地面材料的填充方法；
2. 熟悉文字与尺寸标注等命令的设置方法。

**能力目标**

1. 能够灵活使用编辑命令修改图纸；
2. 能够用 CAD 软件对卧室、客厅、厨房等住宅室内空间的地面进行铺装；
3. 能够在指定时间内完成住宅地面铺装图的绘制。

## 一、任务描述

用 AutoCAD 2017 软件对住宅设计平面图里的各功能空间进行地面铺装，如图 8-41 所示。

## 二、任务资讯

### (一)多行文字

**1. 执行方式**

单击"默认"选项卡"注释"面板中的"多行文字"按钮 **A**。

选择菜单栏中的绘图→文字→多行文字命令。

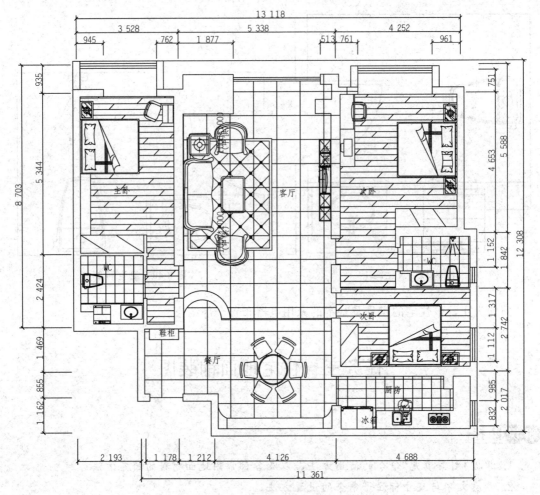

图 8-41　住宅地面铺装图

输入命令条目：t(mtext)。

以上三种方法任选一种。

**2. 操作步骤**

(1)输入命令条目：t(mtext)。

(2)回到绘图窗口，用鼠标指定边框的对角点以定义要绘制的多行文字对象的位置，如图 8-42 所示。

(3)在出现的文字编辑器中，对文字的样式、字体、字高、对齐方式等选项进行调整，如图 8-43 所示；若不需要调整，则可省略本步骤。

图 8-42　多行文字文本框

图 8-43　文字编辑器

(4)输入文字。

(5)在绘图窗口空白处单击鼠标左键退出。

### (二)尺寸标注

#### 1. 打开标注样式管理器

创建标注时,标注将使用当前标注样式中的设置。如果要修改标注样式中的设置,则图形中的所有标注将自动使用更新后的样式。AutoCAD 2017 默认使用 ISO-25 样式作为标注样式,在用户未创建新的尺寸标注样式之前,图形中所有尺寸标注均使用该样式。

单击"默认"选项卡"注释"面板中的"标注样式管理器"按钮，打开标注样式管理器,如图 8-44 所示。

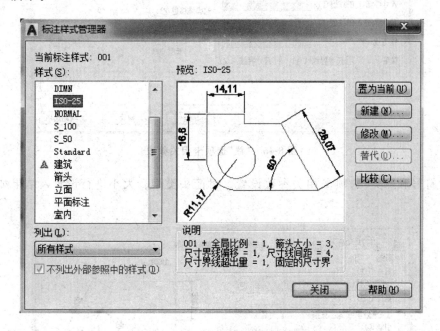

**图 8-44　"标注样式管理器"对话框**

#### 2. 创建尺寸标注样式

为了说明新建标注和修改标注的操作过程,下面以样式名为"200",标注文字高 200 mm 为例,创建一个尺寸标注样式。具体步骤如下:

(1)创建新标注样式。单击"标注样式管理器"对话框上的"新建"按钮,在打开的"创建新标注样式"对话框中输入新样式的名称"200",单击"继续"按钮,继续新样式"200"的创建。如图 8-45 所示。

**补充**:可以用标注文字的高度为名设置标注样式,如以标注文字高 200 mm 为例,创建一个尺寸标注样式。

(2)"线"选项卡相关参数设置。对尺

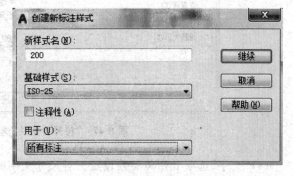

**图 8-45　"创建新标注样式"对话框**

寸线、尺寸界限等参数进行调整，如图 8-46 所示。

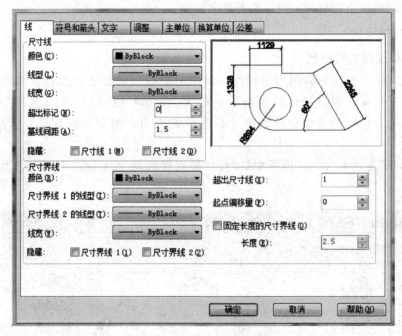

图 8-46 "线"选项卡相关参数

（3）"符号和箭头"选项卡相关参数设置。对箭头类型、大小进行设置，结果如图 8-47 所示。

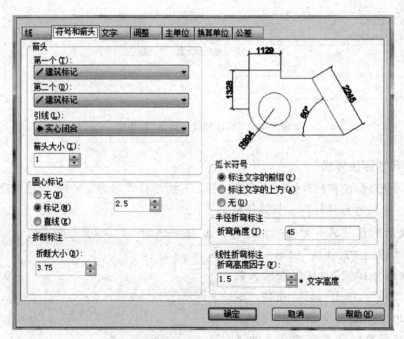

图 8-47 "符号和箭头"选项卡相关参数

（4）"文字"选项卡相关参数设置。对尺寸文字的高度、位置等参数进行设置，如图 8-48 所示。

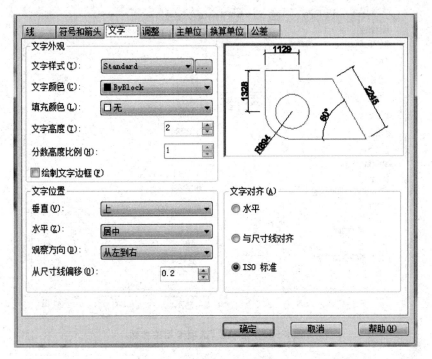

**图 8-48 "文字"选项卡相关参数**

(5)"调整"选项卡相关参数设置。进行文字位置调整和标注比例调整，如图 8-49 所示。

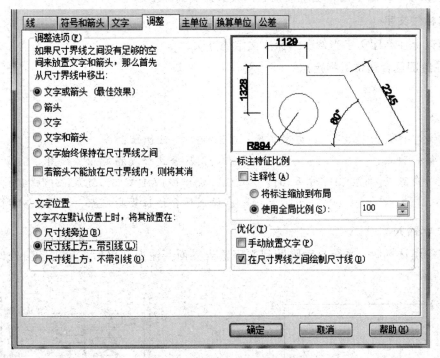

**图 8-49 "调整"选项卡相关参数**

(6)"主单位"选项卡相关参数设置。进行标注单位和标注比例因子调整，如图 8-50 所示。

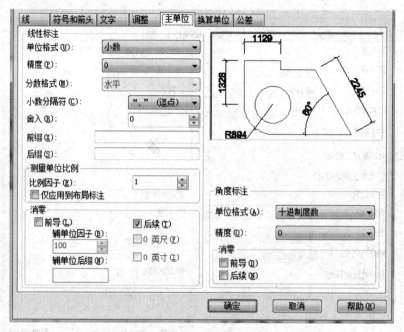

**图 8-50 "主单位"选项卡相关参数**

## 三、任务实施

绘制如图 8-41 所示的住宅地面铺装图，具体步骤如下。

### (一)标注文字

下面以标注客厅文字为例介绍标注文字的方法。

**1. 在绘图区合适位置指定点**

命令: t↙

MTEXT

当前文字样式:"200"    文字高度:0.2000    注释性:否

指定第一脚点:                    (在绘图区合适位置指定点,如图 8-51 所示①点)

指定对角点或[高度(H)/对正(J)/行距(L)/旋转(R)/样式(S)/宽度(W)/栏(C)]:

                    (在绘图区合适位置指定点,如图 8-51 所示②点)

**2. 文字输入**

确定绘图区域后,系统自动跳转到文字输入界面,输入文字后,单击空白处即可,如图 8-52 所示。

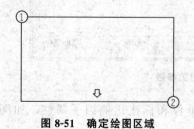

**图 8-51　确定绘图区域**

**图 8-52　文字输入**

用同样的方法完成其他文字的输入，步骤省略，完成后结果如图 8-53 所示。

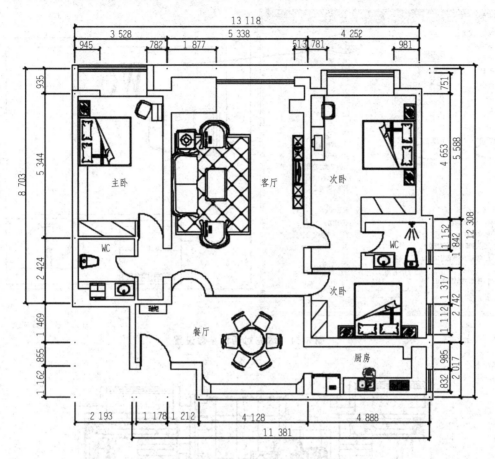

**图 8-53　住宅设计平面图的文字标注**

## (二)图案填充

完成文字输入后进行图案填充，下面以填充卫生间为例介绍在图中填充地面图案的方法。

### 1. 建立"填充"图层

将图层换到"填充"层，并删掉所有的门。

### 2. 填充图案

命令：h↙

HATCH

选取对象或[拾取内部点(K)/放弃(U)/设置(T)]：K↙

拾取内部点或[选择对象(S)/放弃(U)/设置(T)]：T↙

(在弹出对话框中设置各变量，如图 8-54 所示)

拾取点后进行图案填充，并用同样的方式填充其他房间，最终完成所有图案填充，结果如图 8-55 所示。

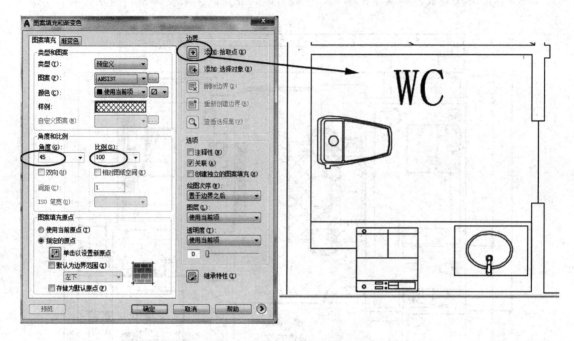

图 8-54　填充对话框参数设置

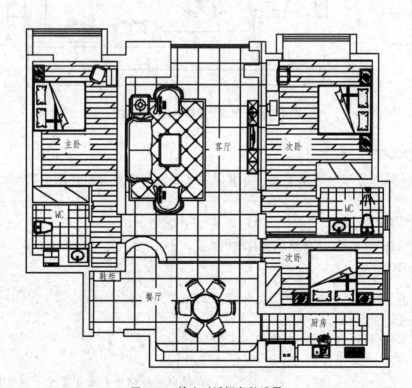

图 8-55　填充对话框参数设置

# 任务四　住宅顶棚图

1. 掌握住宅顶棚图的绘图步骤；
2. 熟悉住宅顶棚图中的标高及材质的标注方法。

1. 能够灵活使用编辑命令修改图纸；
2. 能够应用 CAD 软件对住宅室内空间进行顶棚图的绘制；
3. 能够完成对室内空间顶棚图的标高、材质、图名及尺寸等的标注。

## 一、任务描述

用 AutoCAD 2017 软件绘制住宅设计顶棚图，如图 8-56 所示。本任务可以在平面图的基础上绘制顶棚的造型、灯具等内容，并适当标注材质和尺寸。

## 二、任务资讯

本任务中使用的相关知识、命令在前面篇幅中均有介绍，故此处不再赘述。

## 三、任务实施

绘制如图 8-56 所示的住宅设计顶棚图，具体步骤如下。

**(一)绘制分级吊顶**

**1. 准备工作**

将图形"顶棚图"打开(此图在绘制平面布置图时创建)，如图 8-57 所示。

切换到"分级吊顶"图层，如图 8-58 所示。

**2. 绘制分级吊顶**

(1)绘制门厅的分级吊顶。单击"默认"选项卡"绘图"面板中的"矩形"按钮▢，在合适的位置绘制一个 2 347×2 150 的矩形作为门厅分级吊顶的外轮廓；单击"默认"选项卡"修改"面板中的"偏移"按钮▱，将绘制的矩形向内分别偏移 350 mm、30 mm、30 mm，如图 8-59 所示。

(2)绘制餐厅的分级吊顶。单击"默认"选项卡"绘图"面板中的"矩形"按钮▢，在合适的位置绘制一个 3 862×3 304 的矩形作为餐厅分级吊顶的外轮廓；单击"默认"选项卡"绘图"面板中的"圆"按钮◉，在所绘矩形左下角右侧 1 931、上侧 1 827(@1 931，1 827)的位置绘制一个半径 1 000 的圆；单击"默认"选项卡"修改"面板中的"偏移"按钮▱，将绘制的圆向内分别偏移 40 mm、40 mm、220 mm、40 mm、100 mm、60 mm，如图 8-60 所示。

(3)绘制客厅的分级吊顶。用同样的方法绘制客厅分级吊顶，如图 8-61 所示。

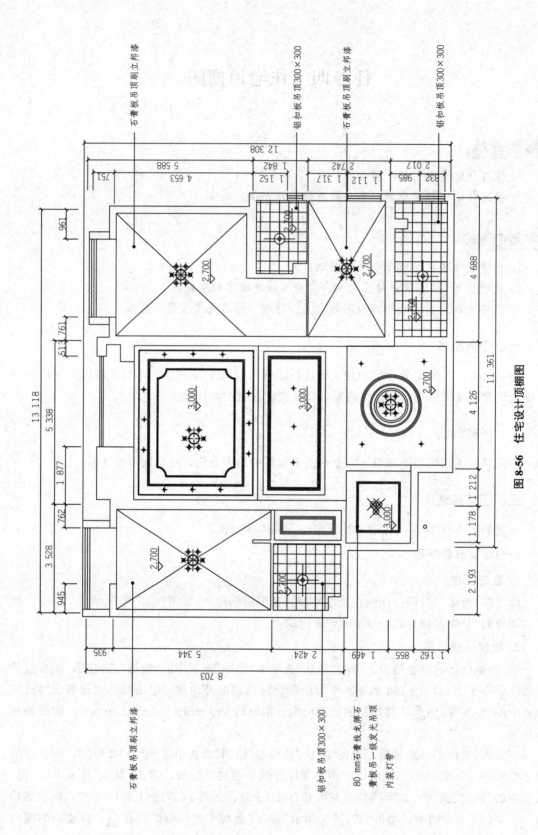

石膏板吊顶刷立邦漆

铝扣板吊顶 300×300

石膏板吊顶刷立邦漆

铝扣板吊顶 300×300

12 308

751　4 653　1 152　1 112　1 317　985

5 588　1 842　2 742　2 017

4 688

11 361

13 118

5 338

1 877

762

3 528

945

961

513　761

2.700

2.700

2.700

2.700

3.000

3.000

3.000

3.000

2.700

2.700

2.700

4 126

1 212

1 178　1 212

2 193

332

935　5 344　2 424　1 469　855　1 162

8 703

石膏板吊顶刷立邦漆

铝扣板吊顶 300×300

80 mm石膏线光槽石
膏板吊一级发光吊顶
内装灯带

**图 8-56　住宅设计顶棚图**

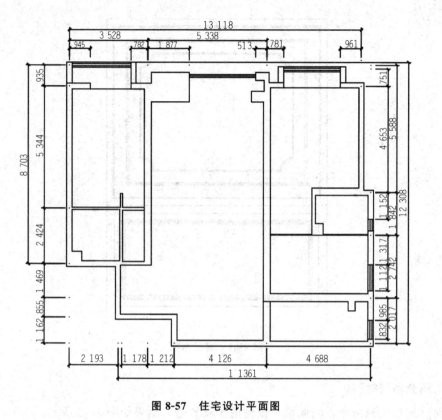

**图 8-57　住宅设计平面图**

**图 8-58　"分级吊顶"图层参数设置**

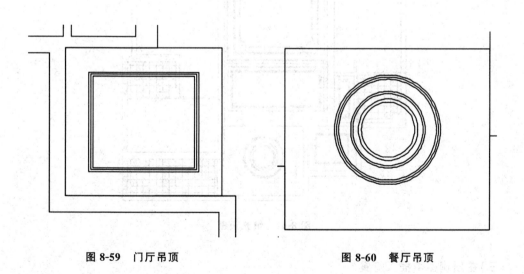

**图 8-59　门厅吊顶**　　　　　　　　　**图 8-60　餐厅吊顶**

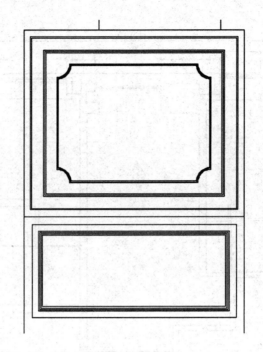

图 8-61　客厅吊顶

### (二)填充吊顶材料

前面已讲过填充命令，因此填充顶棚的步骤省略，结果如图 8-62 所示。

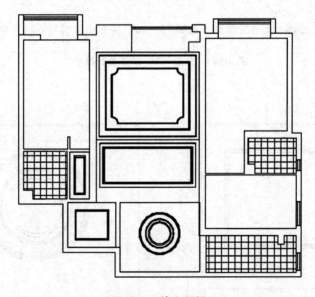

图 8-62　填充顶棚

### (三)在顶棚图中插入灯具

绘制卧室对角线，步骤省略；插入吊灯(提前做好各种灯具图形，并命名为图块)，步骤省略；插入筒灯和射灯。用同样的方法插入其他灯具，插入后结果如图 8-63 所示。

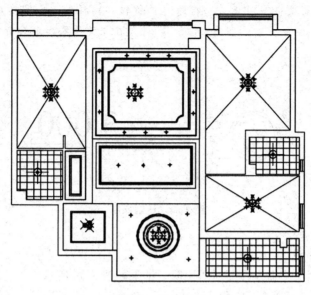

**图 8-63　插入灯具**

**(四)标注标高**

**1. 绘制符号**

换到"标高"图层，绘制标高符号的步骤如下：

命令：pl↙

PLINE

指定起点： （用鼠标指定①点）

指是下一点或[圆弧(A)/半宽(H)/长度(L)/放弃(U)/宽度(W)]：W↙

指定起点宽度<0.0000>：↙

指定终点宽度<0.0000>：↙

指定下一点或[圆弧(A)/闭合(C)/半宽(H)/长度(L)/放弃(U)/宽度(W)]：@150,-150↙

（完成②点的绘制）

指定下一点或[圆弧(A)/闭合(C)/半宽(H)/长度(L)/放弃(U)/宽度(W)]：@150,150↙

（完成③点的绘制）

指定下一点或[圆弧(A)/闭合(C)/半宽(H)/长度(L)/放弃(U)/宽度(W)]：C↙

单击"默认"选项卡中的"直线"按钮 ，以③点为起点，向右绘制一条长度为500的直线，完成④点的绘制。

**2. 输入文字**

使用"多行文字"命令，标注文字"3.000"，设置文字高度为200。

命令：t↙

MTEXT

当前文字样式："standard"　文字高度：0.2000　注释性：否

指定第一角点： （在标高符号上方合适位置指定第一角点）

指定对角点或[高度(H)/对正(J)/行距(L)/旋转(R)/样式(S)/宽度(W)/栏(C)]:

(在合适位置指定对角点,进行文字输入)

结果如图 8-64 所示。

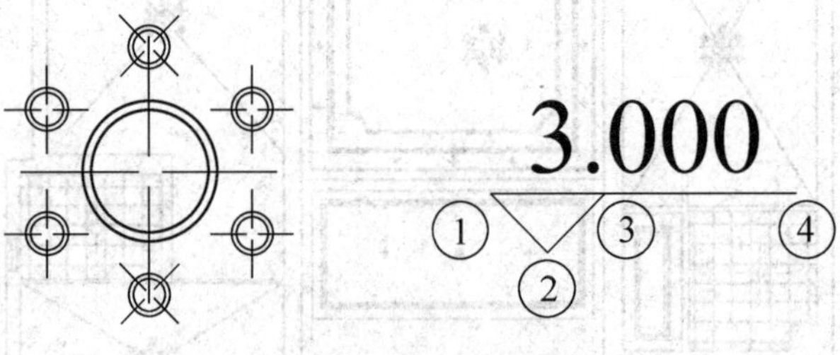

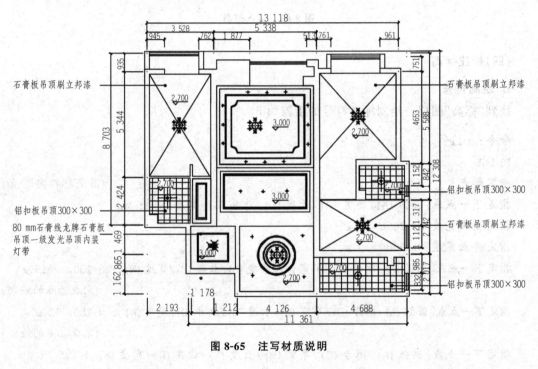

图 8-64  绘制标高

### (五)注写材质说明

为表达清晰,用文字命令注写材质说明,结果如图 8-65 所示。

图 8-65  注写材质说明

# 任务五  住宅立面图

知识目标

1. 掌握住宅立面图的绘图步骤;

2. 熟悉住宅立面图中的材质标注方法。

1. 能够灵活使用编辑命令修改图纸；
2. 能够用 CAD 软件对卧室、客厅、厨房等住宅室内空间进行立面图的绘制；
3. 能够完成对室内空间立面图的材质、图名及尺寸等的标注。

## 一、任务描述

本任务主要是用 AutoCAD 2017 软件绘制如图 8-66 所示的住宅设计立面图，要求绘制其轮廓、内部造型及家具陈设等，并适当标注材质和尺寸。

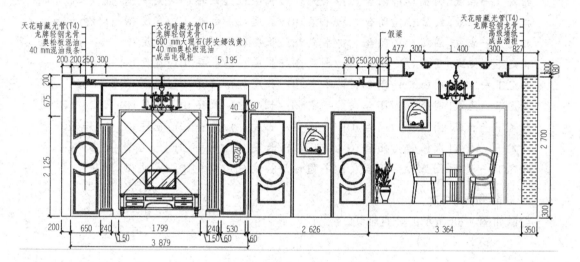

图 8-66　住宅设计立面图

## 二、任务资讯

本任务中使用的相关知识、命令在前面篇幅中均介绍过，故此处不再赘述。

## 三、任务实施

绘制如图 8-66 所示的住宅设计立面图，具体步骤如下。

### (一)绘制轴线

### 1. 绘制水平轴线

切换到"辅助"图层，绘制如图 8-67 所示的水平轴线。

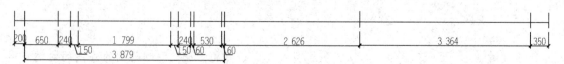

图 8-67　绘制水平轴线

命令：pl↙

PLINE

指定起点： （在绘图区内指定任意一点）

当前线宽为 0.0000

指定下一点或［圆弧 (A) /半宽 (H) /长度 (L) /放弃 (U) /宽度 (W)］：200↙

指定下一点或［圆弧 (A) /闭合 (C) /半宽 (H) /长度 (L) /放弃 (U) /宽度 (W)］：650↙

指定下一点或［圆弧 (A) /闭合 (C) /半宽 (H) /长度 (L) /放弃 (U) /宽度 (W)］：240↙

指定下一点或［圆弧 (A) /闭合 (C) /半宽 (H) /长度 (L) /放弃 (U) /宽度 (W)］：150↙

指定下一点或［圆弧 (A) /闭合 (C) /半宽 (H) /长度 (L) /放弃 (U) /宽度 (W)］：1799↙

指定下一点或［圆弧 (A) /闭合 (C) /半宽 (H) /长度 (L) /放弃 (U) /宽度 (W)］：150↙

指定下一点或［圆弧 (A) /闭合 (C) /半宽 (H) /长度 (L) /放弃 (U) /宽度 (W)］：240↙

指定下一点或［圆弧 (A) /闭合 (C) /半宽 (H) /长度 (L) /放弃 (U) /宽度 (W)］：60↙

指定下一点或［圆弧 (A) /闭合 (C) /半宽 (H) /长度 (L) /放弃 (U) /宽度 (W)］：530↙

指定下一点或［圆弧 (A) /闭合 (C) /半宽 (H) /长度 (L) /放弃 (U) /宽度 (W)］：60↙

指定下一点或［圆弧 (A) /闭合 (C) /半宽 (H) /长度 (L) /放弃 (U) /宽度 (W)］：2626↙

指定下一点或［圆弧 (A) /闭合 (C) /半宽 (H) /长度 (L) /放弃 (U) /宽度 (W)］：3364↙

指定下一点或［圆弧 (A) /闭合 (C) /半宽 (H) /长度 (L) /放弃 (U) /宽度 (W)］：350↙

指定下一点或［圆弧 (A) /闭合 (C) /半宽 (H) /长度 (L) /放弃 (U) /宽度 (W)］：↙

## 2. 绘制竖直轴线

绘制如图 8-68 所示的竖直轴线。

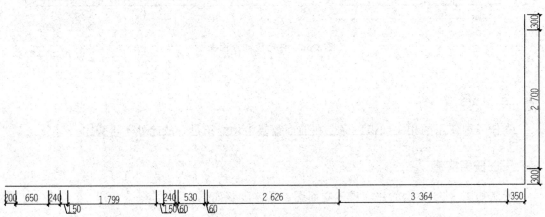

**图 8-68　绘制竖直轴线**

命令：pl↙

PLINE

指定起点： （用鼠标捕捉刚刚绘制的直线的右端点）

当前线宽为 0.0000

指定下一点或［圆弧 (A) /半宽 (H) /长度 (L) /放弃 (U) /宽度 (W)］：300↙

指定下一点或［圆弧 (A) /闭合 (C) /半宽 (H) /长度 (L) /放弃 (U) /宽度 (W)］：2700↙

指定下一点或[圆弧(A)/闭合(C)/半宽(H)/长度(L)/放弃(U)/宽度(W)]：300↙

指定下一点或[圆弧(A)/闭合(C)/半宽(H)/长度(L)/放弃(U)/宽度(W)]：↙

**3. 绘制轴线网络**

绘制如图 8-69 所示的轴线网络，可使用复制或偏移命令。

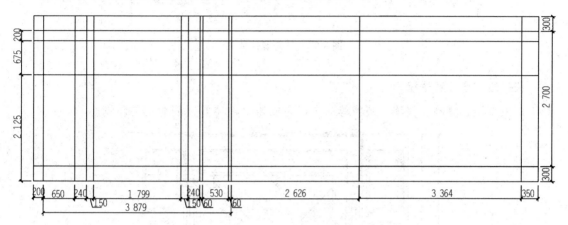

图 8-69　绘制轴线网络

**(二)绘制墙体及顶棚**

**1. 绘制墙体**

切换到"墙体"图层，按照如图 8-70 所示绘制墙体(图中加粗的线)。

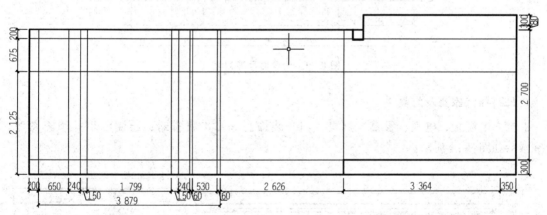

图 8-70　绘制墙体

**2. 绘制顶棚**

(1)绘制客厅顶棚。按照如图 8-71 所示绘制客厅顶棚。

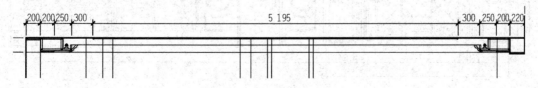

图 8-71　绘制客厅顶棚

（2）绘制餐厅顶棚。按照如图 8-72 所示绘制餐厅顶棚。

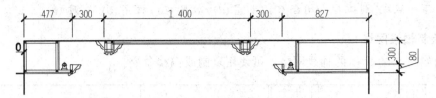

图 8-72　绘制餐厅顶棚

## （三）绘制客厅背景墙

利用直线、复制、偏移、镜像等命令，完成如图 8-73 所示背景墙的绘制。

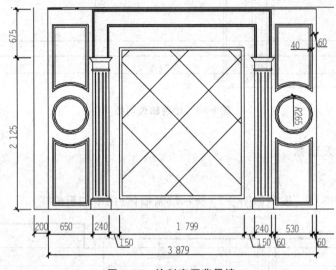

图 8-73　绘制客厅背景墙

## （四）插入家具及灯具

插入电视柜、电视、餐桌、灯具、门、装饰画等，步骤省略；绘制酒柜并填充图案，完成后如图 8-74 所示。

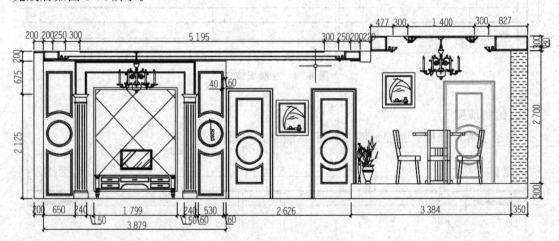

图 8-74　插入家具及灯具

**(五)标注材质、图名及尺寸**

在图形中标注材质、图名及尺寸，如图 8-75 所示。

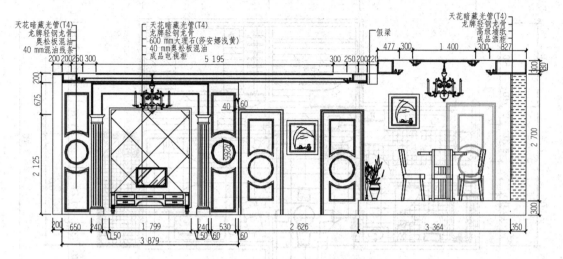

**图 8-75　标注材质、图名及尺寸**

---

### 小结

本项目通过讲解住宅设计平面布置图、顶棚图和立面图形的绘制过程，介绍了图层、图块、多线、标注样式、文字样式等多个命令，并以住宅为载体介绍了建筑装饰平面布置图、地面铺装图、顶棚图及立面图的绘制过程和绘制方法。

---

### 操作与练习

绘制如图 8-76 所示的建筑平面图，并将其保存到桌面上的"CAD 文件"文件夹中。

通过练习可以进一步掌握绘图命令和修改命令，上机训练中未练习的内容，学生应自行练习。

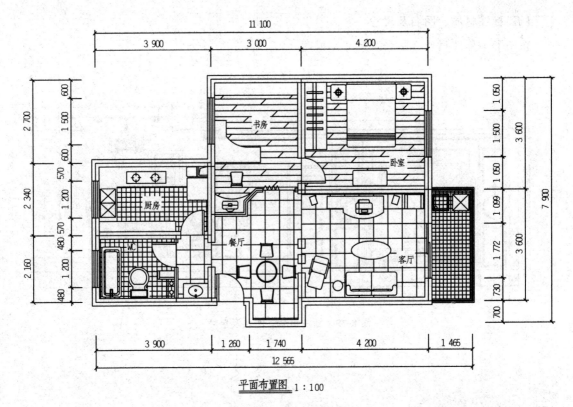

<u>平面布置图</u> 1:100

**图 8-76 某建筑平面图**

# 项目九　餐厅设计

知识目标

1. 掌握餐厅装饰平面图、地面铺装图、天花装饰平面图的绘图步骤；
2. 掌握向视立面图和节点详图的绘图步骤及方法；
3. 熟悉图层、多线、文字、尺寸标注等命令的设置方法；
4. 了解餐厅空间设计的思路及表达特点。

能力目标

1. 能够灵活绘制餐厅装饰平面布置图、地面铺装图；
2. 能够灵活绘制天花装饰平面图；
3. 能够灵活绘制向视立面图及节点详图。

素质目标

1. 遵守相关法律法规、标准和管理规定；
2. 具有严谨的工作作风、较强的责任心和科学的工作态度；
3. 具备良好的语言文字表达能力和沟通协调能力；
4. 爱岗敬业，严谨务实，团结协作，具有良好的职业操守。

# 任务一　餐厅装饰前建筑平面图绘制

知识目标

1. 掌握餐厅建筑平面图的绘制步骤及方法；
2. 理解图层的创建、多线样式、标注样式及文字样式的设置方法；
3. 了解餐厅设计思路及特点。

能力目标

能够灵活绘制建筑平面图。

## 一、任务描述

利用 AutoCAD 2017 软件绘制某餐厅装饰前一层建筑平面图，如图 9-1 所示。

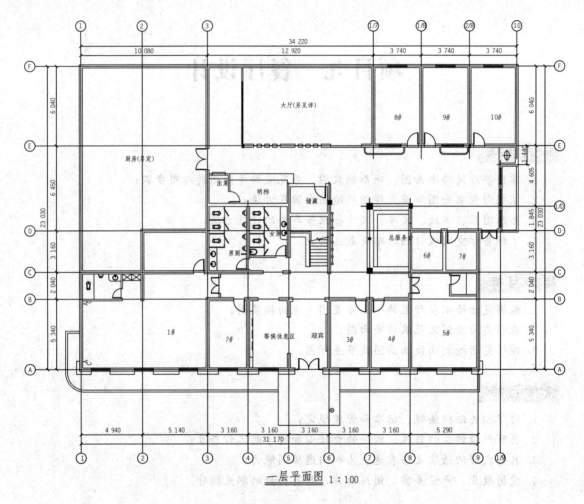

图9-1 某餐厅装饰前一层建筑平面图

## 二、任务资讯

餐厅设计是公共空间设计室内设计的一部分。随着经济发展和人们生活水平的提高，人们对生活品质有了更高的要求，在餐饮方面不仅吃法丰富、菜品多样，还要追求精致、个性的装饰风格，享受优雅、舒适的就餐环境。创造独特风格和优雅环境成为餐厅设计的基本原则。餐厅空间按经营模式可以分为中餐厅、西餐厅、宴会厅、风味餐厅、酒吧等。不同的餐厅形式在空间设计上有很大区别，一般包括餐饮空间设计、厨房设计、常用家具设计和照明设计等。

餐厅内部设计首先由其面积决定，餐饮空间主要包括门厅或休息前厅、餐饮区和厨房区等。一般较为大型、高级的餐厅在入口处要设置休息等候区、接待服务台等。餐饮区可以是开放式的，也可以是餐厅包房。餐厅包房主要是为家庭聚会、朋友聚会和商务活动等提供独立、私密的就餐空间。形式上可分为单包和套包两种。单包间一般有1~2桌，套包间一般有就餐区域和会客区域，装修档次可适当高于大厅装修。厨房区的空间设计非常重要，一般与营业面积的比例以3：7为佳。同时，餐厅的家具摆设、绿化植物陈设、工艺品摆设等都会对餐饮空间特色体现起到至关重要的作用。不同的室内空间根据功能与艺术的需要，会突出不同的主题。餐厅建筑装饰平面图的绘制与餐厅建筑平面图的绘制类似，也需要根据各个功能空间的开间和进深绘制轴线，然后绘制柱子、墙体、门窗等，插入家具等图例，最后标注尺寸和文字说明，完成绘图。

建筑设计平面图是室内平面设计的基础和依据，在表示方法上两者既有联系又有区别。建筑平面设计主要是表达室内房间的位置及功能布局等，一般不详细地表达家具陈设、铺地布置、灯光设计等。而在建筑平面图基础上进行的结构调整所做的室内设计平面布置图，必须要表达家具、陈设等的位置和大小以及有关设施的定形尺寸、定位尺寸。在绘制建筑装饰平面布置图时剖到的墙、柱轮廓用粗实线表达；未剖到但能看到的轮廓用中实线表示，如窗户图例等；图例线、尺寸线、尺寸界线用细实线表示。

## 三、任务实施

### (一)墙体绘制

本小节将介绍酒店建筑平面图中墙体和柱子的绘制。

(1)打开 AutoCAD 2017 应用程序，单击快速访问工具栏的"新建"按钮 ，弹出"选择样板"对话框，选择"acad.dwt"样板文件。

(2)打开"图层特性管理器"对话框，新建"轴线"图层，设置"颜色""线型"等，并置为当前图层，如图 9-2 所示。

∅ 轴线    💡 ☼ 🔓 ■红   CENTER   —— 默认   Col ▼

图 9-2 "轴线"图层

(3)调用"直线"命令，绘制两条水平和垂直方向的直线，作为建筑平面图的轴线，如图 9-3 所示。

**提示**：两直线的长度略大于建筑的总长与总宽。

(4)调用"偏移"命令，根据酒店开间和进深尺寸，通过"偏移"命令水平方向分别偏移 4 940 mm、5 140 mm、3 160 mm、3 160 mm、3 160 mm、3 160 mm、3 160 mm、5 920 mm，垂直方向分别偏移 5 340 mm、2 040 mm、3 160 mm、6 540 mm、6 040 mm，生成轴网，如图 9-4 所示。

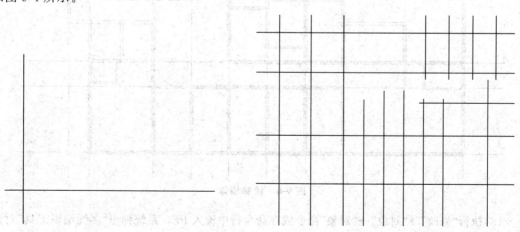

图 9-3 创建轴线              图 9-4 平面轴网

(5)新建"墙体"图层，设置"颜色""线型"等，并置为当前图层。

(6)执行"格式"→"多线样式"命令，根据墙体尺寸设置多线样式，多线样式图元设定为 120、一120，并置为当前，如图 9-5 所示。

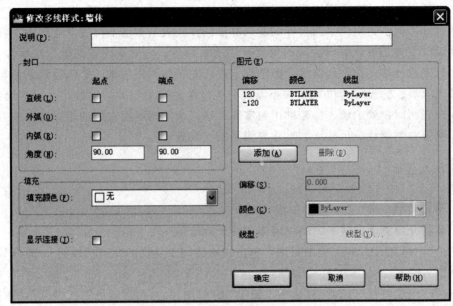

图 9-5 "多线样式"对话框

(7)调用"多线"命令，绘制墙体，如图 9-6 所示。

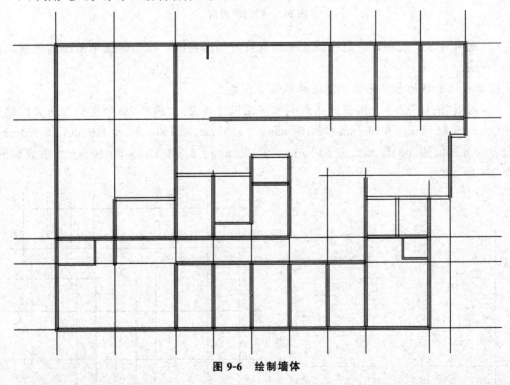

图 9-6 绘制墙体

(8)执行"修改"→"对象"→"对象"命令或在命令行中输入 PE，系统弹出"多线编辑工具"对话框，编辑墙体。根据门窗洞尺寸，通过"修剪"命令完成门窗洞口的绘制，完成后如图 9-7 所示。

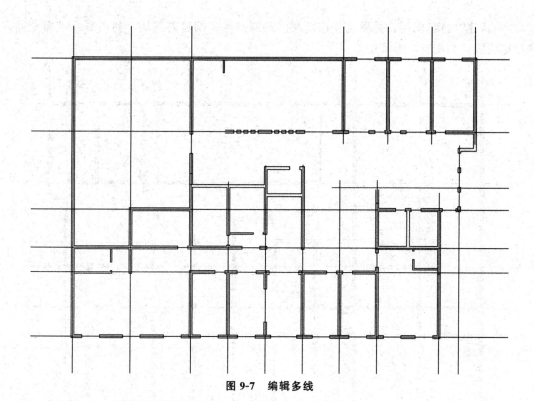

**图 9-7　编辑多线**

**(二)绘制柱子、门窗及细部**

(1)新建"柱子"图层，并置为当前图层。调用"矩形"命令，分别绘制 2 个 450×450、1 个 420×420、1 个 420×320、1 个 100×100 的矩形柱子，调用"圆"命令绘制直径为 200 的圆形柱子，并分别进行实体填充，如图 9-8 所示。

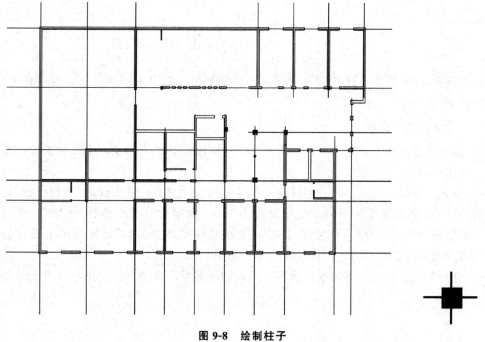

**图 9-8　绘制柱子**

(2)新建"门窗"图层，并置为当前图层。绘制门窗，创建内部块，利用"插入"命令插入到指定位置，如图9-9所示。

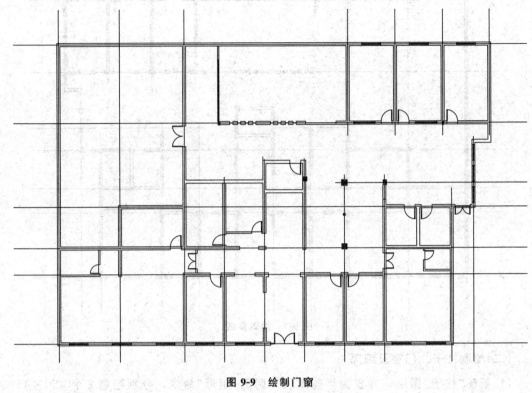

图 9-9 绘制门窗

提示：

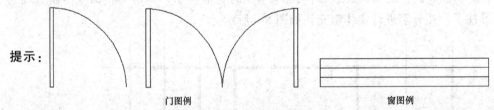

门图例

窗图例

(3)新建"细部"图层，并置为当前图层。绘制细部，如卫生间洁具布置、楼梯平面图，如图9-10所示。

**(三)标注、插入图框**

(1)设置文字样式，并置为当前。新建"文字"图层，并置为当前，书写功能分区文字和图名，如图9-11所示。

(2)设置尺寸标注样式：尺寸界线超出尺寸线设置为200；箭头选用"建筑标记"，大小设置为200；文字设置文字样式，文字高度为300，文字位置水平选择"居中"，垂直选择"上"，文字对齐方式选择"与尺寸线对齐"；主单位精度设置为"0"，比例因子设置为"1"，单击"确定"按钮并置为当前，标注线性尺寸，如图9-12所示。

(3)创建轴号动态块，编辑块的属性，插入轴线编号，如图9-13~图9-15所示。

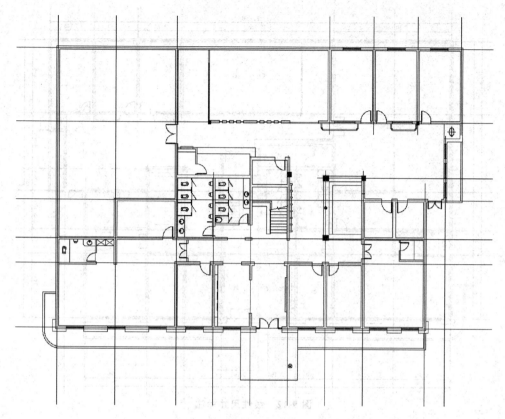

**图 9-10　绘制细部**

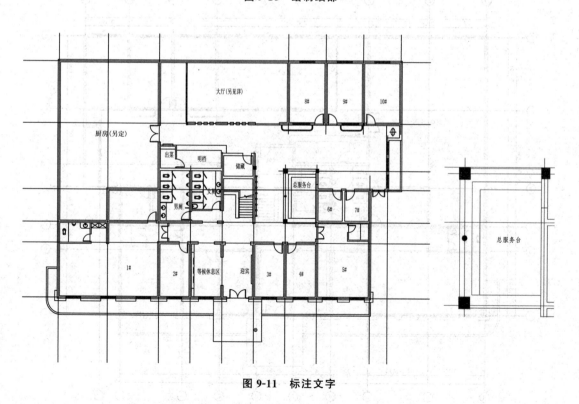

**图 9-11　标注文字**

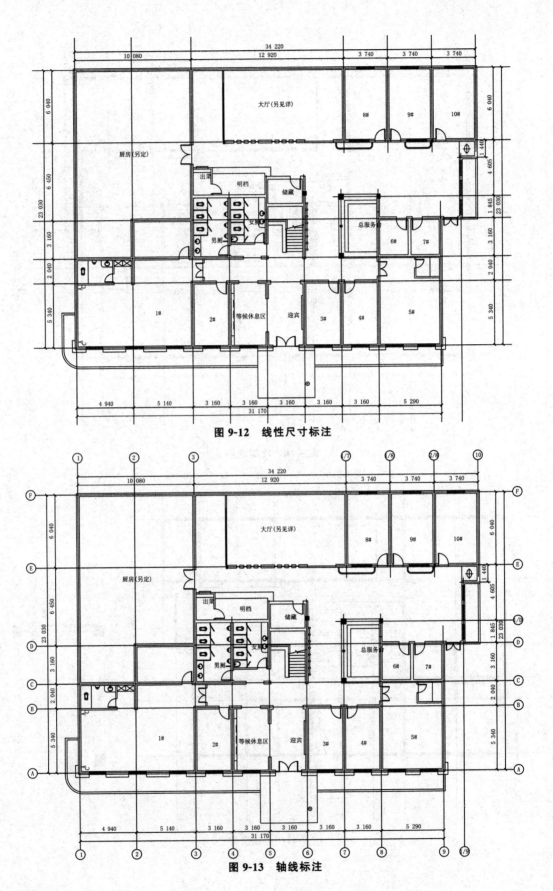

图 9-12　线性尺寸标注

图 9-13　轴线标注

图 9-14 轴线编号                    图 9-15 附加轴线编号

（4）插入图框及标题栏等，保存图纸，完成该餐厅一层平面图的绘制，如图 9-16 所示。

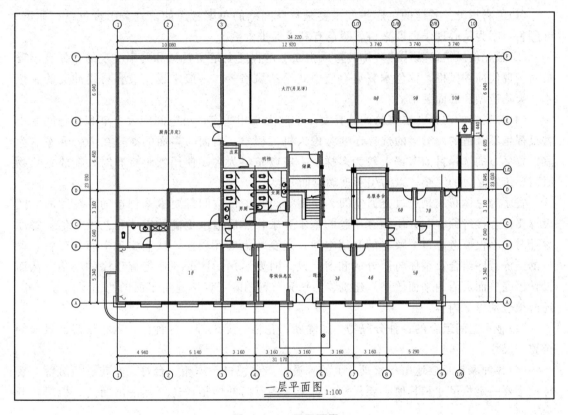

图 9-16 一层平面图

# 任务二　建筑装饰平面布置图绘制

**知识目标**

1. 掌握餐厅建筑装饰平面布置图的绘制步骤及方法；
2. 理解图层的创建、多线样式、标注样式及文字样式的设置方法；
3. 了解餐厅装饰装修特点。

## 能力目标

能够灵活绘制建筑装饰平面布置图。

### 一、任务描述

利用 AutoCAD 2017 软件绘制某餐厅一层建筑装饰平面布置图，如图 9-17 所示。

### 二、任务资讯

餐厅在装修时需要考虑以下几点：

(1)色彩搭配。餐厅的色彩搭配主要是从空间感的角度考虑的，宜采用暖色系，如黄、红颜色，因为从心理学角度来讲，暖色有利于促进食欲。

(2)餐厅的风格。餐厅的装饰装修风格在一定程度上是由餐具和餐桌决定的，如玻璃餐桌对应现代简约风格，深色木餐桌对应中式简约风格等。一般来说，最容易相冲突的是色彩、天花造型和墙面装饰。

(3)餐桌椅的选择。餐桌椅的选择要与空间大小相适宜，小空间配大餐桌和大空间配小餐桌都是不合适的。餐桌的选择还要考虑人机工程学，椅面与桌面的高差在 30 cm 左右为宜。餐桌布的选择目前市场上较为多样，一般以布料为主。使用塑料桌布时，在放置热物时需要垫置必要的厚垫，以防引起玻璃桌面开裂。

餐厅的总体布局是通过交通空间、使用空间和工作空间等要素来创造的，餐厅的空间设计要符合接待顾客和方便顾客用餐的基本要求，然后追求更高的审美和艺术价值。餐厅设计时，不仅要考虑每个顾客的利用空间，还要考虑餐厅秩序，从而实现空间与建材、设备的经济有序组合及整体与部分的和谐。设计时要运用适度的规律把握秩序的精华，从而设计出完整而灵活的平面效果。建筑装饰平面布置图除了保留建筑平面图的图示内容以外，还必须包括以下内容：

(1)显示空间组合的各种分隔物，如隔断、花格、屏风等，各种门、窗、景门、景窗的位置和尺寸。

(2)各种家具及楼地面和家具之上的陈设，如电视机、冰箱、台灯、盆花、鱼缸等，要标注主要的定位尺寸和其他必要尺寸。对于一些有门的橱柜，还要标注出橱门、柜门的开启方向。

(3)各种自然景物，如喷泉、水池、瀑布等水景，峰石、散石、汀步等石景，草坪、花木等栽植，道路、台阶及园灯等，要标注主要定位尺寸及其他必要尺寸。

(4)具体的厨具和洁具，要标注定位尺寸和其他必要尺寸。

(5)不同地面的标高和不同地面材料的分界线。

### 三、任务实施

#### (一)餐厅入口平面装饰设计

(1)新建"家具布置"图层，并置为当前图层。调用"多段线"命令，在餐厅入口处绘制迎宾礼台。调用"直线"命令，绘制等候休息区立面装饰的剖面投影并进行图案填充，如图 9-18 所示。

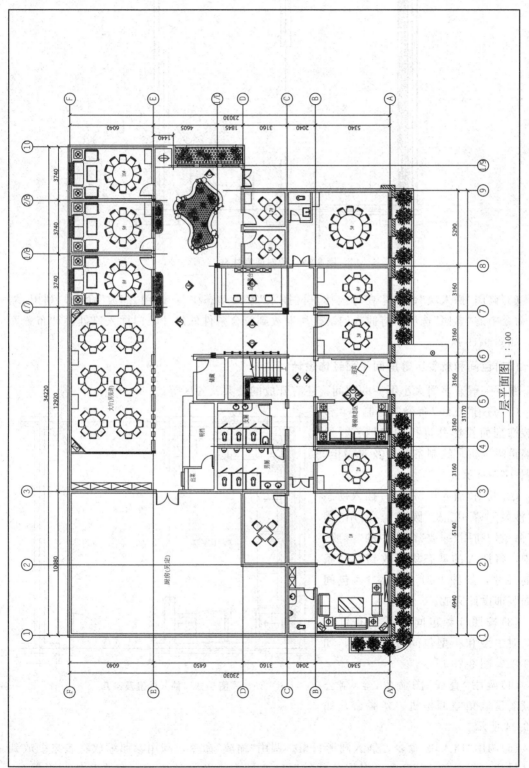

图 9-17 某餐厅一层建筑装饰平面布置图

一层平面图 1:100

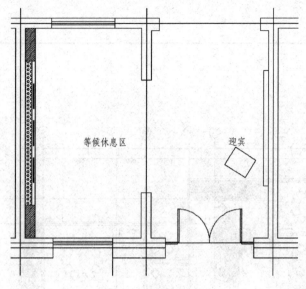

图 9-18　绘制迎宾礼台

（2）调用"插入块"命令，在等候休息区插入"家具动态块"。调用"缩放"命令，利用"缩放"命令中的"参照"选项，将插入的动态块缩放到符合条件的尺寸，门厅入口处设计布置完成，如图 9-19 所示。

**(二)包间和就餐区等房间平面装饰设计**

餐厅一般有多间大小不一的包间，还有开放的公共就餐区等。

（1）调用"直线"命令，绘制 1♯包间装饰剖面投影并进行图案填充，绘制墙角空调机，绘制备餐台及衣帽柜，如图 9-20 所示。

（2）调用"插入块"命令，插入动态块"沙发""茶几"及"圆桌"。调用"缩放"命令，利用"缩放"命令中的"参照"选项，将插入的动态块缩放到符合条件的尺寸，如图 9-21 所示，1♯包间平面装饰设计完成。

（3）按照 1♯包间的平面布置方法，对中型和小型包间进行布置，如图 9-22、图 9-23 所示。

（4）调用"直线"图命令，绘制公共就餐区墙角空调柜机、备餐台，如图 9-24 所示。

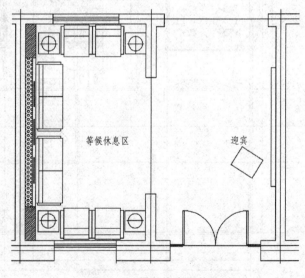

图 9-19　插入沙发及茶几

（5）调用"插入块"命令，插入圆形餐桌。调用"缩放"命令，利用参照缩放将餐桌缩放到设计尺寸。调用"复制"命令，根据公共就餐区空间大小及设计要求，布置其他圆形餐桌，如图 9-25 所示，完成公共就餐区装饰平面设计。

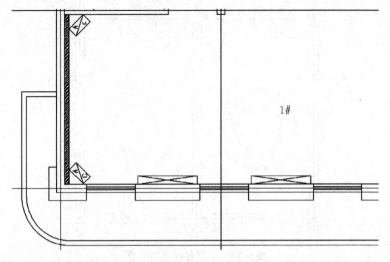

图 9-20　绘制墙角空调机、备餐台及衣帽柜

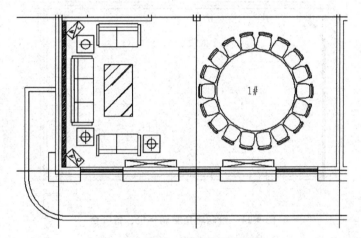

图 9-21　沙发、茶几及圆桌布置

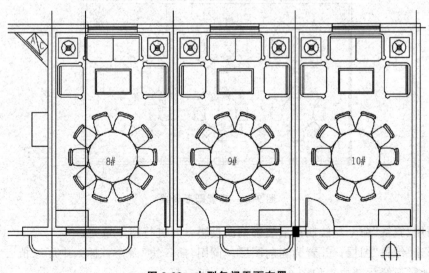

图 9-22　中型包间平面布置

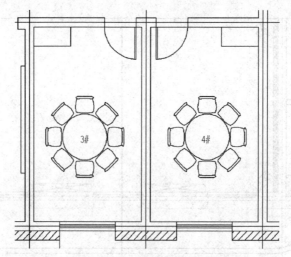

图 9-23　小型包间平面布置

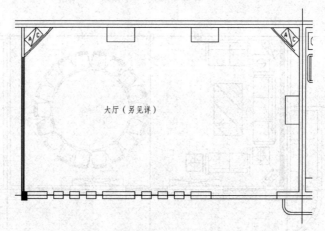

图 9-24　绘制墙角空调柜机、备餐台

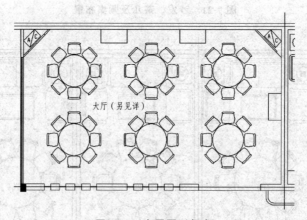

图 9-25　布置圆形餐桌

(6)调用"直线"命令,绘制南墙装饰剖面投影,并进行图案填充。

(7)新建"绿植"图层,并置为当前图层。调用"插入块"命令,插入中厅绿植、室外花坛绿植及其他需要绿化部位,如图 9-26～图 9-30 所示。

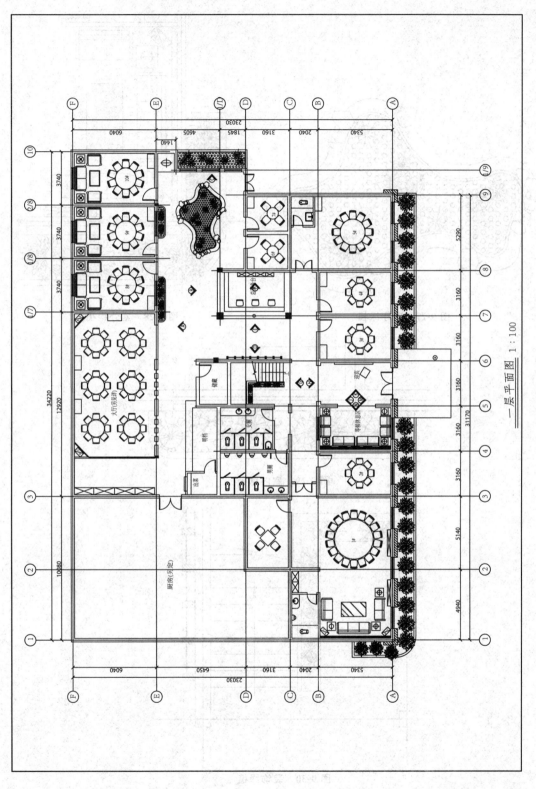

一层平面图 1:100

图 9-26 绿植布置

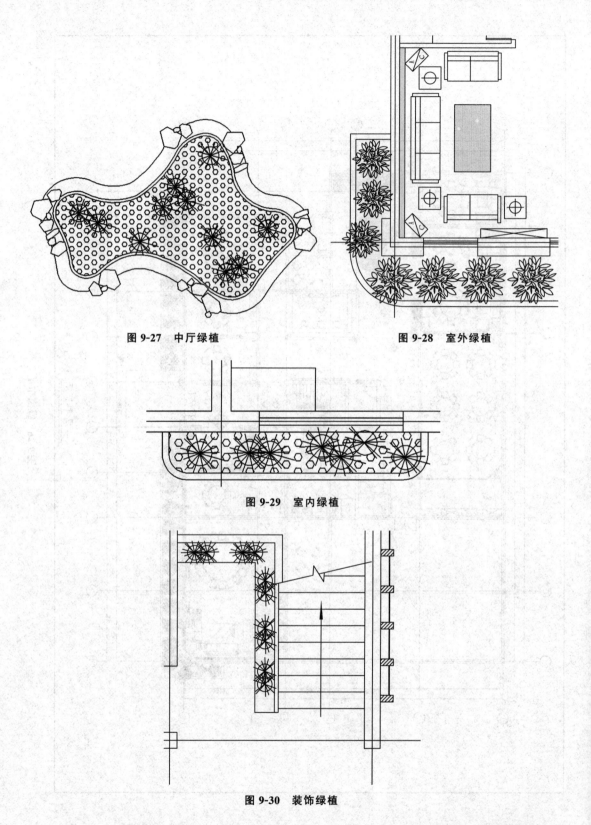

图 9-27　中厅绿植

图 9-28　室外绿植

图 9-29　室内绿植

图 9-30　装饰绿植

　　(8)新建"向视符号"图层，并置为当前图层。绘制"内视符号"并创建动态块，编辑动态块属性插入块，并将轴线从细实线改成单点长画线，如图 9-31 所示，完成一层装饰平面图绘制。

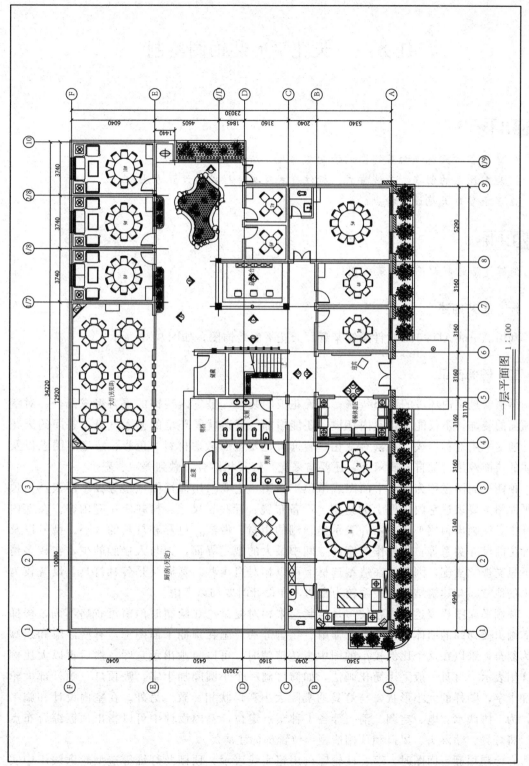

一层平面图 1 : 100

图 9-31　一层装饰平面图设计

# 任务三　天花平面装饰图绘制

**知识目标**

1. 掌握餐厅天花平面装饰图的绘制步骤及方法；
2. 理解图层的创建、多线样式、标注样式及文字样式的设置方法；
3. 了解餐厅天花设计特点。

**能力目标**

能够灵活绘制天花平面装饰图。

## 一、任务描述

利用 AutoCAD 2017 软件绘制某餐厅天花平面装饰图，如图 9-32 所示。

## 二、任务资讯

吊顶就是室内环境的顶部装修，即天花板的装修，是室内装饰的重要组成部分。对室内顶面的装饰，不仅能美化室内环境，还能增加、营造就餐环境的艺术气息。餐厅的天花设计通常采用对称形式，并富有变化。装饰天花要全面考虑材料、色彩、造型等因素以及整体的装饰效果。除自身要求外，还要与采光、灯具相结合，做到美观、安全。

顶棚平面图也称为天花平面图或吊顶平面图，主要采用仰视图或镜像投影图表达。顶棚平面图主要表达室内顶棚上的造型、设备布置、标高、尺寸、材料应用等内容。在室内设计中必须画出顶棚平面图，并表示出顶棚的用材、做法、色彩和灯具的大小、型号以及各部位的尺寸关系等。顶棚作为室内空间中最大的视觉界面，因与人接触的少，在较多情况下只受视觉支配，因此，在造型选材上可以相对自由些。顶棚又是各种灯具、设备较为集中的地方，与建筑结构的关系较为密切，在设计时要加以考虑。

顶棚平面图要表达的内容较多，绘制起来相对复杂。在绘制时门窗可省略不画，楼梯只需画出楼梯间的墙体。顶棚上的浮雕、线脚等均应画在顶棚平面图上，有些浮雕和线脚较为复杂，难以在这个比例较小的图中表达清楚时，可以只画出示意图，然后再以大比例的详图表示。灯具一般采用简化画法，如筒灯画一个小圆圈加十字，吸顶灯只画外部大轮廓加十字，图样的大小形状要与灯具的实际大小和形状相一致。另外，在室内设计和施工中，为了协调水、电、空调、消防等各工种布点定位，室内设计中可以指出顶棚综合布点图，将灯具、喷淋头、风口和顶棚造型等位置都标注清楚。

在绘制顶棚平面图时，墙、柱轮廓线用粗实线表示，顶棚及灯饰等造型轮廓线用中实线表达，顶棚装饰及分格线用细实线表示。

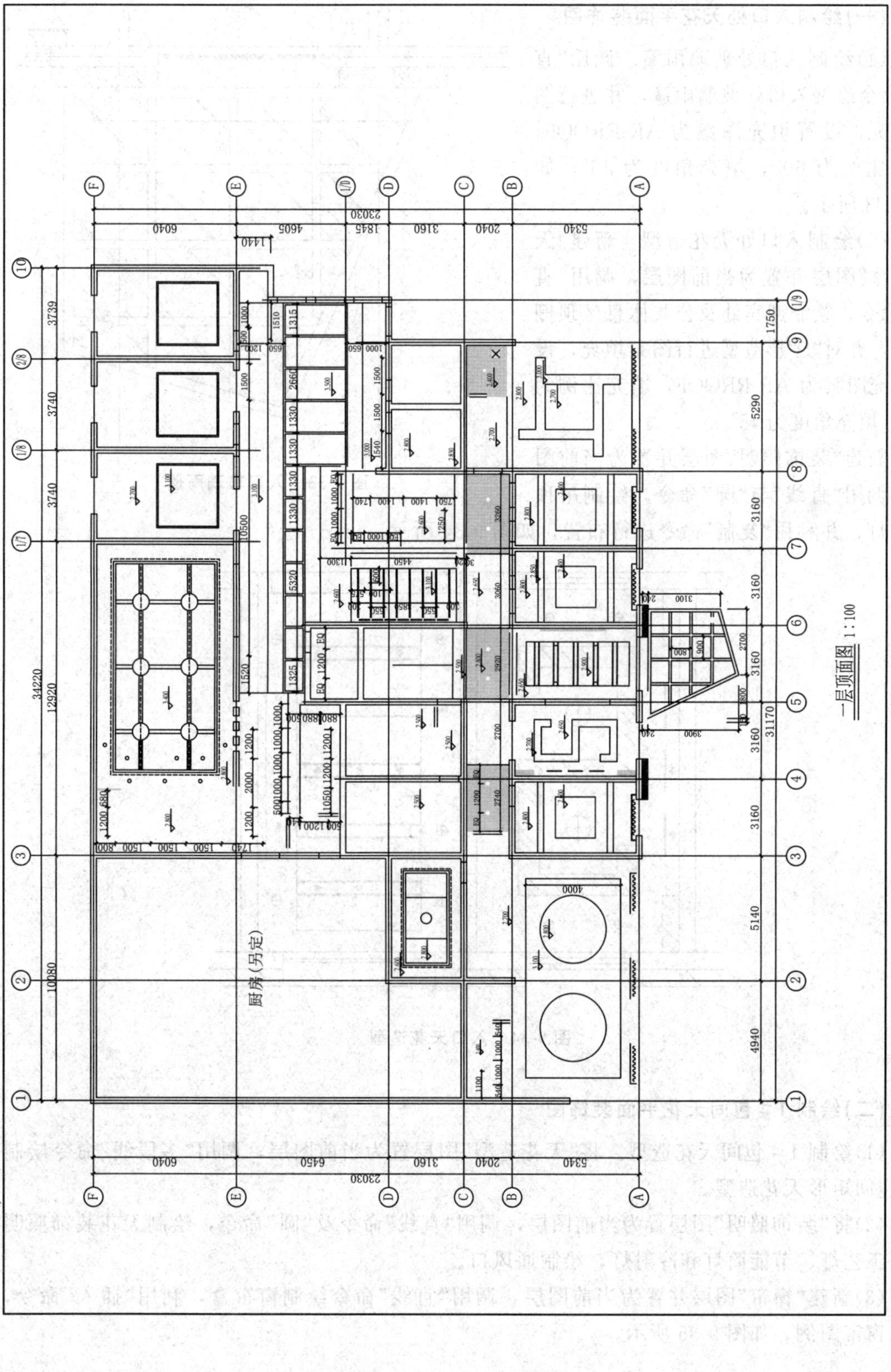

一层顶面图 1:100

图 9-32 某餐厅天花平面装饰图

### 三、任务实施

#### (一)绘制入口处天花平面装饰图

(1)绘制入口处玻璃雨篷。调用"直线"命令绘制入口处玻璃雨篷，并进行图案填充，设置填充图案为 AR-RROOF，填充比例为 600，填充角度为 45°，如图 9-33 所示。

(2)绘制入口处天花造型。新建"天花造型"图层并置为当前图层，调用"直线"命令，绘制迎宾处及公共休息区顶棚造型，并对"S"形造型进行图案填充，设置填充图案为 AR-RROOF，填充比例为 600，填充角度为 45°。

新建"装饰照明"图层并置为当前图层，调用"直线"与"圆"命令，绘制吊顶照明灯，并利用"复制"命令进行布置，如图 9-34 所示。

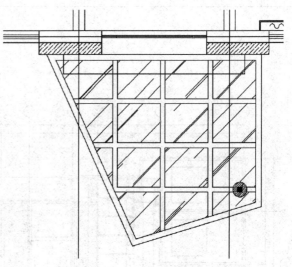

图 9-33 入口玻璃雨篷

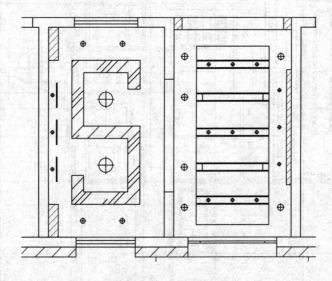

图 9-34 入口天花造型

#### (二)绘制 1# 包间天花平面装饰图

(1)绘制 1# 包间天花造型。将"天花造型"图层置为当前图层，调用"多段线"命令绘制 1# 包间矩形天花造型。

(2)将"装饰照明"图层置为当前图层，调用"直线"命令及"圆"命令，绘制天花装饰照明灯—工艺灯、节能筒灯和冷射灯，绘制通风口。

(3)新建"窗帘"图层并置为当前图层，调用"直线"命令绘制窗帘盒，利用"插入"命令，插入窗帘图例，如图 9-35 所示。

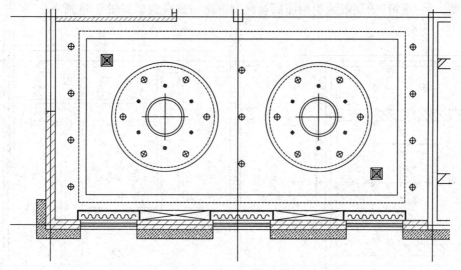

**图 9-35  1♯包间天花造型**

（4）绘制套间天花造型。将"天花造型"图层置为当前图层，调用"多段线"命令绘制套间天花造型。将"装饰照明"图层置为当前图层，利用"插入"图块命令绘制天花装饰照明，如图 9-36 所示。

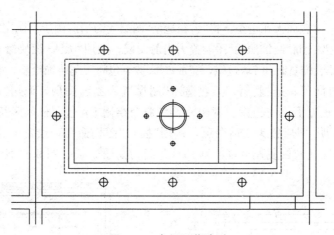

**图 9-36  套间天花造型**

**(三)绘制其他包间天花平面装饰图**

（1）绘制 2♯包间天花造型。将"天花造型"图层置为当前图层，调用"矩形"命令及"直线"命令，绘制矩形天花造型和条形装饰，并对条形装饰进行填充，设置填充图案为 AR-RROOF，填充比例为 600，填充角度为 45°。

（2）将"装饰照明"图层置为当前图层，调用"直线"命令及"圆"命令，绘制天花装饰灯，并利用"插入"图块命令进行布置。

（3）将"窗帘"图层置为当前图层，调用"直线"命令绘制窗帘盒并插入窗帘图例，将绘制好的天花及窗帘图案通过"复制"命令分别布置在 3♯、4♯包间，如图 9-37 所示。

（4）绘制 5♯包间天花造型。将"天花造型"图层置为当前图层，调用"多段线"命令绘制 5♯包间"回"字天花造型。将"装饰照明"图层置为当前图层，利用"插入"图块命令绘制天花装饰照明。将"窗帘"图层置为当前图层，绘制窗帘与窗帘盒，如图9-38所示。

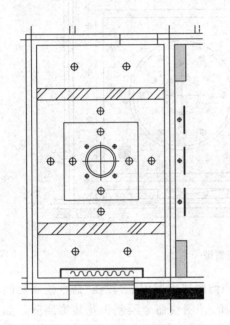

图9-37　3♯、4♯包间天花造型　　　　　　　图9-38　5♯包间天花造型

（5）绘制6♯、7♯包间天花造型。将"天花造型"图层置为当前图层，调用"矩形"命令，绘制6♯包间矩形天花造型。将"装饰照明"图层置为当前图层，利用"插入"图块命令绘制天花装饰照明，将6♯包间天花装饰复制到7♯包间，完成6♯、7♯包间天花装饰绘制，如图9-39所示。

（6）绘制8♯包间天花造型。将"天花造型"图层置为当前图层，调用"多边形"命令，绘制8♯包间就餐区正方形天花造型。调用"矩形"命令绘制8♯包间休闲区长方形天花造型。

（7）将"装饰照明"图层置为当前图层，调用"插入"图块命令，绘制天花装饰照明，并将绘制好的8♯包间天花装饰复制到9♯和10♯包间，如图9-40、图9-41所示。

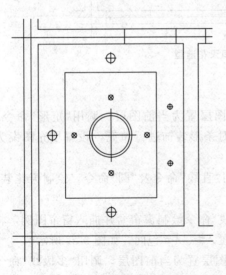

图9-39　6♯、7♯包间天花造型

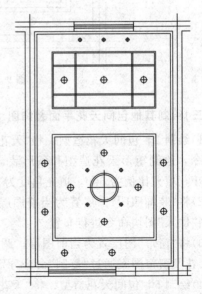

图9-40　8♯包间天花造型

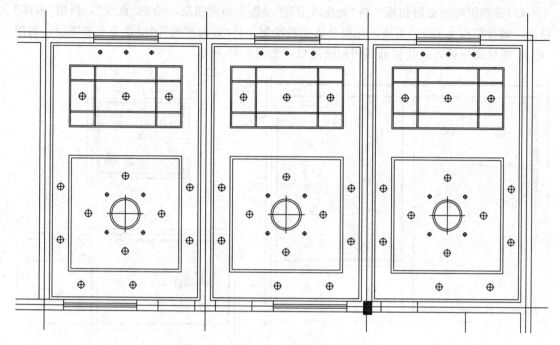

图 9-41　8#、9#、10#包间天花造型

**(四)绘制公共就餐区及卫生间天花平面装饰图**

(1)绘制公共就餐区天花造型。将"天花造型"图层置为当前图层,调用"直线"命令及"圆"命令绘制公共就餐区天花造型。将"装饰照明图层"置为当前图层,并利用"插入"图块命令绘制天花装饰照明,如图 9-42 所示。

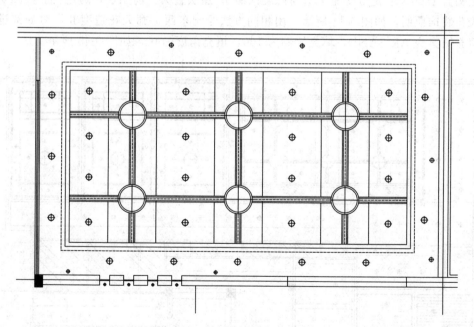

图 9-42　公共就餐区天花造型

(2)绘制卫生间金属扣板。将"天花造型"图层置为当前图层，绘制"直线"，调用"偏移"命令，偏移距离为150，完成天花板金属扣板绘制。将"装饰照明"图层置为当前图层，利用"插入"图块命令插入天花装饰照明和通风口，如图9-43所示。

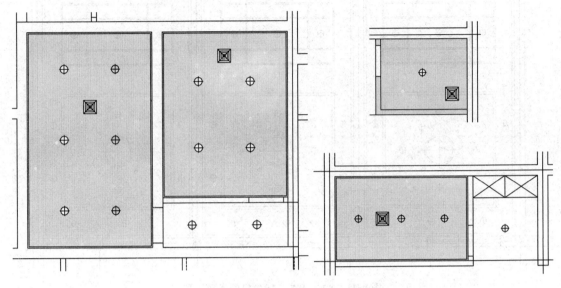

图 9-43　卫生间天花装饰

### (五)绘制走廊天花平面装饰图

(1)绘制东西走廊天花造型Ⅰ、Ⅱ。将"天花造型"图层置为当前图层，调用"直线""偏移""剪切"命令绘制东西走廊天花造型Ⅰ，调用"图案填充"命令，填充图案为AR-RROOF，填充比例为1500，填充角度为45°。将"装饰照明"图层置为当前图层，通过"插入"图块命令绘制天花装饰照明，如图9-44所示。用相同方法绘制东西走廊天花造型Ⅱ，对局部进行填充，填充图案为AR-SAND，填充比例为100，填充角度为0°，如图9-45所示。

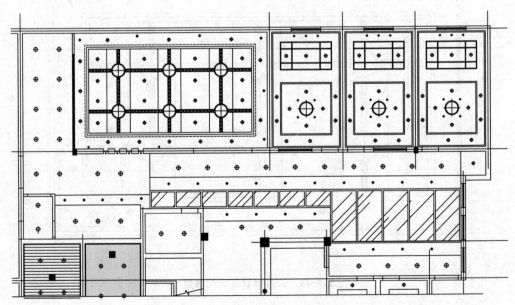

图 9-44　东西走廊天花造型Ⅰ

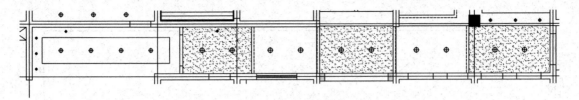

**图 9-45　东西走廊天花造型Ⅱ**

(2)绘制南北走廊天花造型。将"天花造型"图层置为当前图层，调用"直线""偏移"命令绘制南北走廊天花造型。将"装饰照明"图层置为当前图层，利用"插入"图块命令绘制天花装饰照明，如图 9-46 所示。

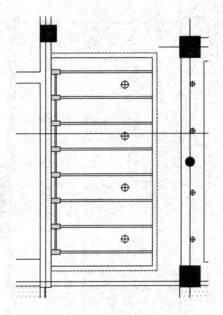

**图 9-46　南北走廊天花造型**

(3)绘制其他细部天花造型。根据设计要求完成其他细部天花造型及天花装饰照明的绘制。

**(六)标注**

(1)标注线型尺寸。新建"线性尺寸标注"图层并置为当前图层，执行"格式"→"尺寸样式"命令，设置尺寸样式，调用"标注"命令，对天花装饰照明、天花造型等的定形尺寸、定位尺寸进行标注，更为详细的尺寸需在包间顶棚详图中标注。

(2)新建"标高标注"图层并置为当前图层，创建标高动态块，插入块，编辑块属性，完成不同部位的标高标注。

(3)将"文字"图层置为当前图层，设置文字样式，创建单行文本，书写图名。

(4)将"图框"图层置为当前图层，插入图框，完成全图绘制，如图 9-47 所示。

**说明**：对于该餐厅天花造型涉及的详细尺寸需要在包间顶棚详图中查找。

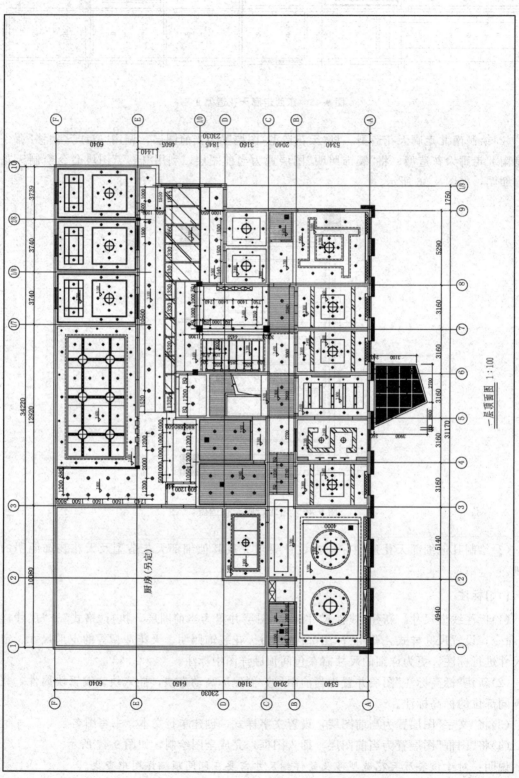

一层顶面图 1:100

图 9-47 完成图

# 任务四　餐厅包间立面和节点大样图绘制

**知识目标**

1. 掌握餐厅包间立面和节点大样图的绘制步骤及方法；
2. 理解图层的创建、多线样式、标注样式及文字样式的设置方法；
3. 了解餐厅立面设计特点。

**能力目标**

能够灵活绘制餐厅包间立面和节点大样图。

## 一、任务描述

利用 AutoCAD 2017 软件绘制某餐厅包间立面和节点大样图，如图 9-48、图 9-49 所示。

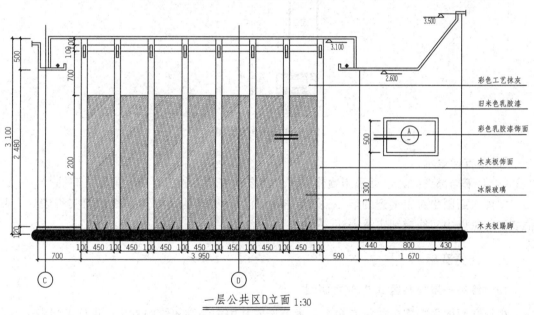

一层公共区D立面 1:30

**图 9-48　餐厅立面装饰图**

## 二、任务资讯

在室内设计中，平面图仅表示了家具、摆设、绿化等的平面空间位置，而立面图主要反映的是竖向空间关系和一些嵌入项目的具体位置和空间关系。室内立面图可以分为内视立面图和内视立面展开图。绘制立面图的主要目的是表达室内立面的造型、所用材料及规格、色彩与工艺要求等。内视立面图的表达方法上有以下四种：

(1)用内视符号表示立面图。

(2)用轴线位置表示。

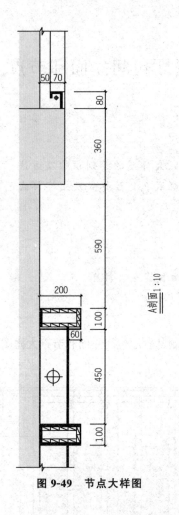

50  70

80

360

590

200

100

60

450

100

A剖面 1:10

**图 9-49  节点大样图**

(3)用方向表示。

(4)对于局部立面，也可采用物体或方位的名称表示，如门立面、屏风立面等。

室内立面图中对于剖到的墙、梁柱、楼地面、顶棚等构造的轮廓线用粗实线表达，其他装饰部位以中实线或细实线表达。

### 三、任务实施

#### (一)绘制一层公共区 A 内视立面图

内视立面图根据需要往往有多个，本节选取其中之一讲解绘图方法，供读者参考。

(1)新建"地面及顶棚"图层并置为当前图层，调用"多段线"，设置线宽为 30，绘制地面长度为 6 940。

(2)调用"直线"命令，绘制顶棚及灯槽、灯带，如图 9-50 所示。

(3)新建"装饰"图层并置为当前图层，调用"直线"命令，绘制距离左侧墙面 700 的垂直线，并根据设计要求偏移直线，绘制装饰立面。绘制距离地面 120 mm 的水平直线，通过"剪切"命令绘制木夹板踢脚。

(4)新建"图案填充"图层并置为当前图层，根据设计选材填充图案，填充的图案分别为AR-CONC，填充比例为 1，填充角度为 0°；填充图案为 AR-RROOF，填充比例为 30，填充角度为 45°。

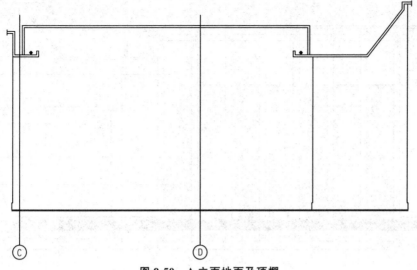

**图 9-50　A 立面地面及顶棚**

(5)调用"插入"图块命令，插入顶部节能筒灯和底部冷射灯。调用"矩形"命令，绘制右侧装饰造型，如图 9-51 所示。

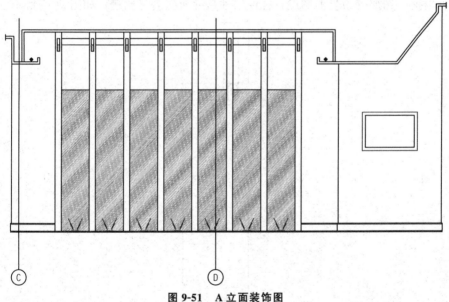

**图 9-51　A 立面装饰图**

(6)新建"标注"图层并置为当前图层，执行"格式"→"标注样式"命令设置标注样式，调用标注命令，根据设计要求标注线型尺寸。

(7)执行"格式"→"文字样式"命令设置文字样式，调用引线标注，对装饰选材进行说明。

(8)调用"插入块"命令，插入标高符号，编辑块属性，对顶棚进行标高标注。

(9)标注剖视索引符号、图名及比例，完成全图绘制，如图 9-52 所示。

**(二)绘制节点大样图**

(1)新建"墙体"图层并置为当前图层，根据比例要求绘制墙体并进行填充。

(2)新建"装饰"图层并置为当前图层，绘制木夹板饰面及冰裂玻璃、装饰灯槽。

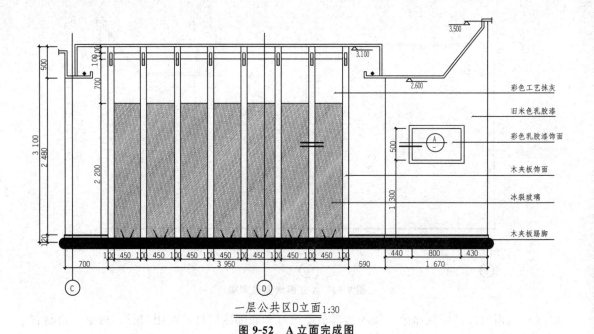

一层公共区D立面1:30

**图9-52  A立面完成图**

彩色工艺抹灰

旧米色乳胶漆

彩色乳胶漆饰面

木夹板饰面

冰裂玻璃

木夹板踢脚

（3）将"标注"图层置为当前图层，标注线性尺寸及图名、比例，如图9-53所示。

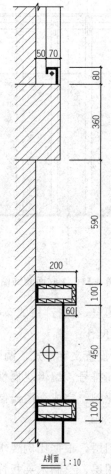

A剖面 1:10

**图9-53  A剖面详图**

本项目以某餐厅装饰设计为例，详细介绍了餐厅设计装饰施工图的绘制过程，包括建筑装饰平面布置图、天花平面图、向视立面图及节点详图的绘制，从而进一步拓展绘图知识和技巧在不同类型建筑室内设计中的应用。

◪ ➤ 操作与练习

通过前面的学习，读者对本项目知识有了整体的了解后，通过以下实例加强读者对内容的掌握。

1. 绘制某餐厅包间装饰平面图及天花平面图。

(1)绘图前准备。

(2)新建图层。

(3)绘制定位轴线。

(4)绘制柱子、墙体、门窗等。

(5)插入家具图例。

(6)设置标注样式，标注尺寸。

(7)设置文字样式，标注文字。

(8)绘制天花造型及插入灯具图例。

(9)标注尺寸及文字。

绘制结果如图 9-54 所示。

2. 绘制某向视立面图。

(1)创建图层。

(2)绘制地面、顶棚及装饰造型。

(3)设置尺寸标注样式、文字样式。

(4)标注尺寸、文字。

(5)引线标注。

绘制结果如图 9-55 所示。

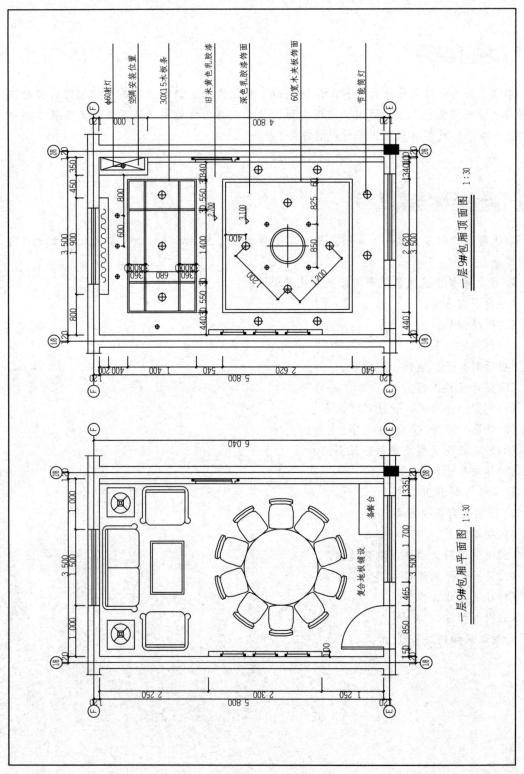

φ60射灯
空调安装位置
30X15木板条
旧米黄色乳胶漆
深色乳胶漆饰面
60宽木夹板饰面
节能筒灯

一层9#包厢顶面图 1:30

一层9#包厢平面图 1:30

复合地板铺设

备餐台

图9-54 某餐厅包间装饰平面图及天花平面图

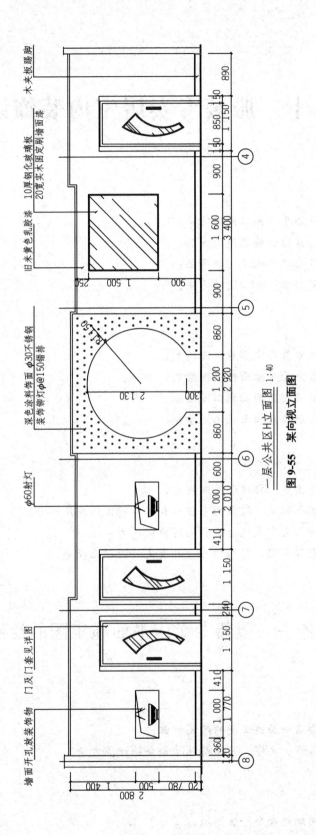

一层公共区 H 立面图 1:40

**图 9-55　某向视立面图**

木夹板踢脚

旧米黄色乳胶漆　10厚钢化玻璃搁板　20宽实木固定刷墙面漆

深色涂料饰面 φ30不锈钢
装饰铆钉 φ@150错排

φ60射灯

墙面开孔放装饰物
门及门套见详图

# 项目十　服装专卖店室内装饰设计

1. 掌握绘制服装店平面施工图的方法；
2. 掌握绘制服装店地面铺装图的方法；
3. 掌握绘制服装店顶面施工图的方法；
4. 掌握绘制服装店立面施工图的方法。

1. 能够独立完成服装店平面施工图绘制；
2. 能够独立完成服装店地面铺装图绘制；
3. 能够独立完成服装店顶面施工图绘制；
4. 能够独立完成服装店立面施工图绘制。

1. 遵守相关法律法规、标准和管理规定；
2. 具有严谨的工作作风、较强的责任心和科学的工作态度；
3. 具备良好的语言文字表达能力和沟通协调能力；
4. 爱岗敬业，严谨务实，团结协作，具有良好的职业操守。

## 任务一　服装专卖店平面施工图的绘制

1. 掌握服装专卖店平面施工图的绘图步骤；
2. 熟悉图层、多线、文字、尺寸标注等命令的设置方法。

1. 能够灵活使用编辑命令修改图纸；
2. 能够灵活进行系统设置，创建合适的绘图环境；
3. 能够在指定时间内完成服装专卖店平面施工图的绘制。

## 一、任务描述

服装店建筑为某商场的一部分，设计师现场测量建筑内部尺寸，绘制服装店室内框架结构图，室内平面施工图最终形式如图10-1所示，手绘记录测量尺寸如图10-2所示。

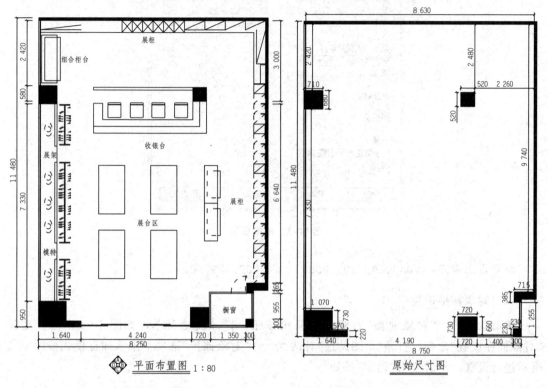

图 10-1　服装店平面施工图　　　　　图 10-2　服装店原始尺寸图

## 二、任务资讯

### (一)系统设置

### 1. 单位设置

在 AutoCAD 2017 中，以 1∶1 的比例绘制，到出图时，再考虑以 1∶100 的比例输出。因此，将系统单位设为毫米(mm)。以 1∶1 的比例绘制，输入尺寸时无须换算，比较方便。

具体操作是，选择菜单栏中的"格式"→"单位"命令，打开"图形单位"对话框，按图10-3所示进行设置，然后单击"确定"按钮完成。

### 2. 图形界限设置

将图形界限设置为 A3 图幅。AutoCAD 2017 默认的图形界限为 420×297，已经是 A3 图幅，但是我们以 1∶1 的比例绘图，当以 1∶100 的比例出图时，图纸空间将被缩小 100 倍，所以现在将图形界限设为 42000×29700，扩大 100 倍。命令操作如下：

命令：LIMITS↙

重新设置模型空间界限：

指定左下角点或［开(ON)/关(OFF)］<0.0000, 0.0000> ：↙

(提示：按 Enter 键接受默认值)

图 10-3　单位设置

指定右上角点<420.0000, 297.0000>：42000, 29700✓

**(二)对象捕捉设置**

单击状态栏上"对象捕捉"右侧的小三角按钮，打开快捷菜单，如图 10-4 所示，选择"对象捕捉设置"命令，打开"草图设置"对话框，在"对象捕捉"选项卡中将捕捉模式按图 10-5 所示进行设置，然后单击"确定"按钮。

图 10-4　打开快捷菜单

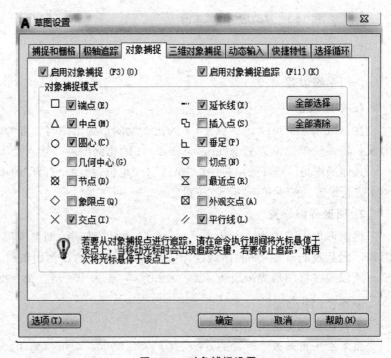

图 10-5　对象捕捉设置

### 三、任务实施

#### (一)绘制墙体

(1)打开 AutoCAD 2017 应用程序，单击快速访问工具栏中的"新建"按钮，系统弹出"选择样板"对话框，选择"acadiso.dwt"样板文件。

(2)在"默认"选项卡"图层"面板中单击"图层特性"按钮，打开"图层特性管理器"对话框，新建图层。设置图层特性管理器如图 10-6 所示(注意线型和颜色的不同选择)。

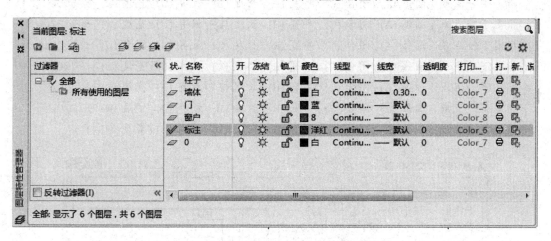

**图 10-6　图层特性管理器中图层的设置**

(3)将"墙体"图层设置为当前图层，调用"多段线"命令(PLINE)，在图形中合适位置拾取一点为起点，向上移动光标规定下一个点"730"；再向右移动光标，当出现 0°极轴追踪线时输入"720"，并按 Enter 键，确定线段第二点。

(4)用以上方法调用"多段线"命令依次画出内墙轮廓，设置标注样式如图 10-7～图 10-9 所示的参数，调整设置文字始终保持在尺寸界线之间，主单位精度设计为 0。标注内墙，最终效果如图 10-10 所示(注意：绘制过程如图形太大看不到全部图形时，可重生成"RE-GEN"图形后，缩小视图)。

命令：pl↙

PLINE

指定起点：

当前线宽为 0.0000

指定下一个点或 [圆弧(A)/半宽(H)/长度(L)/放弃(U)/宽度(W)]：730↙

指定下一点或 [圆弧(A)/闭合(C)/半宽(H)/长度(L)/放弃(U)/宽度(W)]：720↙

指定下一点或 [圆弧(A)/闭合(C)/半宽(H)/长度(L)/放弃(U)/宽度(W)]：660↙

指定下一点或 [圆弧(A)/闭合(C)/半宽(H)/长度(L)/放弃(U)/宽度(W)]：1400↙

指定下一点或 [圆弧(A)/闭合(C)/半宽(H)/长度(L)/放弃(U)/宽度(W)]：230↙

指定下一点或 [圆弧(A)/闭合(C)/半宽(H)/长度(L)/放弃(U)/宽度(W)]：230↙

指定下一点或 [圆弧(A)/闭合(C)/半宽(H)/长度(L)/放弃(U)/宽度(W)]：955↙

指定下一点或 [圆弧(A)/闭合(C)/半宽(H)/长度(L)/放弃(U)/宽度(W)]：230↙

指定下一点或[圆弧(A)/闭合(C)/半宽(H)/长度(L)/放弃(U)/宽度(W)]: 385↙

指定下一点或[圆弧(A)/闭合(C)/半宽(H)/长度(L)/放弃(U)/宽度(W)]: 715↙

指定下一点或[圆弧(A)/闭合(C)/半宽(H)/长度(L)/放弃(U)/宽度(W)]: 9740↙

指定下一点或[圆弧(A)/闭合(C)/半宽(H)/长度(L)/放弃(U)/宽度(W)]: 8630↙

指定下一点或[圆弧(A)/闭合(C)/半宽(H)/长度(L)/放弃(U)/宽度(W)]: 2420↙

指定下一点或[圆弧(A)/闭合(C)/半宽(H)/长度(L)/放弃(U)/宽度(W)]: 690↙

指定下一点或[圆弧(A)/闭合(C)/半宽(H)/长度(L)/放弃(U)/宽度(W)]: 680↙

指定下一点或[圆弧(A)/闭合(C)/半宽(H)/长度(L)/放弃(U)/宽度(W)]: 690↙

指定下一点或[圆弧(A)/闭合(C)/半宽(H)/长度(L)/放弃(U)/宽度(W)]: 7330↙

指定下一点或[圆弧(A)/闭合(C)/半宽(H)/长度(L)/放弃(U)/宽度(W)]: 1070↙

指定下一点或[圆弧(A)/闭合(C)/半宽(H)/长度(L)/放弃(U)/宽度(W)]: 730↙

指定下一点或[圆弧(A)/闭合(C)/半宽(H)/长度(L)/放弃(U)/宽度(W)]: 570↙

指定下一点或[圆弧(A)/闭合(C)/半宽(H)/长度(L)/放弃(U)/宽度(W)]: 220↙

指定下一点或[圆弧(A)/闭合(C)/半宽(H)/长度(L)/放弃(U)/宽度(W)]: ↙

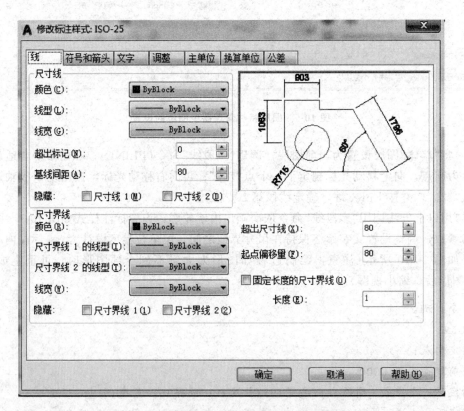

图 10-7 设置 ISO-25 的标注样式—"线"选项卡

(5)选中墙体线，先分解，再用"偏移"命令绘制外墙(向外偏移量 100)和窗户(向外偏移量 20，再向外偏移 50)，使用"修剪"或"夹点延伸"等命令绘制墙体。

(6)绘制柱子，利用"偏移""矩形"等命令绘制距右上拐角 2 260×2 480 处的 520×520 的柱子，如图 10-11 所示。

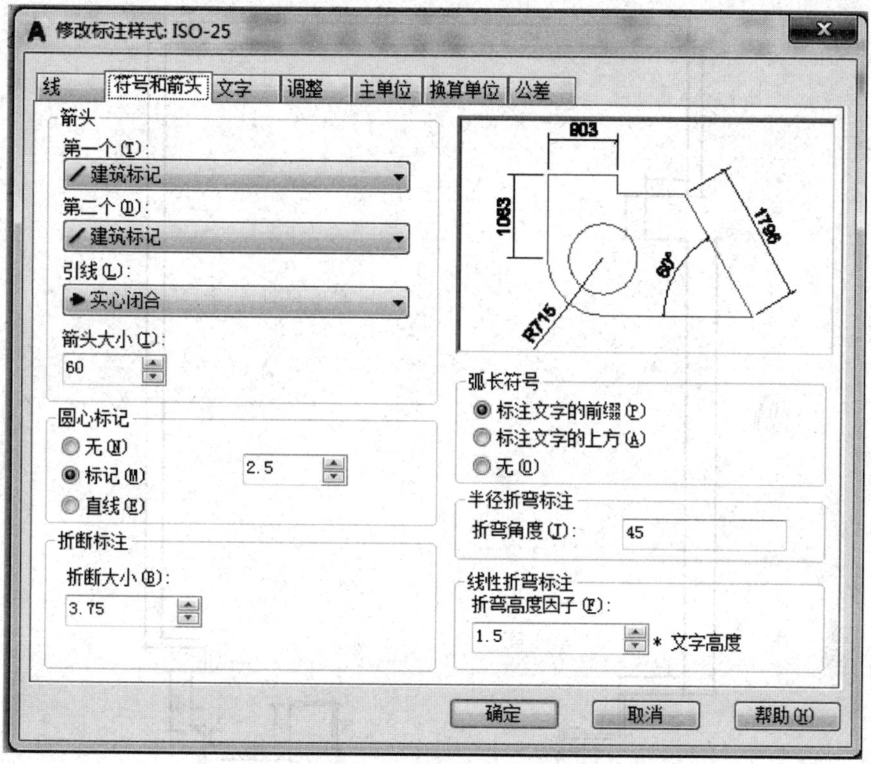

图 10-8 设置 ISO-25 的标注样式—"符号和箭头"选项卡

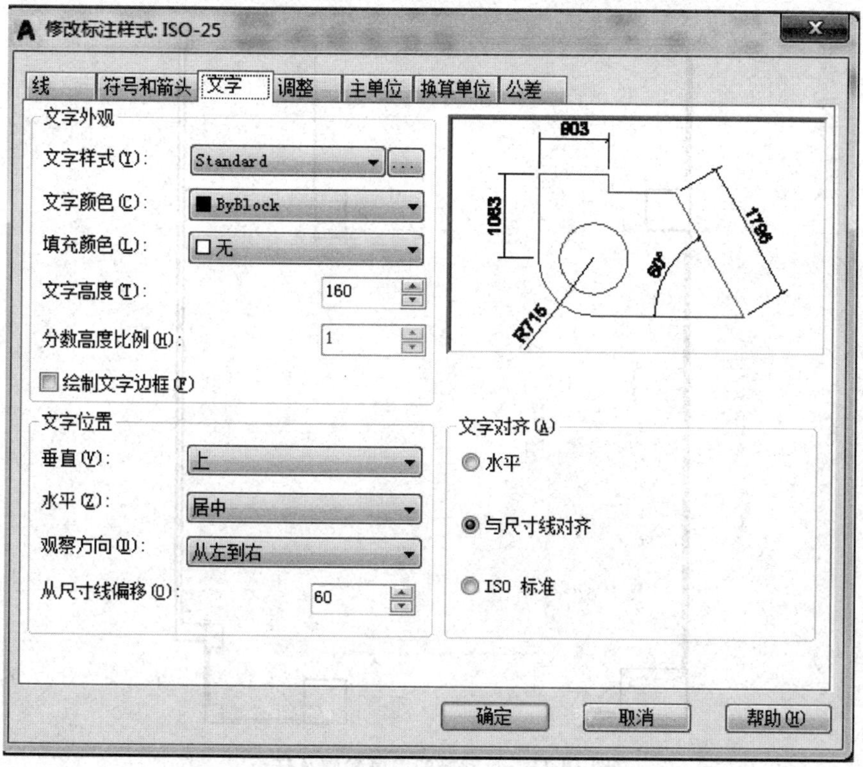

图 10-9 设置 ISO-25 的标注样式—"文字"选项卡

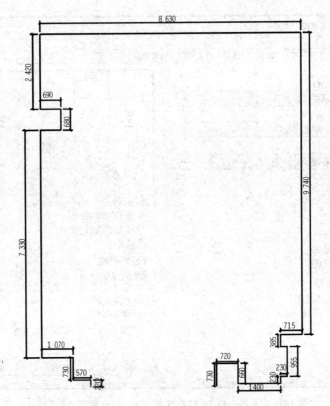

图 10-10　绘制好的内墙轮廓

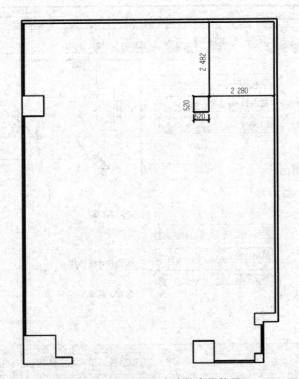

图 10-11　绘制好的内墙轮廓及柱子

(7)将墙体和柱子部分进行填充，输入快捷键 H，在"图案填充创建"选项卡选择"SO-LOD"，拾取填充的墙体和柱子内部，最终完成框架图的绘制，如图 10-12 所示。

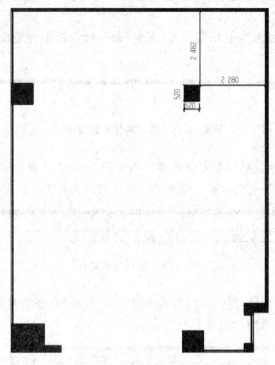

**图 10-12　填充好的内墙轮廓**

命令行提示如下：

命令：H↙

HATCH

拾取内部点或［选择对象(S)/放弃(U)/设置(T)］：正在选择所有对象...

正在选择所有可见对象...（选择所有要填充区域的内部点）

(8)绘制门。将"门"图层置为当前图层，用"矩形"命令绘制 1 020×30 的推拉门，再用"镜像"命令完成入口玻璃推拉门的绘制，如图 10-13 所示。

**(二)绘制橱窗**

(1)绘制橱窗，将"墙体"图层切换为当前图层。

(2)调用"直线"命令，绘制柱体一侧的垂直方向隔墙，橱窗深度为 1 185×1 580。

(3)调用前面章节所学命令绘制 600 的小门，将其插入橱窗与墙体的交接处，完成橱窗部分的绘制，如图 10-14 所示。

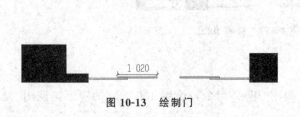

**图 10-13　绘制门**

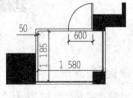

**图 10-14　绘制橱窗**

### (三)绘制展柜

(1)新建"家具"图层,颜色为3,线型为实线,其他默认。新建"灰线"图层,颜色为9,线形为虚线——,其他默认。

(2)将"家具"图层置为当前图层,用"直线"命令绘制展柜外轮廓线,展柜深度为450,如图10-15所示。

**图 10-15   绘制展柜外轮廓线**

(3)调用"偏移"命令,将展柜左侧线体向右偏移3130,绘制出矩形展台,再偏移400,分别绘制出6个宽度为400的展柜,以交叉灰线代表其为高柜,如图10-16所示。

**图 10-16   绘制矩形展台**

(4)绘制吊柜。将"灰线"图层置为当前图层,用"直线"命令绘制深度为350的吊柜,同样方法绘制同柜右侧的吊柜,如图10-17所示。

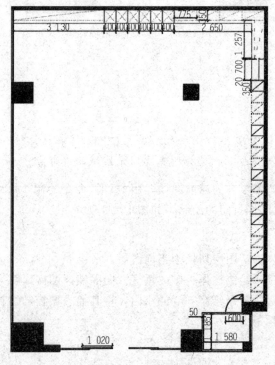

**图 10-17   绘制吊柜**

### (四)绘制展架

(1)将"家具"图层置为当前图层,调用"矩形"命令,绘制400×30的矩形,调用"复制"

命令将其在垂直方向进行复制，用"直线"命令将两个矩形的中线相连，再将中线分别向左、右偏移 15，修剪后绘制出展架，如图 10-18 所示。

（2）绘制衣架。将"灰线"图层置为当前图层，调用"矩形"命令，绘制 450×35 的矩形，用所学过的命令将衣架模块进行旋转、复制，得到如图 10-19 所示图形。

（3）绘制模特模块。绘制直径为 500 的椭圆，在同一圆心绘制半径为 95 的小圆，组成模特模块，如图 10-20 所示。

图 10-18　绘制展架框架　　　　图 10-19　绘制衣架　　　　图 10-20　绘制模特模块

（4）将前面绘制的展架、模特都组建成块，如果对基本命令熟悉，可直接调用提供好的模块复制插入，最终效果如图 10-21 所示。

**（五）绘制组合柜台**

（1）调用"矩形"命令，分别绘制 600×1 770 和 600×1 600 的矩形，用"移动"命令将两个矩形相交叠，如图 10-22 所示。

（2）将其移动到平面图中左侧后方靠窗处。

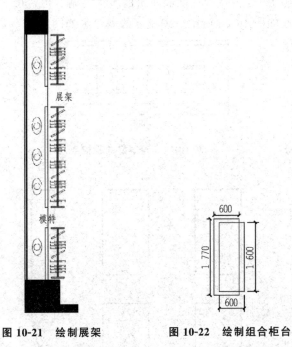

图 10-21　绘制展架　　　　　　图 10-22　绘制组合柜台

**（六）绘制收银台**

（1）调用"直线"命令，绘制水平方向长度为 4 330 的直线，向上偏移 250，将直线右端向上垂直绘制长度为 1 180 的直线，向左分别偏移 260、520，以此方法再绘制收银台的另外一边，具体尺寸如图 10-23 所示。

(2)绘制 500×550 的矩形，调用"倒角"命令，对矩形进行半径为 10 的圆角处理，如图 10-24 所示，具体步骤如下：

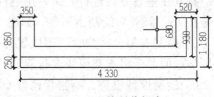

**图 10-23　绘制收银台**

命令：_fillet

当前设置：模式=修剪，半径=0.0000

选择第一个对象或 [放弃(U)/多段线(P)/半径(R)/修剪(T)/多个(M)]：r✓

指定圆角半径 <0.0000>：30✓

选择第一个对象或 [放弃(U)/多段线(P)/半径(R)/修剪(T)/多个(M)]：

(依次选择相邻的边)

选择第二个对象，或按住 Shift 键选择对象以应用角点或 [半径(R)]：

(依次选择相邻的另一条边)

(3)调用"复制"命令，将收银台座椅再等距复制 3 个。

(4)调用"直线"命令和"偏移"命令，绘制收银区 LOGO 背景墙，效果如图 10-25 所示。

**(七)绘制中心展台**

(1)绘制中心展台。调用"矩形"命令，绘制 1 000×1 600 的矩形。

(2)将绘制好的展台插入距离左侧展架 1 075 mm 的位置，并进行等距复制。展台之间水平距离为 1 000，垂直距离为 600。

(3)中心展台右侧的组合柜台参照前面所讲的步骤绘制，柜台尺寸分别为 1 400×500 和 1 000×500，具体尺寸如图 10-26 所示。编制好的展台区如图 10-27 所示。

**图 10-24　绘制座椅**　　**图 10-25　绘制好的收银台**　　**图 10-26　绘制展台**

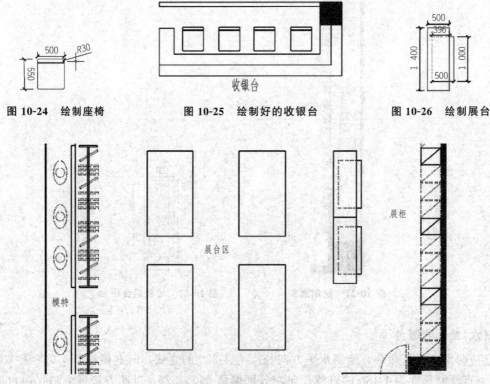

**图 10-27　绘制好的展台区**

· 270 ·

### (八)文字标注

(1)将"标注"图层置为当前图层,设置文字样式,字体大小为300,调用文字命令,输入各区域名称和主要的展示家具名称。

(2)选择"绘图"工具栏中"插入"块命令,插入方向索引图标和比例图示图块,至此,服装专卖店平面布置图全部完成,效果如果10-28所示。

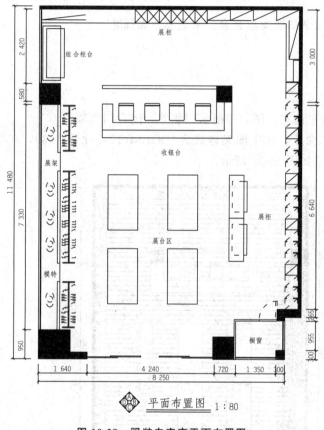

图 10-28　服装专卖店平面布置图

# 任务二　服装专卖店地面铺装图的绘制

### 知识目标

1. 掌握服装专卖店地面铺装图的绘图步骤;
2. 熟悉材质标注的方法。

### 能力目标

能够在指定时间内完成服装专卖店地面铺装图的绘制。

## 一、任务描述

给服装专卖店地面进行铺装，地面材质的主要内容有地面的图案、材料等，通过下面服装专卖店室内空间的地面铺装来学习掌握其方法和技巧。

## 二、任务资讯

主要利用前面所学的图案填充命令来完成地面铺装。

## 三、任务实施

### (一)店面铺装

(1)复制服装店平面布置图，将橱窗门删除，闭合门框线。

(2)选择"填充"命令，选中图案样式为"DOLMIT"，比例为30，在店面展示区拾取任意点进行填充，效果如图10-29所示。

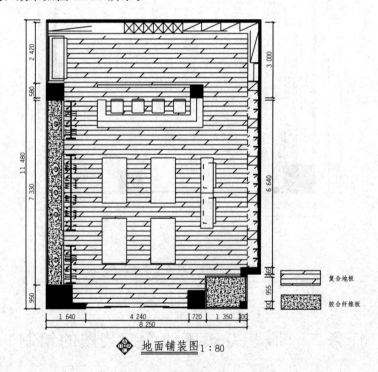

地面铺装图 1∶80

**图 10-29　服装专卖店地面铺装图**

### (二)橱窗铺装

选择"填充"命令，选中图案样式为"AR-CONC"，比例为1，在橱窗处拾取点进行填充，效果如图10-29所示。

### (三)材质标注

(1)调用"矩形"命令，绘制一块小型矩形，在其中填充复合地板图案，方法如前述。再调用"文字"命令，输入"复合地板"，如图10-29所示。

(2)同样的方法，标注橱窗和模特区地面材质为"胶合纤维板"。

至此，服装店地面铺将图绘制完成。

# 任务三　服装专卖店顶棚施工图的绘制

**知识目标**

1. 掌握服装专卖店顶棚施工图的绘图步骤；
2. 熟悉顶棚图标注的方法。

**能力目标**

能够在指定时间内完成服装专卖店顶棚施工图的绘制。

## 一、任务描述

顶棚图一般采用镜像投影法进行绘制，主要包括顶棚的造型设计（如浮雕、线脚等）、顶棚的灯具、通风口、扬声器、烟感、喷淋等设备的布置。商业空间顶棚造型简洁，灯具布局也依据实际要求进行设计，达到预期的照明要求。

## 二、任务资讯

利用前面所学的插入图块命令，将绘制好的灯具制作成图块来完成服装专卖店的顶棚绘制过程。

## 三、任务实施

### (一)展台区顶棚设计图

(1)新建 C-ceiling 图层并置为当前图层。

(2)选择"直线"命令，将平面图橱窗门洞线连接起来，将门图块全部删除。

(3)删除大部分展厅家具，保留展柜和 4 个中心展台，如图 10-30 所示。

(4)建立灯具列表。绘制矩形，新建灯具图层，在矩形框内插入灯具模块，再输入灯具名称，效果如图 10-31 所示。

(5)将"灯具"图层置为当前图层。调用"直线"命令，将四个中心展台描画一遍，然后删除原平面展台。再调用"偏移"命令，将 4 个中心展台的边分别向内偏移 150，如图 10-32 所示。

(6)选择"绘图"工具栏中"插入"块命令，插入灯具设施。然后选择"复制"命令，将灯具复制到合适的位置，效果如图 10-33 所示。

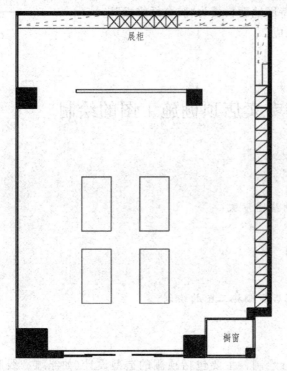

图 10-30　服装专卖店顶棚施工准备图

图 10-31　灯具列表

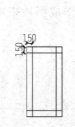

图 10-32　灯具

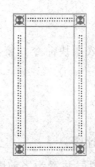

图 10-33　绘制好的灯具

## (二)收银台顶面设计图

(1)调用"矩形"命令，绘制 4 330×250 的矩形。

(2)调用"偏移"命令，将矩形向里偏移 12。

(3)选择"插入"块命令，插入灯具设施(T5 灯管)，效果如图 10-34 所示。

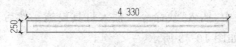

图 10-34　灯具制作

## (三)其他区域顶面设计图

选择"插入"块命令，插入灯具设施，然后选择"复制"命令，将灯具复制到合适的位置，最终效果如图 10-35 所示。

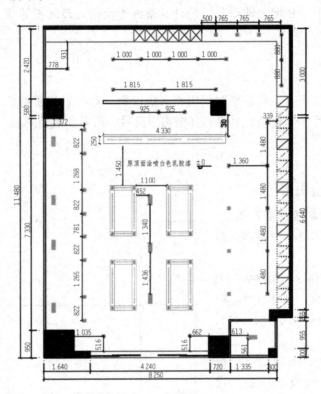

**图 10-35　顶棚图**

## (四)顶棚图标注

(1)将"标注"图层置为当前图层，调用文字命令，输入顶棚材质"原顶棚喷涂白色乳胶漆"。

(2)选择"插入"块命令，插入标高模块。

至此，服装专卖店顶棚布置图全部完成。

# 任务四　服装专卖店立面图的绘制

### 知识目标

1. 掌握服装专卖店立面图的绘图步骤；
2. 熟悉立面图标注的方法。

### 能力目标

能够在指定时间内完成服装专卖店立面图的绘制。

## 一、任务描述

立面图作为空间界面设计的重要表示途径，主要包括立面的造型设计，所用的材料及构造工艺，表现墙面、柱面上的灯具、挂件、壁画等装饰，最终能够完成服装专卖不同立面图的绘制。

## 二、任务资讯

就立面图的画法而言，其外轮廓线用粗实线绘制，对材料和质地的表现宜用细实线绘制。标注内容包括尺寸和标高、材料、详图索引符号、图名和比例等。

## 三、任务实施

### (一)店门面 A 立面图

(1)将"墙体"图层置为当前图层，调用"复制"命令将店门平面图部分截取复制。

(2)调用"直线"命令，绘制店门面平面图投影和地坪线，再通过"偏移"命令绘制顶面线（偏移尺寸为 2 570），如图 10-36 所示。

(3)修剪投影线，调用"直线"命令，根据推拉门平面投影绘制推拉门立面门框，再调用"矩形"命令，绘制推拉门把手（35×2 355），效果如图 10-37 所示。

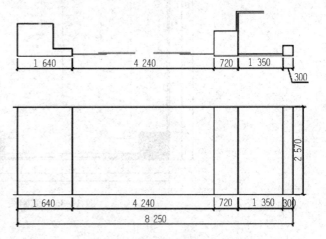

图 10-36　店门面平面图投影和地坪线

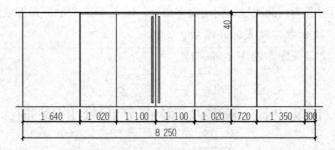

图 10-37　绘制门框

(4)将"家具"图层置为当前图层，选择"点"命令中"定数等分"命令，选择立面图左边墙体线，输入数值为 5，得到 5 个等分点，再调用"直线"命令根据等分点绘制立面墙体装饰线，如图 10-38 所示。

(5)调用"修剪"命令，将推拉门和橱窗处装饰线条修剪掉，如图 10-39 所示。

(6)调用"偏移"命令（偏移距离为 80），绘制橱窗处地台，再调用"插入"命令插入模特立面图块，如图 10-40 所示。

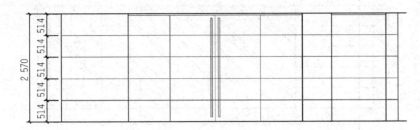

图 10-38　绘制立面墙体装饰线

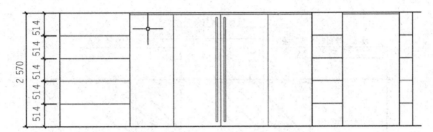

图 10-39　修剪后的立面墙体装饰线

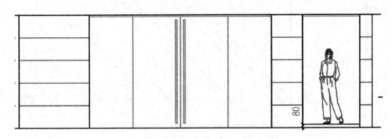

图 10-40　插入橱窗模特

(7)调用"填充"命令，填充推拉门和橱窗处的玻璃材质（选择图案 AR-RROOF，角度为 45°，比例为 30 ），如图 10-41 所示。

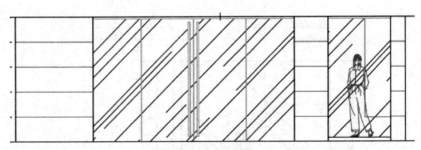

图 10-41　填充玻璃材质

(8)用"连续标注"命令将立面图的主要尺寸进行标注，如图 10-42 所示。

(9)把"尺寸标注"置为当前图层，调用多重引线标注材质名称，并设置颜色为 13，如图 10-43、图 10-44 所示。

(10)调用"插入"命令，插入图名图块和比例图例。

至此，店门面 A 立面图绘制完成，如图 10-45 所示。

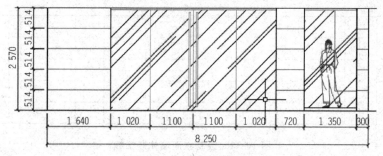

图 10-42　标注立面图

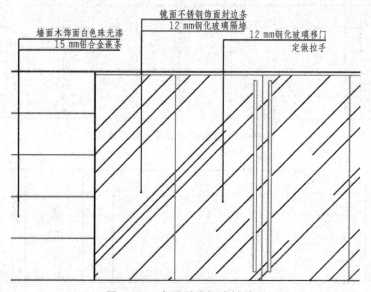

墙面木饰面白色珠光漆
15 mm铝合金嵌条

镜面不锈钢饰面封边条
12 mm钢化玻璃隔墙

12 mm钢化玻璃移门
定做拉手

图 10-43　多重引线标注材质 1

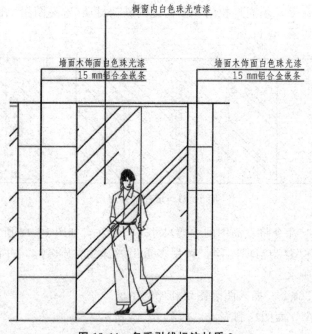

橱窗内白色珠光喷漆

墙面木饰面白色珠光漆
15 mm铝合金嵌条

墙面木饰面白色珠光漆
15 mm铝合金嵌条

图 10-44　多重引线标注材质 2

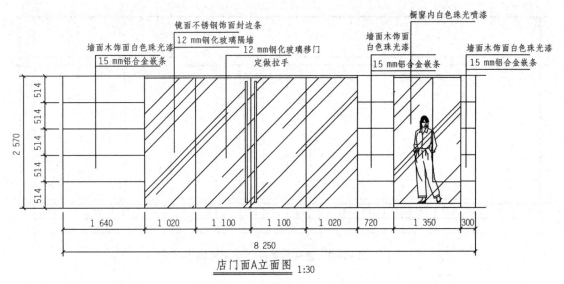

店门面A立面图 1:30

**图 10-45 店门面 A 立面图**

## (二)展柜区 A 立面图

(1)将"墙体"图层置为当前图层,调用"复制"命令将店门面平面图部分截取复制。

(2)调用"直线"命令,绘制展柜区平面图投影和地坪线,再通过"偏移"命令绘制顶面线(偏移尺寸为 3 100),如图 10-46 所示。

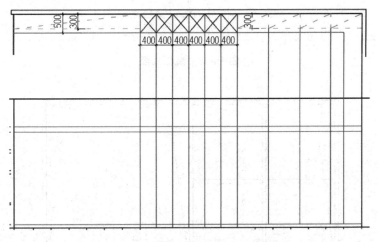

**图 10-46 展柜区 A 平面图投影及地坪线**

(3)修剪投影线,调用"偏移"命令,将地坪线向上分别偏移 80 和 2 430,绘制展柜立面,再将柜顶部线向下偏移 130,绘制柜体顶部框架,最后将多余辅助投影线修剪掉,效果如图 10-47 所示。

(4)绘制高柜立面。将"家具"图层置为当前图层,选择"点"命令中的"定数等分"命令,选择中间高柜部分的边线,输入数值为 5,得出等分点,再调用"直线"命令根据等分点绘制高柜隔板,将高柜内水平线与垂直线分别向内、外偏移 5,最后删除原中间线,经过修剪后如图 10-48 所示,局部放大图如图 10-49 所示。

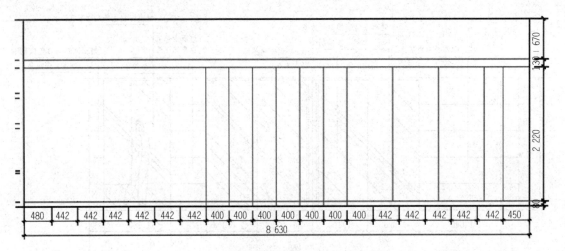

**图 10-47　修剪后展柜区 A 平面图**

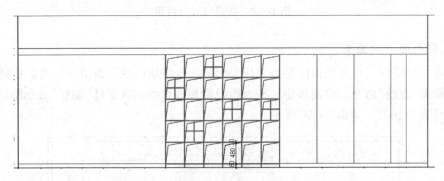

**图 10-48　高柜立面**

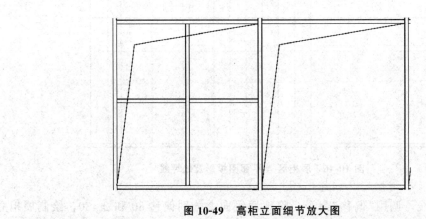

**图 10-49　高柜立面细节放大图**

　　(5)绘制吊柜立面。同样方法调用"偏移""修剪"命令，根据吊柜的投影线绘制吊柜的立面造型，再插入灯具立面模块，效果如图 10-50 所示。

　　(6)绘制矮柜立面。将展柜底部框架线向上偏移 480，再向上偏移 40，绘制矮柜立面框架线，再调用"定数等分"命令，划分柜体分隔线，方法同上，最终插入把手模块，效果如图 10-51 所示，局部放大图如图 10-52 所示。

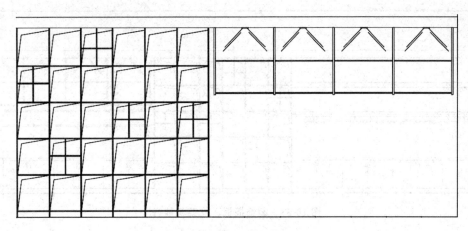

图 10-50　吊柜立面

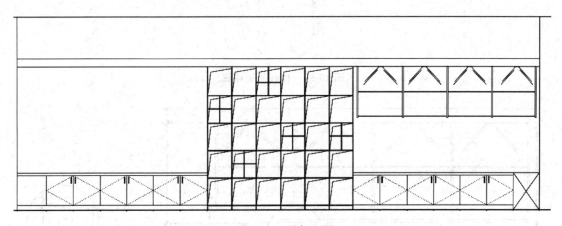

图 10-51　矮柜立面

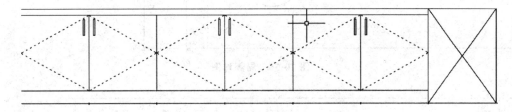

图 10-52　矮柜立面局部放大图

（7）同样方法绘制装饰搁板、支架与挂杆，如图 10-53 所示。

（8）绘制局部详图。调用"圆"命令在挂杆立面处画圆，然后调用"直线"命令绘制引线，调用"直线""偏移"和"圆"命令绘制挂杆侧面详图，效果如图 10-54 所示。整体局部详图最终效果如图 10-55 所示。

（9）用"连续标注"命令对立面图的主要尺寸进行标注。

（10）设置"尺寸标注"为当前图层，调用多重引线标注材质名称。

（11）调用"插入"命令，插入图名图块和比例图例。

至此展柜区 A 立面图绘制完成，如图 10-56 所示。

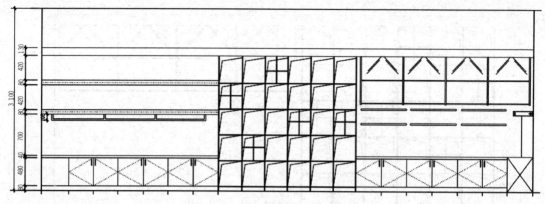

图 10-53 装饰搁板、支架与挂杆

图 10-54 挂杆侧面详图

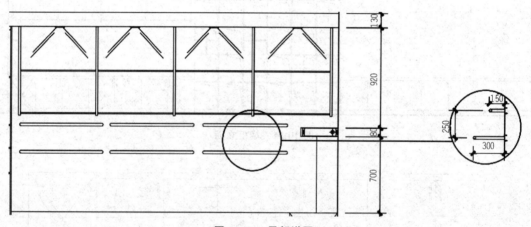

图 10-55 局部详图

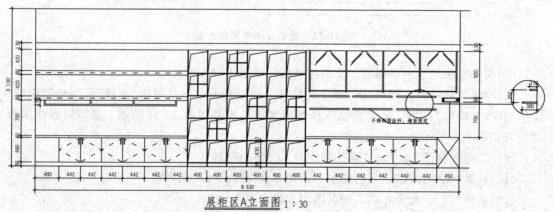

展柜区A立面图 1:30

图 10-56 展柜区 A 立面图

本项目以服装专卖店室内装饰设计为例，详细讲述了公共建筑室内设计施工图的绘制过程，内容包括专卖店的平面图、地面图、顶棚图、立面图的绘制，从而进一步拓展绘图知识和技巧在不同类型的建筑室内设计中灵活应用。

操作与练习

根据本项目所学知识，继续绘制素材中服装店其他立面图，如图 10-57～图 10-60 所示。

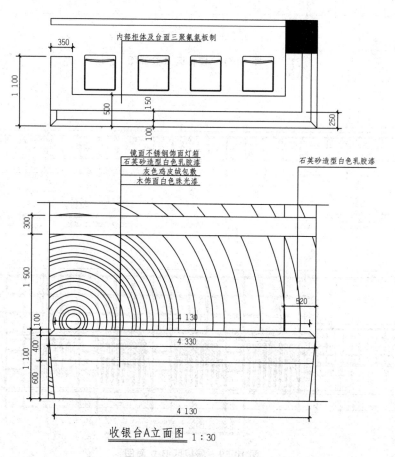

收银台A立面图 1：30

**图 10-57　收银台 A 立面图**

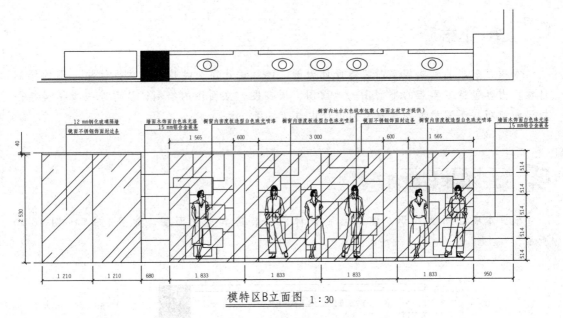

模特区B立面图 1:30

**图 10-58　模特区 B 立面图**

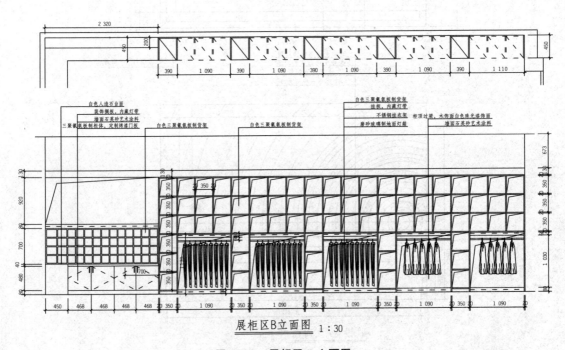

展柜区B立面图 1:30

**图 10-59　展柜区 B 立面图**

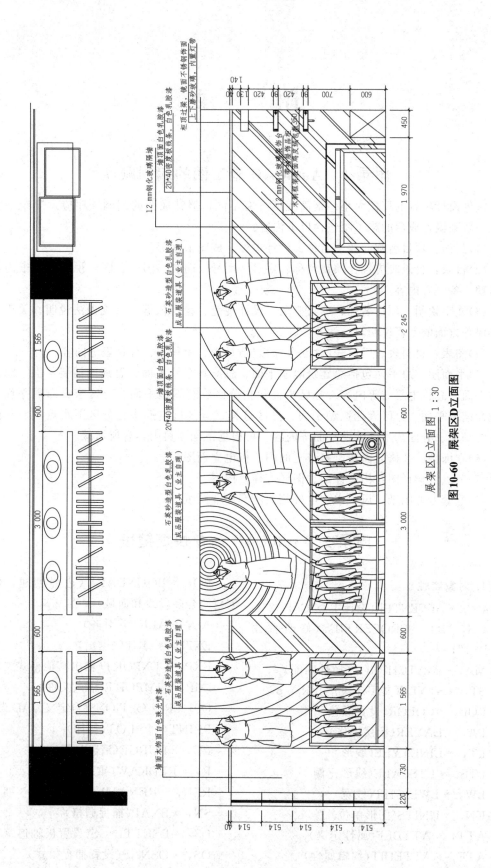

展架区 D 立面图 1 : 30

**图10-60 展架区 D 立面图**

# 附　　录

## 附录 1　AutoCAD 施工图的编制顺序

室内设计项目的规模大小、繁简程度各有不同，但其成图的编制顺序应遵守统一的规定。一般来说，成套的施工图包含以下内容：

(1)封面：项目名称、业主名称、设计单位、成图依据等。

(2)目录：目录表应包含项目名称、序号、图号、图名、图幅、图号说明、图纸内部修订日期、备注等内容。

(3)文字说明：项目名称、项目概况、设计规范、设计依据、常规做法说明、关于防火和环保等方面的专篇说明。

(4)图表：材料表、门窗表(含五金件)、洁具表、家具表、灯具表等内容。

(5)平面图：总平面包括总建筑隔墙平面、总家具布局平面、总地面铺装平面、总天花造型平面、总机电平面等内容；分区平面包括分区建筑隔墙平面、分区家具布局平面、分区地面铺装平面、分区天花造型平面、分区灯具、分区机电插座、分区下水点位、分区开关连线平面、分区艺术的陈设平面等内容。可根据不同项目内容有所增减。

(6)立面图：装修立面图、家具立面图、机电立面图。

(7)节点大样详图：构造详图、图样大样等内容。

(8)配套专业图纸：风、水、电等相关配套专业图纸。

## 附录 2　AutoCAD 命令快捷键表

**1. 对象特性**

ADC，＊ADCENTER(设计中心"Ctrl＋2")

CH，MO ＊PROPERTIES(修改特性"Ctrl＋1")

MA，＊MATCHPROP(属性匹配)

ST，＊STYLE(文字样式)<BR< p>

COL，＊COLOR(设置颜色)

LA，＊LAYER(图层操作)

LT，＊LINETYPE(线形)

LTS，＊LTSCALE(线形比例)

LW，＊LWEIGHT(线宽)

UN，＊UNITS(图形单位)

ATT，＊ATTDEF(属性定义)

ATE，＊ATTEDIT(编辑属性)

BO，＊BOUNDARY(边界创建，包括创建闭合多段线和面域)

AL，＊ALIGN(对齐)

EXIT，＊QUIT(退出)

EXP，＊EXPORT(输出其他格式文件)

IMP，＊IMPORT(输入文件)

OP，PR ＊OPTIONS(自定义 CAD 设置)

PRINT，＊PLOT(打印)

PU，＊PURGE(清除垃圾)

R，＊REDRAW(重新生成)

REN，＊RENAME(重命名)

SN，＊SNAP(捕捉栅格)

DS，＊DSETTINGS(设置极轴追踪)

OS，＊OSNAP(设置捕捉模式)

PRE，＊PREVIEW(打印预览)

TO，＊TOOLBAR(工具栏)

V，＊VIEW(命名视图)

AA，＊AREA(面积)

DI，＊DIST(距离)

LI，＊LIST(显示图形数据信息)

**2. 绘图命令**

PO，＊POINT(点)

L，＊LINE(直线)

XL，＊XLINE(射线)

PL，＊PLINE(多段线)

ML，＊MLINE(多线)

SPL，＊SPLINE(样条曲线)

POL，＊POLYGON(正多边形)

REC，＊RECTANGLE(矩形)

C，＊CIRCLE(圆)

A，＊ARC(圆弧)

DO，＊DONUT(圆环)

EL，＊ELLIPSE(椭圆)

REG，＊REGION(面域)

MT，＊MTEXT(多行文本)

T，＊MTEXT(多行文本)

B，＊BLOCK(块定义)

I，＊INSERT(插入块)

W，＊WBLOCK(定义块文件)

DIV，＊DIVIDE(等分)

H，＊BHATCH(填充)

**3. 修改命令**

CO，＊COPY(复制)

MI，＊MIRROR(镜像)

AR，＊ARRAY(阵列)

O，＊OFFSET(偏移)

RO，＊ROTATE(旋转)

M，＊MOVE(移动)

E，DEL 键 ＊ERASE(删除)

X，＊EXPLODE(分解)

TR，＊TRIM(修剪)

EX，＊EXTEND(延伸)

S，＊STRETCH(拉伸)

LEN，＊LENGTHEN(直线拉长)

SC，＊SCALE(比例缩放)

BR，＊BREAK(打断)

CHA，＊CHAMFER(倒角)

F，＊FILLET(倒圆角)

PE，＊PEDIT(多段线编辑)

ED，＊DDEDIT(修改文本)

**4. 视窗缩放**

P，＊PAN(平移)

Z＋空格＋空格，＊实时缩放

Z，＊局部放大

Z＋P，＊返回上一视图

Z＋E，＊显示全图

**5. 尺寸标注**

DLI，＊DIMLINEAR(直线标注)

DAL，＊DIMALIGNED(对齐标注)

DRA，＊DIMRADIUS(半径标注)

DDI，＊DIMDIAMETER(直径标注)

DAN，＊DIMANGULAR(角度标注)

DCE，＊DIMCENTER(中心标注)

DOR，＊DIMORDINATE(点标注)

TOL，＊TOLERANCE(标注形位公差)

LE，＊QLEADER(快速引出标注)

DBA，＊DIMBASELINE(基线标注)

DCO，＊DIMCONTINUE(连续标注)

D，＊DIMSTYLE(标注样式)

DED，＊DIMEDIT(编辑标注)

DOV，＊DIMOVERRIDE(替换标注系统变量)

**6. 常用 Ctrl 快捷键**

【Ctrl】＋1 ＊PROPERTIES(修改特性)

【Ctrl】＋2 ＊ADCENTER(设计中心)

【Ctrl】＋O ＊OPEN(打开文件)

【Ctrl】＋N、M ＊NEW(新建文件)

【Ctrl】＋P ＊PRINT(打印文件)

【Ctrl】＋S ＊SAVE(保存文件)

【Ctrl】＋Z ＊UNDO(放弃)

【Ctrl】＋X ＊CUTCLIP(剪切)

【Ctrl】＋C ＊COPYCLIP(复制)

【Ctrl】＋V ＊PASTECLIP(粘贴)

【Ctrl】＋B ＊SNAP(栅格捕捉)

【Ctrl】＋F ＊OSNAP(对象捕捉)

【Ctrl】＋G ＊GRID(栅格)

【Ctrl】＋L ＊ORTHO(正交)

【Ctrl】＋W ＊(对象追踪)

【Ctrl】＋U ＊(极轴)

### 7. 常用功能键

F1：获取帮助

F2：实现作图窗与文本窗口的切换

F3：控制是否实现对象的自动捕捉

F4：数字化仪控制

F5：等轴测平面切换

F6：控制状态行上坐标的显示方式

F7：栅格显示模式控制

F8：正交模式控制

F9：栅格捕捉模式控制

F10：极轴模式控制

F11：对象追踪模式控制

### 8. 尺寸标注

DLI：直线标注　　DRA：半径标注

DDI：直径标注　　DAN：角度标注

DCO：连续标注　　DCE：中心标注

DOR：点标注　　　LE：快速引出标注

DBA：基线标注

# 参 考 文 献

[1] 徐晨艳. AutoCAD 室内设计施工图[M]. 上海：上海交通大学出版社，2014.

[2] CAD/CAM/CAE 技术联盟. AutoCAD 中文版室内装潢设计从入门到精通[M]. 北京：清华大学出版社，2014.

[3] 边颖，赵秋菊. 建筑装饰 CAD[M]. 2 版. 北京：机械工业出版社，2015.

[4] 贾燕. AutoCAD 2016 中文版室内装潢设计从入门到精通[M]. 北京：人民邮电出版社，2017.

[5] 宋杨. AutoCAD 2016 中文版室内装潢从入门到精通[M]. 北京：机械工业出版社，2016.